材料现代研究方法

朱诚身　主编

刘文涛　陈志民　副主编

科学出版社

北　京

内 容 简 介

本书把材料现代研究方法分为光谱学、电子显微镜、热力学和色(质)谱四大模块，按照使用的分析测试仪器和方法具体分为 12 章。内容包括振动光谱、核磁共振波谱、电子顺磁共振波谱、热分析、多晶 X 射线衍射、扫描电子显微镜、透射电子显微镜、原子力显微镜、X 射线光电子能谱、动态热机械分析、色谱、质谱、光散射等方法的基本原理、仪器结构、操作方法、发展简史、最新进展以及在聚合物结构分析中的应用实例，并附有相应练习题。本书是根据材料现代研究方法理论课程教学编写的实验指导书，可以与材料现代研究方法理论教材配套使用，也可以满足材料现代研究方法实验单独设课需要。

本书可作为高等院校材料专业本科生、研究生的专业课程教材和参考书；也可作为从事材料科学理论研究、设计、制备和加工等工作的技术人员的参考用书。

图书在版编目（CIP）数据

材料现代研究方法 / 朱诚身主编. —北京：科学出版社，2021.9
ISBN 978-7-03-068018-1

Ⅰ. ①材… Ⅱ. ①朱… Ⅲ. ①材料科学－研究方法 Ⅳ. ①TB3

中国版本图书馆 CIP 数据核字（2021）第 023462 号

责任编辑：贾 超 付林林 / 责任校对：杜子昂
责任印制：吴兆东 / 封面设计：陈 敬

科 学 出 版 社 出版
北京东黄城根北街 16 号
邮政编码：100717
http://www.sciencep.com

北京虎彩文化传播有限公司 印刷
科学出版社发行 各地新华书店经销
*
2021 年 9 月第 一 版 开本：720×1000 1/16
2022 年 9 月第三次印刷 印张：24 3/4
字数：490 000
定价：138.00 元
（如有印装质量问题，我社负责调换）

编写委员会

主　编：朱诚身

副主编：刘文涛　陈志民

编　委：（按姓氏汉语拼音排序）

曹艳霞　陈志民　何素芹　贾全利

李一珂　刘　浩　刘文涛　刘应良

申小清　易先锋　张　鹏　朱诚身

前　言

材料科学是研究材料的成分、组织结构、制备加工工艺与材料宏观性能及应用之间相互关系的科学，它对材料的生产、使用和发展具有指导意义。材料学科通过从其他学科，如物理、化学、力学、工程学等吸取有关的理论基础，进行彼此间的交叉融合，取得了飞速的发展，因此掌握材料现代研究方法已成为从事材料科学与工程学习、研究的人士的必需技能。本书正是为相关专业的本科生、研究生以及从事有关材料的研究和生产方面的专家学者和工程技术人员等提供的一本材料结构分析与研究方面的参考书。

本书系统介绍了现代材料研究所需使用主要仪器设备的基本原理和结构、发展简史、样品制备技术、仪器操作方法、影响因素、结果分析及在材料研究中的应用实例，主要包括光学、波谱学、热学、热力学分析仪器和电子显微镜等设备等。

本书是在多位参编作者近年来从事材料科学研究，并汲取该领域最新研究成果的基础上集体完成的。第 1 章，由朱诚身执笔；第 2 章，由刘文涛执笔；第 3 章，由刘浩和易先锋（中国科学院武汉物理与数学研究所）共同执笔；第 4 章，由申小清执笔；第 5 章，由贾全利执笔；第 6 章，由陈志民执笔；第 7 章，由曹艳霞执笔；第 8 章，由刘文涛执笔；第 9 章，由张鹏执笔；第 10 章，由何素芹执笔；第 11 章，由刘应良执笔；第 12 章，由李一珂和刘文涛共同执笔。全书由刘文涛统稿，研究生郭亚欣、张永平、韩莉萍和董云霄在文字编辑校对和格式修订方面做了大量的工作。

在编写过程中，作者借鉴了国内外同行的相关文献、专著，得益于河南省研究生教育优质课程建设项目和郑州大学研究生核心学位课程建设项目的资助，在此向资助单位和人士表示衷心的感谢。

由于作者学识有限，经验不足，本书内容难免存在欠妥之处，敬请各位读者批评指正。

编　者

2021 年 9 月

目　　录

第1章　绪　　论

1.1　材料现代研究方法的研究对象

1.1.1　材料与材料科学

材料是人类用以制成用于生活、器件、构件、机器和其他物品的物质，是人类一切生产和生活活动的物质基础。材料、能源与信息，一直是并且继续是人类社会发展的三大基础。早期的人类历史就是按当时使用的标志性主体材料划分的：旧石器时代、新石器时代、铜器时代、铁器时代等。而材料又是能源开采、运输、使用必不可少的支撑，是信息记录、传播的载体。因此，材料在当今经济、科技、医疗、军事各领域的应用，无论怎么强调都不会过分，具有光明而远大的发展前景。

材料多种多样，从物理化学属性分为金属、无机非金属、有机高分子材料，及由这三类材料组合而成的复合材料；按用途分为电子材料、航空航天材料、建筑材料、核材料、能源材料、生物材料等；按主要性能要求分为结构材料与功能材料；按使用的历史分为传统材料与新型材料。

"材料"（materials）一词早已存在，但"材料科学"（materials science）却是 20 世纪 60 年代才提出来。1957 年苏联人造卫星首先上天，震惊美国朝野，美国认为造成落后的主要原因之一是先进材料落后，于是十余个材料科学研究中心在一些大学相继建立，"材料科学"一词也开始被广泛引用。"材料科学"的形成是科学技术发展的结果。固体物理、无机化学、有机化学和结构化学的发展，对物质结构与物性的深入研究，推动了对材料本质的了解；金属学、冶金学、陶瓷和高分子科学等的发展，使得对材料本身的研究大大加强，从而对材料的制备、加工、结构与性能及其相互关系的研究愈加深入，为材料科学的形成打下了坚实的基础。

材料科学是研究、开发、生产和应用金属材料、无机非金属材料、有机高分子材料和复合材料的工程领域，研究材料的组织结构、性质、生产流程和使用效能以及它们之间的相互关系，集物理学、化学、冶金学、铸造等于一体的科学，是一门与工程技术密不可分的应用科学。

1.1.2　材料现代研究方法

现代材料的发展趋势是高性能化、多功能化、复合化、精细化和智能化，因此对材料结构、结构与性能的关系、合成与加工过程结构的形成、使用过程中结构与性能演变的认识，提出了更高的要求。随着现代科学技术的高速发展与进步，各种测试仪器与方法不断发展，为材料科学与技术的发展提供了有力的技术支撑。现代材料已从传统的研究方法——通过探讨合成方法、测试物理与化学性能、改进加工技术、开发应用途径，即合成→性能→加工→应用的模式，向通过对合成反应与结构、结果与性能、性能与加工等各种关系的大量探讨，总结出规律，按照指定性能进行分子与材料设计，并提出所需的合成方法与加工条件，即应用→性能→结构→分子与材料设计→合成→加工→应用的新模式转变，材料现代研究方法已成为材料科学与技术研究的必备手段。

材料现代研究方法，就是利用现代分析技术，特别是仪器分析，测定材料的化学结构与凝聚态结构，探讨结构与性能的关系，以及在合成、加工与应用工程中材料结构变化规律的一组技术，是材料科学的重要组成部分。由此得到的信息，可作为材料设计、合成、产品质量控制、加工与应用的先导。

1.2　常用材料现代研究仪器

材料现代研究涉及的仪器很多，组成各式各样，但大多由以下8部分组成：①激发源，发出各种电磁波或其他粒子；②样品台，放置待测物质，与激发源相互作用后产生吸收、发射、散射及干涉等现象；③检测器，接收由激发源发出的输入信号与被测样品作用产生的输出信号；④放大器，通常输出信号较弱，经检测器检测后，需经放大器进一步放大，以提高检测灵敏度；⑤记录仪，记录检测信号，一般记录谱图的横坐标通过适当的机构和用于定性的物理量同步，而纵坐标则记录了检测装置输出的信号强弱，以表示所涉及物理量大小的定量数值；⑥控制器，大多数仪器还要有控制器控制激发源与检测器；⑦计算机，现代化的仪器大多配备计算机，用来输入操作参数、控制仪器、记录数据；⑧打印与输出设备，经处理后的数据输出到外存或打印设备。

根据分析的结构层次与目的，常用的分析方法可分为五大类。

1.2.1　化学结构分析法

表征材料，特别是表征有机材料化学结构的主要方法，是通过各种波长的电磁波和被研究物质的相互作用，引起物质的某一个物理量的变化而进行，多为电磁波谱法。常见方法如下。

（1）紫外光谱（ultraviolet spectroscopy，UV）法。样品吸收紫外光能量，电子从能量较低的基态跃迁到能量较高的激发态，此时，电子就吸收了与激发能对应波长的光，这样产生的吸收光谱称为紫外光谱。光谱中吸收峰的位置、强度和形状可以提供分子中不同电子结构的信息。

（2）荧光光谱（photoluminescence spectroscopy，PL）法。物质分子/原子吸收光子能量被激发，然后从激发态最低振动能级返回到基态时所发射出的光。可以根据物质的荧光谱线位置（波长）、强度和形状，荧光效率和寿命，提供分子中不同电子结构的信息。

（3）傅里叶变换红外光谱（Fourier transform infrared spectroscopy，FTIR）法。样品吸收红外光能量，产生具有偶极矩变化的分子振动、转动能级跃迁，根据相对透射光能量随透射光频率变化峰的位置、强度和形状，提供官能团或化学键的特征振动频率，通过数学的傅里叶变换技术，可将干涉图上每个频率转变为相应的光强，因此命名为"傅里叶变换红外光谱"，而原始的数据也被称为"干涉图"。

（4）傅里叶变换拉曼光谱（Fourier transform Raman spectroscopy，FT-Raman）法。样品吸收光能后，产生具有极化率变化的分子振动，进而产生拉曼散射，根据光能量随拉曼位移的变化峰的位置、强度和形状，提供官能团或化学键的特征振动频率，与红外光谱类似，通过数学的傅里叶变换技术，可将干涉图上每个频率转变为相应的光强，因此命名为"傅里叶变换拉曼光谱"。

（5）核磁共振波谱（nuclear magnetic resonance spectroscopy，NMR spectroscopy）法。样品在外磁场中，具有核磁矩的原子核，吸收射频能量，产生核自旋能级的跃迁，根据吸收光能量随化学位移的变化，得出峰的化学位移、强度、裂分数目和耦合常数，提供核的数目、所处化学环境和几何构型的信息。

（6）电子顺磁共振（electron paramagnetic resonance，EPR）波谱法。样品在外磁场中，分子中未成对电子吸收射频能量，产生电子自旋能级跃迁，根据吸收光能量或微分能量随磁场强度的变化，得出谱线位置、强度、裂分数目和超精细分裂常数，提供未成对电子密度、分子键特征及几何构型信息。

（7）质谱（mass spectroscopy，MS）分析法。分子在真空中被电子轰击，形成离子，通过电磁场按不同 m/z 分离，以棒图形式表示离子的相对丰度随 m/z 的变化，根据分子离子及碎片离子的质量数及相对丰度，提供分子量、元素组成及结构的信息。

（8）X 射线光电子能谱（X-ray photoelectron spectroscopy，XPS）法。光或其他粒子和物质作用后，被激发出来的电子能量与它原来所处的状态有关，根据光电子强度随电离能或电子结合能的变化，可获得分子中各级电离能和结合能、离子的几何构型和分子成键特征，适于化学和固体表面分析。

1.2.2　晶体结构分析法

晶体结构分析法利用材料对 X 射线的散射与衍射现象来获得其内部结构信息，研究材料的晶体结构。常见方法如下。

（1）广角 X 射线衍射（wide angle X-ray diffraction，WAXD）。类似光栅的晶格对一定波长的 X 射线产生衍射现象，衍射强度或花样随衍射角的变化而不同，衍射方向与晶面间距有关，衍射强度与晶体的原子排布有关。

（2）小角 X 射线散射（small angle X-ray scattering，SAXS）。在倒易点阵原点附近电子对 X 射线相干发生散射现象，散射花样或强度随散射角的变化而不同。

1.2.3　形态结构分析法

用来分析材料形态结构的方法，主要是各种光学显微镜、电子显微镜和扫描探针显微镜。

（1）扫描电子显微镜（scanning electron microscopy，SEM）。用电子技术检测高能电子束与样品作用时产生二次电子、背散射电子、吸收电子、X 射线等并放大成像，通过背散射像、二次电子像、吸收电流像、元素的线分布和面分布等，观察断口形貌、表面显微晶格、薄膜内部的显微结构、微区元素分析与定量元素分析等。

（2）透射电子显微镜（transmission electron microscopy，TEM）。高能电子束穿透试样时发生散射、吸收、干涉和衍射，在像平面形成衬度，显示出图像，利用质厚衬度像、明场衍衬像、暗场衍衬像、晶格条纹像和分子像，观察晶体形貌、多相结构和晶格与缺陷，测量分子量分布、微孔尺寸分布等。

（3）原子力显微镜（atomic force microscope，AFM）。利用微悬臂感受和放大悬臂上尖细探针与受测样品原子之间的作用力，从而达到检测的目的，得到不同亮度的形貌图和相位图，观察样品表面的超高分辨率三维形貌，特别适用于残留划痕、压痕以及其他纳米尺度表面特征形貌的高分辨率成像。类似的扫描探针显微法还有扫描隧道显微镜（scanning tunneling microscope，STM）、磁力显微镜（magnetic force microscopy，MFM）、侧向力（摩擦）显微镜（lateral force microscopy，LFM）、静电力显微镜（electronic force microscopy，EFM）等。

（4）光学显微镜（light microscope，LM）。利用可见光观察材料的形态结构，常用的有偏光显微镜、相差显微镜、超景深显微镜、金相显微镜等。

1.2.4　热分析

热分析是在程控温度条件下，测量物质的物理性质与温度关系的一类技术，常见的热分析法如下。

（1）热重（thermogravimetry，TG）法。在控温环境中，样品质量随温度或时间变化，或样品的质量分数随温度或时间的变化曲线，曲线陡降处为样品失重区，平台区为样品的热稳定区。

（2）差热分析（differential thermal analysis，DTA）。样品与参比处于同一控温环境中，记录二者温差随环境温度或时间的变化，绘制温差随环境温度或时间的变化曲线，提供材料热转变温度及各种热效应的信息。

（3）差示扫描量热法（differential scanning calorimetry，DSC）。样品与参比物处于同一控温环境中，借助补偿器测量使样品与参比物达到同样温度所需的加热速率与温度的关系，提供材料热转变温度及各种热效应的信息。

（4）静态热机械分析（thermomechanical analysis，TMA）。也称热机械分析，测量样品在恒力作用下产生的形变随温度或时间的变化，观察样品的热转变温度和力学状态。

（5）动态热机械分析（dynamic thermomechanical analysis，DMA）。测量样品在周期性变化外力作用下产生的形变随温度、模量或 $\tan\delta$ 随温度的变化曲线，研究热转变温度模量和次级转变。

（6）动态介电分析（dynamic dielectric analysis，DDA）。测量样品在一定频率交变电场中介电常数随温度或时间的变化，得到介电常数和介电损耗（$\tan\delta$）随温度或时间的变化曲线，间接表征高分子材料的结构、链长及组成。

1.2.5　物质分离和分析方法

物质分离和分析方法主要是各种色谱方法，利用在互不相溶的两相中组分间分配有差异，经反复多次分配而将混合物进行分离和分析。

（1）气相色谱（gas chromatography，GC）法。样品中各组分在流动相和固定相之间由于分配系数不同而分离，柱后流出物浓度随保留值而变化，峰的保留值与组分热力学参数有关，是定性依据；峰面积与组分含量有关。

（2）反气相色谱（inverse gas chromatography，IGC）法。探针分子保留值的变化取决于它和作为固定相的聚合物样品之间的相互作用力，探针分子比保留体积的对数值随柱温倒数的变化曲线、探针分子保留值与温度的关系提供聚合的热力学参数。

（3）裂解气相色谱（pyrolysis gas chromatography，PGC）法。高分子材料在一定条件下瞬间裂解，可获得具有一定特征的碎片，柱后流出物浓度随保留值的变化、谱图的指纹性或特征碎片峰，表征聚合物的化学结构和几何构型。

（4）凝胶渗透色谱（gel permeation chromatography，GPC）法。样品通过凝胶柱时，按分子的流体力学体积不同进行分离，大分子先流出，柱后流出物浓度随保留值而变化，测量高聚物的平均分子量及其分布。

1.3　材料研究的过程

材料研究的过程大致包括研究目的的确定，研究方法的选择，研究测试的实施，研究结果的整理、判定与研究结果的使用几个环节。

1.3.1　研究目的的确定

在进行材料研究中需做哪些工作，需要什么仪器，首先应确定分析目的。在材料科学的研究、生产与应用过程中，经常会遇到如下问题。

（1）材料结构与性能的关系。不同的材料具有不同的性能，由于其结构的复杂性，即使是同一种材料，结构不同时性能差别也非常大。例如，涤纶可制成纤维和胶片，纤维的透明度越低越好，而胶片则相反。因此材料的性能不仅与组成有关，更重要的是取决于其结构，探讨结构与性能之间的关系就成为结构分析的首要课题。

（2）合成与加工工艺对结构与性能的影响。不同的合成与加工工艺会产生不同的材料结构，最终导致材料性能不同。为了解其相互关系，预测反应进行程度及最终反应结果等，要随时对合成与加工过程进行分析测试，得到各种信息，为选择最佳工艺流程提供必要的数据。

（3）材料制品使用过程中的结构变化。材料制品在应用过程中，由于受环境条件的影响，不可避免地会产生腐蚀、风化、老化等现象，使性能劣化，导致材料失效。为了解失效规律，根据使用要求延缓或加速失效过程，只有测定材料在使用过程中结构变化的规律，才能采取相应措施。

（4）材料的剖析。对未知材料，如引进材料的组成和结构进行剖析，是材料结构分析中经常碰到并具有较好经济前景的研究内容之一。

（5）材料的设计。包括材料的分子设计、工艺设计与综合考虑各个层次的多尺度设计，是材料科学的新分支，由此将完全改变材料旧的发展模式，为新的技术革命提供各种高性能新材料。而材料设计的基础，正是基于对结构、性能、加工、应用等相互关系的深刻理解。

1.3.2　研究方法的选择

具备了一定的理论与实践基础，确定了研究目的之后，就会清楚想做什么与能做什么。但同一个结构问题，有多种不同的方法可供选用，而同一测定方法又可研究不同的结构问题。在选择分析方法时应遵循可行性与经济性两个原则。

（1）可行性。没有任何一种仪器能分析所有的结构问题，也没有任何两种仪器能在同一水平上分析同一结构问题，因此所选方法一定要能解决所要解决的问题。

（2）经济性。在能满足精度要求的前提下，尽可能选用较为简单、便宜的测定方法。选好方法后，即可开始进行材料的结构分析。

1.3.3 研究测试的实施

（1）熟悉仪器。实验开始前，一定要了解仪器的主要构造，记录下仪器型号、生产厂家，初学者往往不注意这个细节，以至于需要这些信息时查不到记录。

（2）准确操作。按规程操作仪器，是实验安全的保证。记录下仪器使用参数和每一个详细步骤，也是写报告与论文时必需的数据。

（3）下载数据与打印图谱。测试结束，原始数据要现场标好，尽可能详细准确，确认无误后，保存、下载原始数据，打印图谱与结果。

（4）准确关机。按操作规程正确关机，填写实验登记，实验记录请仪器管理员检查、签字。

1.3.4 研究结果的整理、判定

所得到的原始数据要及时整理，判定所得结果的合理性、准确性与规律性。

（1）合理性。所得结果与材料本身可能的结构、性能十分符合，不能太离谱。如有疑问，及时解决或重做。

（2）准确性。所得数据与仪器本身的测量精度与量程是否吻合，有效数字是多少。初学者往往不注意有效数字，直接按计算机打印出的数字撰写实验报告或论文，一大串数字，比仪器真正能得到的有效数字多好多位。

（3）规律性。在原始数据的基础上，要善于找出不同条件下的实验规律及各种影响因素之间的内在联系，做出不同变量之间的关联图，有可能的话，给出关联公式，使数据的功效最大化、理论化，提高研究效率与水平。这也是最能反映研究者功力与能力的标志。

1.3.5 研究结果的使用

所得到的结果，可以用于实验报告、研究报告、学位论文与学术论文等。

思　考　题

1. 什么是材料？什么是材料科学？
2. 材料现代研究方法的定义是什么？研究对象主要有哪些？
3. 材料现代研究仪器的主要组成是什么？
4. 常用材料研究仪器有哪些种类？
5. 材料研究的基本过程有哪些环节？

参　考　文　献

刘庆锁. 2014. 材料现代测试分析方法. 北京: 清华大学出版社.

师昌绪. 1995. 材料科学技术百科全书. 北京: 中国大百科全书出版社.

朱诚身. 2010. 聚合物结构分析. 北京: 科学出版社.

第2章 振动光谱

分子振动光谱方法主要包括红外光谱、拉曼光谱、紫外光谱、荧光光谱等，主要研究材料的分子结构。半个世纪以来，人们已对双原子分子光谱进行了系统的研究，随后又在量子力学的基础上建立了多原子分子光谱理论，积累了相当丰富的资料。激光的问世，更使分子光谱的研究有了根本性的变革。目前，振动光谱分析技术已经广泛应用于高聚物鉴别，定量分析以及确定高聚物的构型、构象、链结构、结晶等。此外，高聚物材料中的添加剂、残留单体、填料、增塑剂，金属和陶瓷材料表面的有机涂层的分析鉴定也都可以用振动光谱分析法完成。

2.1 红 外 光 谱

红外光谱（infrared spectroscopy，IR）的研究开始于20世纪初期，自1940年商品红外光谱仪问世以来，红外光谱在有机化学研究中得到广泛的应用。20世纪初，Coblentz发表了100多种有机和无机化合物的红外光谱图，为有机化学家提供了鉴别未知化合物的有力手段。到50年代末就已经积累了丰富的红外光谱数据。到70年代，在电子计算机蓬勃发展的基础上，FTIR实验技术进入现代化学家的实验室，成为结构分析的重要工具。它以高灵敏度、高分辨率、快速扫描、联机操作和高度计算机化的全新面貌使经典的红外光谱技术再获新生。近几十年来一些新技术（如发射光谱、光声光谱、色谱-红外光谱联用等）的出现，使红外光谱技术得到更加蓬勃的发展。

2.1.1 原理概述

分子总是在不断地运动，各种运动状态都有一定的能态。分子的总能量为 $E = E_0 + E_平 + E_转 + E_振 + E_电$。其中，$E_0$ 为分子的内能，其能量不随分子的运动而改变；$E_平$ 为温度的函数，平动时不产生偶极矩的变化，无红外吸收。所以红外光谱只与分子的转动能（$E_转$）、振动能（$E_振$）和分子内电子的运动能（$E_电$）有关。

分子可以吸收红外光的辐射能从低能级跃迁到高能级，但不是任意的，必须满足量子化条件（选律）。无论是振动能还是转动能，都有能级差（ΔE），只有当辐射光光子的能量正好等于两能级间的能级差时，分子才能吸收辐射能从低能级跃迁到高能级，产生吸收光谱。

当一束具有连续波长的红外光通过物质，物质分子中某个基团的振动频率或转动频率和红外光的频率一样时，分子就吸收能量由原来的基态振（转）动能级跃迁到能量较高的振（转）动能级，分子吸收红外辐射后发生振动和转动能级的跃迁，该处波长的光就被物质吸收。所以，红外光谱法实质上是一种根据分子内部原子间的相对振动和分子转动等信息来确定物质分子结构和鉴别化合物的分析方法。将分子吸收红外光的情况用仪器记录下来，就得到红外光谱图。红外光谱图通常以波长（λ）或波数（σ）为横坐标，表示吸收峰的位置，以透光率[T(%)]或者吸光度（A）为纵坐标，表示吸收强度。

振动能级的 $\Delta E = 0.5 \sim 1$ eV，中红外光的辐射能正好在此范围。当振动发生时总伴随有转动能级产生，所以红外光谱又称为振转光谱。

红外光谱可分为发射光谱和吸收光谱两类。物体的红外发射光谱主要取决于其温度和化学组成，由于测试比较困难，红外发射光谱只是一种正在发展的新的实验技术，如激光诱导荧光。

将一束不同波长的红外射线照射到物质的分子上，某些特定波长的红外射线被吸收，形成这一分子的红外吸收光谱。每种分子都有由其组成和结构决定的独有的红外吸收光谱，它是一种分子光谱。例如，水分子有较宽的吸收峰，所以分子的红外吸收光谱属于带状光谱。原子也有红外发射光谱和吸收光谱，但都是线状光谱。

当外界电磁波照射分子时，如照射的电磁波的能量与分子的两能级差相等，该频率的电磁波就被该分子吸收，从而引起分子对应能级的跃迁，宏观表现为透射光强度变小。电磁波能量与分子两能级差相等为物质产生红外吸收光谱必须满足条件之一，这决定了吸收峰出现的位置。

红外吸收光谱产生的第二个条件是红外光与分子之间有耦合作用，为了满足这个条件，分子振动时其偶极矩必须发生变化。这实际上保证了红外光的能量能传递给分子，这种能量的传递是通过分子振动偶极矩的变化来实现的。并非所有的振动都会产生红外吸收，只有偶极矩发生变化的振动才能引起可观测的红外吸收，这种振动称为红外活性振动；偶极矩等于零的分子振动不能产生红外吸收，称为红外非活性振动。

分子的振动形式可以分为两大类：伸缩振动和弯曲振动。前者是指原子沿键轴方向的往复运动，振动过程中键长发生变化。后者是指原子垂直于化学键方向的振动。通常用不同的符号表示不同的振动形式，例如，伸缩振动可分为对称伸缩振动和反对称伸缩振动，分别用 v_s 和 v_{as} 表示。弯曲振动可分为面内弯曲振动和面外弯曲振动。从理论上来说，每一个基本振动都能吸收与其频率相同的红外光，在红外光谱图对应的位置上出现一个吸收峰。实际上有一些振动分子没有偶极矩变化是红外非活性的；另外有一些振动的频率相同，发生简并；还有一些振动频率超出了仪器可以检测的范围，这些都使得实际红外光谱图中的吸收峰数目大大低于理论值。

组成分子的各种基团都有自己特定的红外特征吸收峰。不同化合物中，同一种官能团的吸收振动总是出现在一个窄的波数范围内，但它不是出现在一个固定波数上，具体出现在哪一波数，与基团在分子中所处的环境有关。引起基团频率位移的因素是多方面的，其中外部因素主要是分子所处的物理状态和化学环境，如温度效应和溶剂效应等。对于导致基团频率位移的内部因素，迄今已知的有：分子中取代基的电性效应，如诱导效应、共轭效应、中介效应、偶极场效应等；机械效应，如质量效应、张力引起的键角效应、振动之间的耦合效应等；另外，氢键效应和配位效应也会导致基团频率位移，如果发生在分子间，则属于外部因素，若发生在分子内，则属于分子内部因素。

红外谱带的强度是一个振动跃迁概率的量度，而跃迁概率与分子振动时偶极矩的变化大小有关，偶极矩变化越大，谱带强度越大。偶极矩的变化与基团本身固有的偶极矩有关，故基团极性越强，振动时偶极矩变化越大，吸收谱带越强；分子的对称性越高，振动时偶极矩变化越小，吸收谱带越弱。

量子力学研究表明，分子振动和转动的能量不是连续的，而是量子化的，即限定在一些分立的、特定的能量状态或能级上。以最简单的双原子为例，如果认为原子间振动符合简谐振动规律，则其振动能量 E_v 可近似地表示为

$$E_v = h v_0 \left(v + \frac{1}{2} \right) \quad (v = 0,\ 1,\ 2,\ 3, \cdots, n) \tag{2.1}$$

式中，h 为普朗克常量；v 为振动量子数（取正整数）；v_0 为简谐振动频率。当 $v=0$ 时，分子的能量最低，称为基态。处于基态的分子受到频率为 v_0 的红外射线照射时，分子吸收了能量为 $h v_0$ 的光量子，跃迁到第一激发态，得到了频率为 v_0 的红外吸收带。反之，处于该激发态的分子也可发射频率为 v_0 的红外射线而恢复到基态。v_0 的数值取决于分子的约化质量（μ）和力常数（k）。k 取决于原子的核间距离、原子在周期表中的位置和化学键的键级等。分子越大，红外谱带也越多，例如，含 12 个原子的分子，它的简正振动应有 30 种，它的基频也应有 30 条谱带，还可能有强度较弱的倍频谱带、合频谱带、差频谱带以及振动能级间的微扰作用，使相应的红外光谱更为复杂。如果假定分子为刚性转子，则其转动能量 E_r 为

$$E_r = \frac{h^2 J(J+1)}{8\pi^2 I} \quad (J = 0,\ 1,\ 2,\ 3, \cdots, n) \tag{2.2}$$

式中，J 为转动量子数（取正整数）；I 为刚性转子的转动惯量。在某些转动能级

间也可以发生跃迁，产生转动光谱。在分子的振动跃迁过程中也常常伴随转动跃迁，使振动光谱呈带状。

一般说来，近红外光谱是由分子的倍频、合频产生的；中红外光谱属于分子的基频振动光谱；远红外光谱则属于分子的转动光谱和某些基团的振动光谱。

1. 双原子光谱的振动光谱

对于双原子分子（以 HCl 为例），可把两个原子看成质量不等的两个小球 m_1 和 m_2，如图 2.1 所示，把它们的化学键类比为质量可以不计的弹簧，两原子在平衡位置的振动可以近似为简谐振动，根据胡克定律，简谐振动的频率为

$$v = \frac{1}{2\pi}\sqrt{\frac{k}{\mu}} \tag{2.3}$$

式中，v 为振动频率，Hz。如果用振动波数(cm^{-1})表示则为

$$\bar{v}(\text{cm}^{-1}) = \frac{1}{2\pi c}\sqrt{\frac{k}{\mu}} \tag{2.4}$$

式中，c 为光速，3×10^8 m/s；k 为力常数（单键约为 5×10^2 N/m；双键和三键是单键的 2 倍或 3 倍）；μ 为折合质量：$\mu = \dfrac{m_1 \cdot m_2}{m_1 + m_2} = \dfrac{1}{N_A}\dfrac{M_1 M_2}{M_1 + M_2}$ [m_1、m_2 为两个原子的质量（g），M_1、M_2 为原子量，N_A 为阿伏伽德罗常量，6.02×10^{23}]。

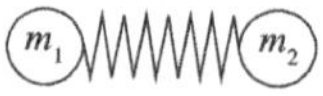

图 2.1　双原子分子的弹簧模型

根据式（2.2）可以求出理论上 HCl 的伸缩振动吸收波数 $\bar{v}$ =2990 cm^{-1}。

实际测得 HCl 分子的 H、Cl 伸缩振动波数为 2886 cm^{-1}。这表明把双原子分子视作谐振子，利用经典力学讨论双原子分子的振动，能基本说明分子振动光谱的主要特征。可以粗略地计算双原子分子或多原子分子中双原子化学键的振动波数。

例 1　计算 C=O 双键的伸缩振动波数。已知 k=12.06 N/m；μ=6.85。

$$\bar{v} = 1304 \times \sqrt{\frac{12.06}{6.85}} = 1730(\text{cm}^{-1})$$

例 2　计算 C≡N 三键的伸缩振动波数。已知 k=15 N/m；μ=6.46。

$$\bar{v} = 1304 \times \sqrt{\frac{15}{6.46}} = 1987(\text{cm}^{-1})$$

2. 多原子分子的振动光谱

多原子分子有多个原子，加之排列方式的相互影响，使光谱变得十分复杂。但也正是由于这种复杂性，谱图才包含了大量的结构信息。

1）振动形式的表示

伸缩振动（ν）特征：键长变化，键角不变化。

伸缩振动种类：ν_{as} 代表不对称伸缩振动（反对称伸缩振动），ν_s 代表对称伸缩振动。

特征：双原子分子只有一种伸缩振动形式。当一个中心原子与两个以上相同原子相连时，就会有不对称伸缩振动与对称伸缩振动。

弯曲振动特征：原子垂直于价键的振动，键长不变，键角发生变化，又称变形振动。

弯曲振动有如下几种具体的振动形式。δ：剪式振动（面内变形振动）；γ：面内摇摆振动；ω：面外摇摆振动（面外变形振动）；τ：扭曲振动；δ_s：对称变形（弯曲）振动；δ_{as}：不对称变形（弯曲）振动。

如图 2.2 所示，以甲基、亚甲基为例进行说明。

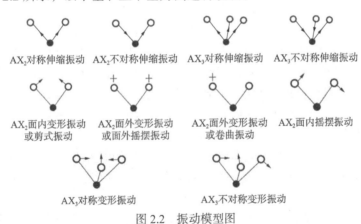

图 2.2 振动模型图

—CH_3。ν_s：对称伸缩振动，波数 2872 cm^{-1}；ν_{as}：不对称伸缩振动，波数 2962 cm^{-1}；δ_s：对称弯曲振动，波数 1380 cm^{-1}；δ_{as}：不对称弯曲振动，波数 1460 cm^{-1}。

—CH_2。ν_s：对称伸缩振动，波数 2853 cm^{-1}；ν_{as}：不对称伸缩振动，波数 2926 cm^{-1}；δ：剪式振动，波数 1465 cm^{-1}；γ：面内摇摆振动，波数 720 cm^{-1}；ω：面外摇摆振动，波数 1300 cm^{-1}；τ：扭曲振动，波数 1250 cm^{-1}。

2）基本振动数

基本振动——简正振动，又称振动自由度。N 个原子组成的分子有 $3N$ 个自由度。分子本身从整体考虑就有 3 个平动自由度和 3 个转动自由度（线型分子为 2 个），所以分子的振动自由度为 $3N–6$ 个（线型分子为 $3N–5$）。例如：

$$HCl \quad 分子振动自由度=3×2–5 = 1$$
$$H_2O \quad 分子振动自由度=3×3–6=3$$

分子有多少个振动自由度就有多少个简正振动数和简正振动频率。

多原子分子的红外光谱有时很复杂，除了基频吸收带以外（简正振动频率），还可以出现倍频吸收带、组频吸收带、差频吸收带（峰较弱）。

倍频：为基频的倍数（$2v_1$，$2v_2$，…）；

差频：两个频率的差（$v_1–v_2$，$v_3–v_4$，…）；

组频：两个或多个频率之和（v_1+v_2，v_1+v_3，…）。

虽然这些峰强度较弱，但有时可以反映出某些结构特征，如取代苯在 2000～1600 cm^{-1} 的谱带。

3）选律和对称性

通常，基频谱带的数目总是少于理论数。例如，CO_2 有四个自由度（四种振动形式），而实际上只有两个红外吸收谱带，这与分子能级跃迁的选律和分子的对称性有关。量子力学和实验结果证明：只有偶极矩发生变化的振动才有红外吸收，这种振动为红外活性振动。红外吸收的实质是振动分子与红外辐射发生能量交换的结果。当两个原子组成的化学键在键轴上振动时，伴有偶极矩的变化，电荷分布发生变化，产生瞬间变化的电磁场，当这个交变磁场的频率正好等于红外辐射光的频率时，就会产生红外吸收。

具有永久性偶极矩的分子或化学键总是有红外吸收的，如 NO、HCl、C═O。能产生瞬间偶极矩的分子或化学键也有红外吸收，如 CO_2。没有偶极矩变化的分子不吸收红外辐射，如 H_2、N_2、O_2。

对称取代的化学键在振动时没有偶极矩的变化，也观察不到红外吸收光谱。

简并：吸收频率相同的两个谱带重叠的现象。这是引起谱带减少的原因之一。对于有重复结构单元的高分子，易引起谱带的重叠而发生简并。

3. 吸收谱带和强度

化学键的极性越大，振动时偶极矩变化越大，吸收谱带的强度越强。C═O、Si—O、C—Cl 有很强的红外光谱吸收带，C═C、C—C、C—N 的伸缩振动吸收带很弱。

分子对称性越高，振动时偶极矩变化越小，吸收谱带越弱。

$$\underset{Cl}{\overset{Cl}{>}}C=C\underset{H}{\overset{Cl}{<}} \qquad \underset{Cl}{\overset{Cl}{>}}C=C\underset{Cl}{\overset{Cl}{<}}$$

三氯乙烯 四氯乙烯

三氯乙烯在 $\bar{v}_{C=C}$=1585 cm^{-1} 处有吸收带，而四氯乙烯由于 C=C 键是全对称的伸缩，所以在 1585 cm^{-1} 处观察不到红外光谱吸收带（但有拉曼光谱）。

吸收带强弱的表示方法如下。

很强：vs；强：s；中：m；弱：w；宽：b

2.1.2 红外光谱的分区

1. 红外光谱的三个波段划分

通常将红外光谱分为三个区域：近红外区（13330～4000 cm^{-1}）、中红外区（4000～400 cm^{-1}）和远红外区（400～10 cm^{-1}）（表 2.1）。一般说来，近红外光谱是由分子的倍频、合频产生的；中红外光谱属于分子的基频振动光谱；远红外光谱则属于分子的转动光谱和某些基团的振动光谱。

表 2.1 红外光谱的分类

名称	$\lambda/\mu m$	$\bar{v}/cm^{-1}$	能量跃迁类型
近红外区（泛频区）	0.75～2.5	13330～4000	O—H、N—H、C—H 等键的倍频
中红外区（基频区）	2.5～25	4000～400	分子的振动和转动
远红外区（转动区）	25～1000	400～10	晶体的晶格振动和纯转动

由于绝大多数有机化合物和无机化合物的基频吸收带都出现在中红外区，因此中红外区是研究和应用最多的区域，积累的资料也最多，仪器技术最为成熟。通常所说的红外光谱即指中红外光谱。

2. 红外光谱图的分区

按吸收峰的来源，可以将 4000～400 cm^{-1} 的红外光谱图大体上分为特征频率区（4000～1300 cm^{-1}）及指纹区（1300～400 cm^{-1}）两个区域。

其中特征频率区中的吸收峰基本由基团的伸缩振动产生，数目不是很多，但具有很强的特征性，因此在基团鉴定工作上很有价值，主要用于鉴定官能团。例如，羰基无论是在酮、酸、酯或酰胺等类化合物中，其伸缩振动总是在 1700 cm^{-1} 左右出现一个强吸收峰，如果谱图中 1700 cm^{-1} 左右有一个强吸收峰，则大致可以断定分子中有羰基。

指纹区的情况不同，该区峰多而复杂，没有强的特征性，主要由一些单键

C—O、C—N 和 C—X（卤素原子）等的伸缩振动及 C—H、O—H 等含氢基团的弯曲振动以及 C—C 骨架振动产生。当分子结构稍有不同时，该区的吸收就有细微的差异。这种情况就像每个人都有不同的指纹一样，因而称为指纹区。指纹区对于区别结构类似的化合物很有帮助。

　　大多数有机化合物和许多无机化合物的化学键的振动基频都出现在中红外区。中红外区的吸收光谱在化合物的结构解析和定量分析方面有重要的意义，所以中红外区是研究的主要对象。

　　用频率表示红外光谱不方便，通常用波数（cm^{-1}）表示，波数与波长的关系为

$$波数（cm^{-1}）= \frac{10^4}{波长}$$

波长的单位是微米（μm）；1 cm =10^4 μm，即 1 cm 内有多少个波数。

3. 基本特征频率分组

1）第一组：3650～2500 cm^{-1}

特征基团振动形式范围：

OH	$\overline{v}_{O-H}$	3650～3200 cm^{-1}
COOH	$\overline{v}_{O-H}$	3560～2500 cm^{-1}
NH$_2$，NH	$\overline{v}_{N-H}$	3500～3200 cm^{-1}
＝C—H	$\overline{v}_{=C-H}$	3100～3000 cm^{-1}
C—H	$\overline{v}_{C-H}$	3000～2840 cm^{-1}

2）第二组：2300～1900 cm^{-1}

特征基团振动形式范围：

炔基	R—C≡C—H	$\overline{v}_{C≡C}$	2160～2120 cm^{-1}
	R—C≡C—R′	$\overline{v}_{C≡C}$	2050～2000 cm^{-1}
	R—C≡C—R	—	无吸收带
腈基	R—C≡N	$\overline{v}_{C≡N}$	2270～2200 cm^{-1}

累积双键：在此范围有强的不对称与对称伸缩振动吸收。

亚胺	N＝C＝N	$\overline{v}_{N=C=N}$	2160～2120 cm^{-1}
烯亚胺	C＝C＝N	$\overline{v}_{C=C=N}$	2050～2000 cm^{-1}
重氮化合物	C＝N＝N	$\overline{v}_{C=N=N}$	2132～2012 cm^{-1}
叠氮化合物	N＝N＝N	$\overline{v}_{N=N=N}$	2160～2120 cm^{-1}
异氰酸铵	N＝C＝O	$\overline{v}_{N=C=O}$	2280～2250 cm^{-1}
异硫氰酸铵	N＝C＝S	$\overline{v}_{N=C=S}$	2100 cm^{-1} 左右

丙二烯　　　　　$C=C=C$　　　　　$\overline{\nu}_{C=C=C}$　　　　　　1950 cm^{-1} 左右

3）第三组：1900～1500 cm^{-1}

特征基团振动形式范围：

烯键　　　　　　　　$C=C$　　　　$\overline{\nu}_{C=C}$　　　　　　1680～1620 cm^{-1}
苯环骨架　　　　　　$C=C$　　　　$\overline{\nu}_{C=C}$　　　　　　1600～1500 cm^{-1}
亚胺，吡啶类　$C=N$　　　　$\overline{\nu}_{C=N}$　　　　　　1680～1500 cm^{-1}
羰基　　　　　　　　$C=O$　　　　$\overline{\nu}_{C=O}$　　　　　　1900～1600 cm^{-1}

羰基在此范围内有强吸收带，干扰较少易于识别。受不同基团的影响，吸收波数有明显的差别，包含了许多的结构信息。

影响羰基吸收峰位移的主要因素如下。

（1）诱导效应。吸电子作用使得 $C=O$ 双键性增强，力常数变大，引起吸收频率向高波数移动。取代基的电负性越强，或取代基的数目越多，向高波数方向位移的值也越大。

以丙酮的 $C=O$ 吸收频率（1715 cm^{-1}）为参考标准：

基团　　$\begin{matrix}R\\R\end{matrix}\!\!>\!\!C=O$　　$\begin{matrix}R\\Cl\end{matrix}\!\!>\!\!C=O$　　$\begin{matrix}Cl\\Cl\end{matrix}\!\!>\!\!C=O$　　$\begin{matrix}F\\F\end{matrix}\!\!>\!\!C=O$

$\overline{\nu}_{C=O}$　　1715 cm^{-1}　　　1802 cm^{-1}　　　1828 cm^{-1}　　　1928 cm^{-1}

（2）共轭效应。π-π 共轭：当 $C=O$ 与不饱和的双键、三键、苯环共轭时，形成大 π 键，电子云密度趋于平均化，导致 $C=O$ 的力常数减小，吸收峰向低波数方向移动。

例如：

$$-CH_2-\overset{\overset{\displaystyle O}{\|}}{C}-CH_2-\qquad 1725\sim1705\ cm^{-1}$$

$$-CH=CH-\overset{\overset{\displaystyle O}{\|}}{C}-CH_2-\qquad 1686\sim1665\ cm^{-1}$$

$$-CH=CH-\overset{\overset{\displaystyle O}{\|}}{C}-CH=CH-\qquad 1670\sim1660\ cm^{-1}$$

1700～1680 cm^{-1}

1670～1660 cm^{-1}

p-π 共轭：具有孤对电子的原子与 $C=O$ 共轭。孤对电子向羰基上偏移，羰基上的电子云又向氧原子上偏移，使羰基的双键性减弱，力常数减小，吸收频率向低波数移动。

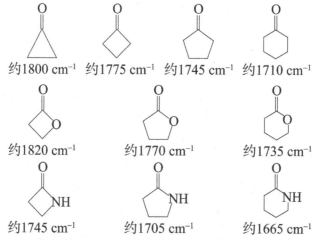

由于 N 原子上的 p 电子（孤对电子）与 C=O 共轭，酰胺 C=O 的吸收波数（1680 cm^{-1}）明显低于一般羰基（1715 cm^{-1}）。需要注意的是，在一个化合物的结构之内，可能存在多种作用的同时影响。

酯羰基比酮羰基具有更大的吸收波数，这是因为 O 原子既提供孤对电子又具有很强的电负性。在此，诱导效应起主导作用。

$$R-C-\ddot{O}-R \quad \bar{v}_{C=O}: 约1735 \text{ cm}^{-1}$$

乙酸乙烯酯、乙酸苯酯比一般的酯 C=O 高出约 35 cm^{-1}，其原因为两个相反的共轭结构作用力互相抵消，此时诱导效应起支配作用。

$$R-C-\ddot{O}-CH=CH_2 \qquad R-C-\ddot{O}-\phi$$
$$\bar{v}_{C=O}: 1776 \text{ cm}^{-1} \qquad\qquad \bar{v}_{C=O}: 1770 \text{ cm}^{-1}$$

（3）环的张力。张力越大，羰基的吸收频率（波数）也越大。通常，环越小，张力就越大，吸收波数越大。

约1800 cm⁻¹　　约1775 cm⁻¹　　约1745 cm⁻¹　　约1710 cm⁻¹

约1820 cm⁻¹　　　　约1770 cm⁻¹　　　　约1735 cm⁻¹

约1745 cm⁻¹　　　　约1705 cm⁻¹　　　　约1665 cm⁻¹

（4）振动耦合。具有对称性而靠近的两个基团，如果它们的吸收频率接近，就会互相作用，引起特征频率发生变化，这种现象称为振动耦合。结果是一个移向高波数，另一个移向低波数。

例如，羧酸酐：

$$R—C \overset{\nearrow O}{\underset{\searrow O}{}}$$
$$R—C$$

$$R—C$$
$$R—C$$

$\overline{v}_{as,C=O}$: 1828 cm^{-1}　　　$\overline{v}_{s,C=O}$: 1750 cm^{-1}

二元酸:

$$R—CH \overset{COOH}{\underset{COOH}{}}$$

$$\underset{CH_2—COOH}{\overset{CH_2—COOH}{|}}$$

1740 cm^{-1}　1710 cm^{-1}　　1780 cm^{-1}　1700 cm^{-1}

羧酸盐:

$$R—C \overset{\nearrow O}{\underset{O^-}{}}$$

$$\left[R—C \overset{O}{\underset{O}{}} \right]^-$$

$\overline{v}_{as,C=O}$: 1650～1550 cm^{-1}
$\overline{v}_{s,C=O}$: 1440～1360 cm^{-1}

4）第四组：1500 cm^{-1} 以下（指纹区）

该区多为单键的伸缩振动与弯曲振动，对分子结构很敏感，结构中的微细差别都可能导致谱图明显的差异，故称为指纹区。

（1）CH$_3$、CH$_2$ 的不对称与对称弯曲振动：1460 cm^{-1}、1380 cm^{-1}；

（2）烯烃的（=C—H）的面外弯曲振动：1000～650 cm^{-1}；

（3）芳环的（=C—H）的面外弯曲振动：910～650 cm^{-1}；

（4）C—O 的伸缩振动（强而宽，很有实用价值）：1200～1000 cm^{-1}；

（5）硝基的不对称与对称伸缩振动：1560 cm^{-1}、1350 cm^{-1}。

2.1.3　红外光谱仪

最常用的红外光谱仪有两种，一种是双光束红外分光光度计，另一种是傅里叶变换红外分光光度计。它们的主要区别在于分光元件的不同，前者使用的是光栅，后者是干涉仪，以及计算机在傅里叶变换红外分光光度计中的应用。

1. 色散型双光束红外分光光度计

其一般由光源、单色器、样品池、检测器、放大器和记录仪等部分组成。

1）光源

红外辐射通常用能斯特灯和硅碳棒等光源用电加热而产生，能斯特灯由稀土金属（如锆、钍、铈）氧化物和黏合剂烧结而成，加热温度 1000～1800℃。硅碳棒由碳化硅烧结而成，工作温度 1200～1400℃。

2）单色器

红外光谱仪的单色器是指从入射狭缝到出口狭缝这一光程中所包含的部分，它的功能是把通过样品槽和参比槽进入狭缝的复合光分成单色光而进入检测器加以测量。色散元件有棱镜和光栅两种，早期的红外分光光度计主要采用棱镜，目前则采用光栅，它是利用光的衍射原理，将多色光分开为依次排列的单色光。其特点是分辨率高，对环境要求不高。

3）检测、放大、记录系统

其作用是将照射在检测器上的红外光变为电信号，再经放大整流后记录成光谱图。

如图 2.3 是典型的双光束光零点红外分光光度计结构原理图。从光源发出的红外辐射经凹面镜后分成两束收敛光，分别形成测试光路和参比光路，经折光器后，测试光路和参比光路的光交替进入入射狭缝和单色器，连续的辐射被光栅色散后，按照频率高低依次通过出口狭缝，进入检测器。

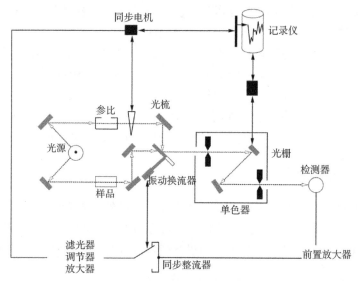

图 2.3 双光束光零点红外分光光度计

当测试光路和参比光路吸收相同时，检测器上没有信号产生。当样品吸收红外光时，则到达检测器的检测光减弱，检测器产生信号。信号放大后带动同步电机，通过光梳而减少参比光路光束，直到参比光路和测试光路的辐射强度相等为止，这就是仪器中的光学零点平衡系统。同时记录仪与同步电机连动，当同步电机工作时，光梳中光辐射强度改变的同时，被记录仪记录下来，绘出色谱图。光学零点法的采用，消除了光源和检测器的误差，以及大气中 H_2O、CO_2 等的干扰。

2. 傅里叶变换红外光谱仪结构及原理

傅里叶变换红外光谱仪是 20 世纪 70 年代问世的，它与棱镜和光栅红外分光光度计比较，被称为第三代红外分光光度计，主要由光源、迈克耳孙干涉仪、样品池、检测器、计算机和记录仪等部分组成。

1）迈克耳孙干涉仪原理

傅里叶变换红外光谱仪的主要部分为迈克耳孙干涉仪和计算机，图 2.4 为迈克耳孙干涉仪的结构和工作原理。

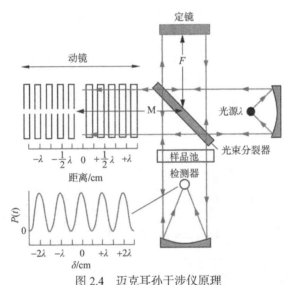

图 2.4　迈克耳孙干涉仪原理

M.光束分裂器，也称半透镜；F.定镜到光束分裂器的光程；$P(t)$.光强

如图 2.4 所示，干涉仪主要由光束分裂器（M）、动镜（MM）、定镜（FM）及检测器（D）组成。光束分裂器是一块半反射半透明的膜片，其把入射光分成两束，一束透射光射向动镜，另一部分被反射，射向定镜，射向定镜的光束再反射回来透过光束分裂器，通过样品池到达检测器，射向动镜的光束也同样反射回来再由光束分裂器反射出去，通过样品池到达检测器。到达检测器的两束光由于光段差而产生干涉，得到一个光强度周期变化的余弦信号。单色光源只产生一种信号，如图 2.5（a）所示。复色光源产生对应各单色光干涉图加和的中心极大并向两边迅速衰减的对称干涉图，如图 2.5（b）所示。

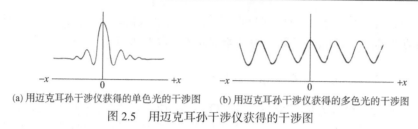

(a) 用迈克耳孙干涉仪获得的单色光的干涉图　　(b) 用迈克耳孙干涉仪获得的多色光的干涉图

图 2.5　用迈克耳孙干涉仪获得的干涉图

光经过样品时，样品吸收了某些频率的能量，使得到的干涉图强度曲线发生变化，这种干涉图被计算机进行快速傅里叶变换，对每个频率的光强进行计算即得到人们熟悉的红外光谱图。

2）傅里叶变换红外光谱仪

如图 2.6 是傅里叶变换红外光谱仪的结构示意图。光源发出的红外辐射经迈克耳孙干涉仪变成干涉图，通过样品后，即得到带有样品信息的干涉图。信号经过滤放大，进入计算机，通过傅里叶转换，便可记录下色谱图。

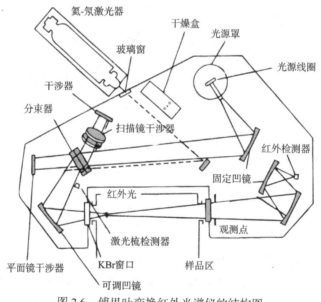

图 2.6　傅里叶变换红外光谱仪的结构图

3）傅里叶变换红外光谱仪优点

（1）测量时间短。由于不使用单色器，全波长范围的光同时通过样品，而使测量时间大大缩短。

（2）分辨能力高。即光谱仪对两个靠得很近的谱线辨别能力高，一般的光栅或红外分光光度计约为 $0.2\ \mathrm{cm^{-1}}$，而傅里叶变换红外光谱仪可达 $0.1\sim0.005\ \mathrm{cm^{-1}}$。

（3）波数精度高（1000 cm^{-1} 附近）。因采用了激光器精确测定波数差，波数精确度达到 0.01 cm^{-1}。

（4）测定光谱范围宽。一般的色散型红外光谱仪测量范围在 4000～200 cm^{-1} 之间，而傅里叶变换红外光谱仪只需改变光源和分光器，即可测量 10000～100 cm^{-1} 的范围。

（5）其他优点。除此之外，傅里叶变换红外光谱仪还有重复性好、杂散光少、灵敏度高等优点，还可与 GC、高效液相色谱（HPLC）等仪器一起采用联用技术，解决混合物的分离、分析问题。值得注意的是，傅里叶变换红外光谱仪在使用时对周围环境要求较高，温度、湿度影响测定的稳定性，使用时一定要注意防潮、防高温。

3. 红外样品制备技术

无论气体、液体或固体都可以进行红外光谱测定。

1）气体样品

气体样品一般直接通入抽成真空的气体池内进行测定。

2）液体样品

液体可以使用纯液体或溶液进行测定。纯液体可以直接滴在两个盐片之间，使它形成一个 0.01 mm 或更薄的薄膜，即可测定。对于纯吸收很强而得不到满意吸收谱图的液体样品，可采用制成溶液的方法降低浓度后再进行测定。溶液一般放在 0.1～1 mm 厚的吸收池中测定，将装纯溶剂的补偿吸收池放在参比光束中，则可得到溶质的光谱图，但溶剂的强吸收区域除外。所制溶剂应是干燥无水的，在测定区域无吸收，当要得到全谱图时，可使用几种溶剂，两种常用的溶剂是 CCl$_4$ 和 CS$_2$，CCl$_4$ 在高于 1333 cm^{-1} 以上时无吸收，而 CS$_2$ 在 1330 cm^{-1} 以下则很少吸收，另外还要注意避免使用会与溶质发生反应的溶剂。

图 2.7 是红外光谱常用液体样品池示意图，主要部分是用螺丝固定在两隔板之间的两个盐片。

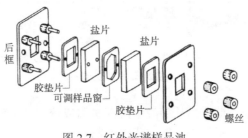

图 2.7 红外光谱样品池

3）固体样品

固体样品可采用以下几种方法测定。

（1）溶液法。把固体样品溶解在溶剂中，用液体池测定。

（2）研糊法。大多数固体样品都可以使用研糊法测定其光谱。其操作为，首先将固体样品研细，然后加入一滴或几滴研磨剂，在光滑的玛瑙研钵中充分研磨成均匀糊状，将研糊涂于两个盐片之间，即可以薄膜形式进行测量。

常用的研磨剂有石蜡油（paraffin oil，一种长链烷烃）、Flurolube（一种含氟和氯的卤代高聚物）和六氯代丁二烯。使用上述研磨剂时，可在 4000～2500 cm^{-1} 区域内得到没有干扰谱带的谱图。

（3）压片法。利用干燥的溴化钾粉末在真空下加压可以形成透明的固体薄片这一事实，把研细的样品与干燥的溴化钾粉末在 10000～15000Pa 的压力下，压制成透明薄片。图 2.8 是压片装置示意图。

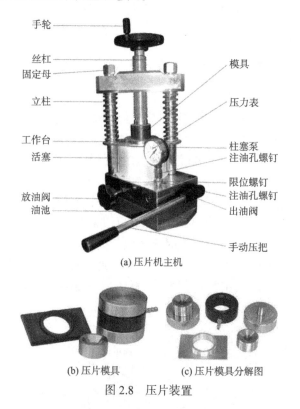

(a) 压片机主机

(b) 压片模具　　　　(c) 压片模具分解图

图 2.8　压片装置

（4）析出薄膜法。即样品从溶液中沉淀析出或溶剂挥发而形成透明薄膜的制样技术。析出薄膜法特别适用于能够成膜的高分子物质。

4）ATR 测定技术

ATR 是衰减全反射（attenuated total reflection）光谱的英文简称，又被称为内反射（internal reflection）光谱。1961 年，ATR 附件以商品形式出现，由于受到色散型红外光谱仪性能限制，ATR 技术应用不广泛，也未普及。FTIR 的出现使 ATR 技术获得发展。目前，ATR 在研究界面固体薄膜方面得到广泛应用。其原理是基于光束由一种光学介质进入另一种光学介质时，光线在两种介质的界面将发生反射和折射，发生全反射的条件是 $n_1>n_2$，即光由光密介质进入光疏介质时会发生全反射。因 ATR 主要用于研究有机化合物，而大多数有机化合物的折射率<1.5，因此，要选用折射率>1.5 的红外透过晶体。测量时，红外辐射经红外透过晶体达到样品表面，而 $n_{晶体}>n_{样品}$，光线产生全反射，实际上，光线并不是在样品表面直接反射回来，而是贯穿到样品表面内一定深度后，再返回表面。

若样品在入射光的频率范围内有吸收，则反射光的强度在被吸收的频率位置减弱，产生和普通透射吸收相似的现象，经检测器后得到的光谱称内反射光谱。

内反射光谱中谱带的强度取决于样品本身的吸收性质、光线在样品表面的反射次数和穿透到样品的深度。经一次衰减的全反射，光透入样品深度有限，样品对光吸收较少，光束能量变化也很小，所得光谱吸收谱带弱。ATR 附件通过增加全反射次数来使吸收谱带增强，这就是多重衰减全反射。穿透深度可从式（2.5）推算：

$$d=\lambda/2\pi[\sin(2\theta)-(n_2/n_1)^2]^{1/2} \qquad (2.5)$$

式中，θ 为入射角；λ 为波长；n_1 和 n_2 分别为透过晶体和样品的折射率。对于最常用的 KRS-5 透过晶体（KRS-5 是由铊、溴和碘合成的一种混晶，有毒），若 $n_1=2.35$，$n_2=1.5$，当入射光 $\lambda=10\ \mu m$（1000 cm^{-1}）时，$d=1.16\ \mu m$，若 $\lambda=25\ \mu m$（400 cm^{-1}），则 $d=2.19\ \mu m$。常用红外辐射波长在 2.5~25 μm（4000~400 cm^{-1}）之间，一般认为穿透深度为 1~2 μm。而常用的入射角有 30°、45°、60°等。图 2.9 是 ATR 装置图。

ATR 技术主要用于材料表面结构分析，如表面吸附、表面改性研究等。

上述各种红外光谱仪既可测量发射光谱，又可测量吸收或反射光谱。当测量发射光谱时，以样品本身为光源；测量吸收或反射光谱时，以卤钨灯、能斯特灯、硅碳棒、高压汞灯（用于远红外区）为光源。所用探测器主要有热探测器和光电探测器，前者有高莱池、热电偶、硫酸三甘肽、氘化硫酸三甘肽等；后者有碲镉汞、硫化铅、锑化铟等。常用的窗片材料有氯化钠、溴化钾、氟化钡、氟化锂、氟化钙，它们适用于近、中红外区。在远红外区可用聚乙烯片或聚酯薄膜。此外，还常用金属镀膜反射镜代替透镜。

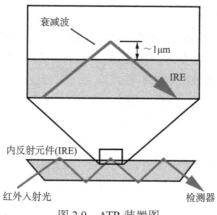

图 2.9　ATR 装置图

2.1.4　定性分析

　　红外光谱是物质定性的重要的方法之一。它的解析能够提供许多关于官能团的信息，可以帮助确定部分乃至全部分子类型及结构。其定性分析有特征性高、分析时间短、需要的试样量少、不破坏试样、测定方便等优点。

　　传统的利用红外光谱法鉴定物质通常采用比较法，即与标准物质对照和查阅标准谱图的方法，但是该方法对于样品的要求较高并且依赖于谱图库的大小。如果在谱图库中无法检索到一致的谱图，则可以用人工解谱的方法进行分析，这就需要有大量的红外知识及经验积累。大多数化合物的红外光谱图是复杂的，即便是有经验的专家，也不能保证从一张孤立的红外光谱图上得到全部分子结构信息，如果需要确定分子结构信息，就要借助其他的分析测试手段，如核磁共振、质谱、紫外光谱等。尽管如此，红外光谱图仍是提供官能团信息最方便快捷的方法。

　　近年来，利用计算机方法解析红外光谱，在国内外已有了比较广泛的研究，新的成果不断涌现，不仅提高了解谱的速度，而且成功率也很高。随着计算机技术的不断进步和解谱思路的不断完善，计算机辅助红外解谱必将对教学、科研的工作效率产生更加积极的影响。

2.1.5　定量分析

　　红外光谱定量分析法的依据是朗伯-比尔定律。红外光谱定量分析法与其他定量分析方法相比，存在一些缺点，因此只在特殊的情况下使用。它要求所选择的定量分析峰应有足够的强度，即摩尔吸光系数大的峰，且不与其他峰相重叠。红外光谱的定量方法主要有直接计算法、工作曲线法、吸收度比法和内标法等，常常用于异构体的分析。

随着化学计量学及计算机技术等的发展，利用各种方法对红外光谱进行定量分析也取得了较好的结果，例如，最小二乘回归、相关分析、因子分析、遗传算法、人工神经网络等的引入，使得红外光谱对于复杂多组分体系的定量分析成为可能。

2.1.6 红外光谱操作步骤

下面以 Nicolet6700 傅里叶变换红外光谱仪为例介绍红外光谱的操作步骤。

1. 样品制备

1）固体样品

（1）压片法。如图 2.10 所示，取 1～2 mg 的样品在玛瑙研钵中研磨成细粉末，与干燥的溴化钾（分析纯）粉末（约 100 mg，粒度 200 目）混合均匀，装入模具内，在压片机上压制成片测试。

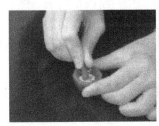

图 2.10 玛瑙研钵压片模具

（2）糊状法。在玛瑙研钵中，将干燥的样品研磨成细粉末。然后滴入 1～2 滴液状石蜡混研成糊状，涂于 KBr 或 BaF_2 晶片上测试。

（3）溶液法。把样品溶解在适当的溶剂中，注入液体池内测试。所选择的溶剂应不腐蚀池窗，在分析波数范围内没有吸收，并对溶质不产生溶剂效应。一般使用 0.1mm 的液体池，溶液浓度在 10%左右为宜。

2）液体样品

（1）液膜法。如图 2.11 所示，油状或黏稠液体，直接涂于 KBr 晶片上测试。流动性大，沸点低（≤100℃）的液体，可夹在两块 KBr 晶片之间或直接注入厚度适当的液体池内测试。极性样品的清洗剂一般用 $CHCl_3$，非极性样品的清洗剂一般用 CCl_4。

(a) 样品池　　　　　　　(b) BaF₂镜片　　　　(c) KBr镜片(杜绝含水样品)

图 2.11　液膜法样品池和使用的镜片

（2）水溶液样品。可用有机溶剂萃取水中的有机化合物，然后将溶剂挥发干，所留下的液体涂于 KBr 晶片上测试。

应特别注意，含水的样品坚决不能直接注入 KBr 或 NaCl 晶片液体池内测试。

3）塑料、高聚物样品

（1）溶液涂膜。把样品溶于适当的溶剂中，然后把溶液一滴一滴地滴加在 KBr 晶片上，待溶剂挥发后对留在晶片上的液膜进行测试。

（2）溶液制膜。把样品溶于适当的溶剂中，制成稀溶液，然后倒在玻璃片上待溶剂挥发后，形成一薄膜（厚度最好为 0.01～0.05 mm），用刀片剥离。薄膜不易剥离时，可连同玻璃片一起浸在蒸馏水中，待水把薄膜湿润后便可剥离。这种方法溶剂不易除去，可把制好的薄膜放置 1～2 天后再进行测试，或用低沸点的溶剂萃取掉残留的溶剂，所使用溶剂不能溶解高聚物，但能和原溶剂混溶。

4）磁性膜材料

直接固定在磁性膜材料的样品架（图 2.12）上测定。

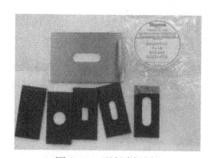

图 2.12　磁性样品架

5）其他样品

对于一些特殊样品，如金属表面镀膜、无机涂料板的漫反射率和反射率的测试等，则要采用特殊附件，如 ATR、DR（diffuse reflection，漫反射）、SR（specular reflection，镜面反射）等。

2. 测量操作

（1）按光学台、打印机及计算机的顺序开启仪器。光学台开启后 3 min 即可稳定。

（2）开始/所有程序/thermo scientific OMNIC，弹出如图 2.13 所示的对话框，或者点击桌面上的快捷方式，选择所需操作软件。

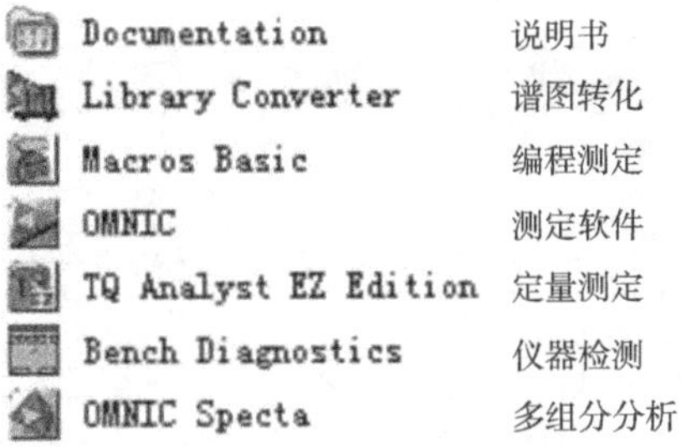

Documentation	说明书
Library Converter	谱图转化
Macros Basic	编程测定
OMNIC	测定软件
TQ Analyst EZ Edition	定量测定
Bench Diagnostics	仪器检测
OMNIC Specta	多组分分析

图 2.13　对话框示例

（3）仪器自检：按 打开软件后，仪器将自动检测，当联机成功后，将出现。

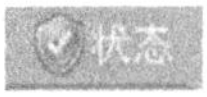

（4）如图 2.14 所示，主机面板中的四个标识等分别代表：电源、扫描、激光、光源。扫描指示灯在测定过程中亮，其他三个常亮，如果出问题时会熄灭。

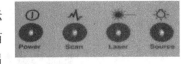

图 2.14　主机面板指示灯示例

（5）样品 ATR 测定。

（A）垂直安放 ATR 实验台，如图 2.15（a）所示，旋上探头，保持探头尖端距离平台一定高度。此时计算机显示智能附件，自检后，点击"确定"。

(a) ATR实验台

(b) 样品架

图 2.15　ATR 测定仪器

A. 弹性探头；B. 弧形探头；C. 平面探头

（B）将样品（固体或者液体 pH=5～9，非腐蚀性、非氧化型、不含 Cl 的有机溶剂）放在平台的检测窗上，将探头对准检测窗，顺时针旋下，紧贴样品，直到听见一声响声。

（C）清洗样品台，更换样品或结束实验时，用酒精棉擦洗检测台，等待其自然风干。

（6）样品压片检测。

安装样品架，如图 2.16 所示，计算机显示附件、自检后，点击"确定"。把制备好的样品放入样品架，然后插入仪器样品室的固定位置上。

(a)

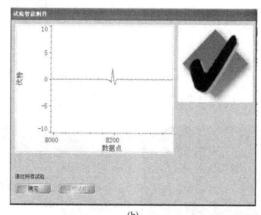

(b)

图 2.16　样品压片检测计算机显示示例

（7）软件操作。

（A）进入采集，选择实验设置对话框，如图 2.17 所示设置实验条件。

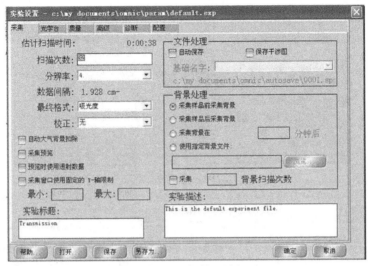

图 2.17 对话框示例

（a）扫描次数通常选择 32。

（b）分辨率指的是数据间隔，通常固体、液体样品选择 4，气体样品选择 2。

（c）校正选项中可选择交互 K-K 校正，消除刀切峰。

（d）采集预览相当于预扫。

（e）文件处理中的基础名字可以添加字母，以防保存的数据覆盖之前保存的数据。

（f）可以选择不同的背景处理方式：采样前或者采样后采集背景；采集一个背景后，在之后的一段时间内均采用同一个背景；使用之前保存过的指定背景文件。

（g）光学台选项中，范围在 6～7 为正常。

（h）诊断中可以进行准直校正（通常一个月进行一次，相当于能量校正）和干燥剂实验。

（B）设定结束，点击"确定"，开始测定。

（a）点击 采集样品，弹出对话框，如图 2.18 所示。输入图谱的标题，点击"确定"。准备好样品后，在弹出的对话框中点击"确定"，开始扫描。

图 2.18 对话框示例

（b）扫描结束后，弹出如图 2.19 所示对话框提示准备背景采集。采集后，点击"是"，自动扣除背景。

图 2.19　对话框示例

（c）也可以设定先扫描背景，按  采集背景光谱，然后扫描样品。

（C）可对采集的光谱进行处理，如图 2.20 所示，以下按钮从左往右依次为选择谱图、区间处理、读坐标（按住 shift 直接读峰值）、读峰高（按住 shift 自动标峰，调整校正基线）、读峰面积、标信息（可拖拽）、缩放或者移动。

图 2.20　光谱数据处理按钮示例

（D）采集结束后，保存数据，存成 SPA 格式（omnic 软件识别格式）和 CSV 格式（excel 可以打开）。

（E）用 ATR 测定时，无论先测背景还是后测背景，只要点击 ，按照提示进行测定即可。测定结束后，需清理实验台，用无水乙醇清洗探头和检测窗口，晾干后测定下一个样品。

（8）数据分析。

（A）定性分析。

（a）基团定性。根据被测化合物的红外特性吸收谱带的出现来确定该基团的存在。

（b）化合物定性。从待测化合物的红外光谱特征吸收频率（波数），初步判断属何类化合物，然后查找该类化合物的红外标准谱图，待测化合物的红外光谱与标准化合物的红外光谱一致，即两者光谱吸收峰位置和相对强度基本一致时，则可判定待测化合物是该化合物或近似的同系物。

同时测定在相同制样条件下的已知组成的纯化合物，若待测化合物的红外光谱与该纯化合物的红外光谱相对照，两者光谱完全一致，则待测化合物是该已知化合物。

（c）未知化合物的结构鉴定。未知化合物必须是单一的纯化合物。测定其红外光谱后，进行定性分析，然后与质谱、核磁共振及紫外光谱等共同分析确定该化合物的结构。

（B）定量分析。一般情况下很少采用红外光谱做定量分析，因分析组分有限，误差大，灵敏度较低，但仍可采用红外定量分析的方法或仪器附带的软件包进行。

（C）写出结果报告。

（9）停水停电的处置。在测试过程中发生停水停电时，按操作规程顺序关掉仪器，保留样品。待水电正常后，重新测试。仪器发生故障时，立即停止测试，找维修人员进行检查。故障排除后，恢复测试。

（10）其他注意事项。①在主机背面 purgein 口，可安装 N_2 吹扫，必须用高纯 N_2。②如果需要搬动仪器，需要用光学台内的海绵固定镜子，防止搬动过程中损坏仪器。③注意仪器防潮，光学台上面干燥剂位置的指示变白则需更换干燥剂。④样品仓、检测器仓内放置一杯变色硅胶，吸收仪器内的水蒸气。⑤红外压片时，所有模具应该用酒精棉擦洗干净。⑥取用 KBr 时，不能将 KBr 污染，避免影响其他人做实验。⑦红外压片时，样品量不能加得太多，样品量和 KBr 的质量比为1：100。⑧用压片机压片时，应该严格按操作规定操作：进口压片模具的不锈钢小垫片应该套在中心轴上，压片过程中移动模具时应小心以免小垫片移位。压片机使用时压力不能过大，以免损坏模具。压出来的片应该较为透明。⑨采集背景信息时应将样品从样品室中拿出。⑩用 ATR 附件时，尽量缩短使用时间。⑪实验室应该保持干燥，大门不能长期敞开。⑫隔层内干燥剂应及时更换，通过观察标准卡查看是否需要更换。⑬如操作过程中出现失误弄脏检测窗口，不可用含水物清洗，应用洗耳球吹去污染物。

2.2　拉 曼 光 谱

2.2.1　概述

拉曼光谱是基于物质对光的散射现象而建立的一种散射光谱。1928 年，印度物理学家拉曼（C. V. Raman）发现散射光中除有与入射光频率相同的散射线（称为瑞利散射）外，还有频率大于或小于入射光频率的散射线的存在，这种散射现象称为拉曼散射。利用拉曼效应研究分子，特别是有机化合物分子结构的方法称为拉曼光谱法。拉曼光谱法是对与入射光频率不同的散射光谱进行分析以得到分子振动、转动方面信息，并应用于分子结构研究的一种分析方法。拉曼光谱法早在 20 世纪 30 年代就出现了，由于早期采用高压汞弧灯，产生的拉曼光非常弱，要很长的曝光时间（有时甚至十几个小时）和较大的样品用量（需十几毫升），且只能分析无色液体样品，使其应用受到限制，直到 1960 年后，以激光作为光源才使拉曼光谱法迅速发展成为激光拉曼光谱法。目前，激光拉曼光谱已广泛应用于有机、无机、高分子、生物、环保等各个领域，成为最重要的分析手段之一。从拉曼光谱得到的信息与从红外光谱得到的信息互补，可以更完整地研究聚合物分子的振动和转动能级，更好地解决高分子的结构分析问题。

2.2.2　基本原理

1. 瑞利散射和拉曼散射

当辐射能通过介质时，引起介质内带电粒子的受迫振动，每个振动着的带电粒子向四周发出辐射就形成散射光。如果辐射能的光子与分子内的电子发生弹性碰撞，光子不失去能量，则散射光的频率与入射光的频率相同。当光子与分子内的电子碰撞时，光子有一部分能量传给电子，则散射光的频率不等于入射光的频率。因此，散射线有与入射线波长相等的散射光线，也有波长大于或小于入射线的散射光线。

1871 年，瑞利发现，当频率为 v_0 的光照射到样品时，除被吸收的光之外，大部分光沿入射方向透过样品，有一部分被散射，散射光与入射光的频率相同，这种散射称为瑞利散射。1928 年，拉曼发现除瑞利散射外，还有一部分散射光的频率和入射光的频率不同，这些散射光对称地分布在瑞利光的两侧，其强度比瑞利光弱得多，这种散射称为拉曼散射，拉曼散射的概率极小，最强的拉曼散射也仅占整个散射光的千分之几，最弱的仅占万分之一。

图 2.21 为瑞利散射和拉曼散射的能级图。处于振动基态的分子与光子发生非弹性碰撞，获得能量被激发到较高的、不稳定的能态（称虚态）。当分子离开不稳定能态，回到较低能量的振动激发态时，散射光的能量等于入射光的能量减去两振动能级的能量差，即散射光的频率小于入射光的频率，而等于入射光的频率

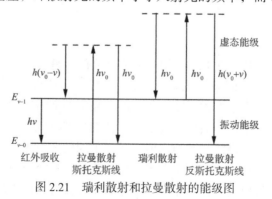

图 2.21　瑞利散射和拉曼散射的能级图

减去两振动能级的频率差，用数学表达式即为

$$v_{散} = v_0 - \Delta v$$

也就是说，拉曼散射光的频率小于瑞利散射的频率（$v_{散} < v_0$），即拉曼散射光的波长大于瑞利散射的波长（$\lambda_{散} > \lambda_0$），称为斯托克斯线。

光子 v_0 与处于激发态的分子相互作用，被激发到更高的不稳定能态，当分子离开不稳定能态回到振动基态时，散射光的能量等于入射光的能量加上两振动能级的能量差，则散射光的频率大于入射光的频率，等于入射光的频率加上两振动能级的频率差，即 $v_{散} = v_0 + \Delta v$，也就是说拉曼散射光的频率大于瑞利散射的频率（$v_{散} > v_0$），或拉曼散射光波长小于瑞利散射的波长（$\lambda_{散} < \lambda_0$）。

2. 拉曼位移

无论是上述的斯托克斯线还是反斯托克斯线，它们的频率都与入射光频率 v_0 之间有一个频率差（Δv），称为拉曼位移。拉曼位移的大小应和分子的跃迁能级差相等（图 2.21），因此，对应于同一个分子能级，斯托克斯线和反斯托克斯线的拉曼位移是相等的，而且跃迁的概率也应相等。但在常温条件下，大部分分子处于能量较低的基态，因此，测量到的斯托克斯线的强度应大于反斯托克斯线。一般的拉曼光谱中，都采用斯托克斯线来研究拉曼位移。

由上述讨论可以看出，拉曼位移的大小与入射光的频率无关，只与分子的能级结构有关，其范围为 $25 \sim 4000 \text{ cm}^{-1}$。因此，入射光的能量应大于分子振动跃迁所需能量，小于电子能级跃迁的能量。

3. 拉曼选律

（1）极化率。如果把分子放在外电场中，分子中的电子向电场的正极方向移动，而原子却向相反的负极方向移动。其结果是分子内部产生一个诱导偶极矩（μ_i）。诱导偶极矩与外电场的强度成正比，其比例常数又被称为分子极化率。

红外光谱的产生需要一定的选择定则，即有偶极矩的变化的分子振动才能产生红外光谱。红外吸收的产生也需要一定的选择定则，同样，分子振动产生拉曼位移也要服从一定的选律，即只有极化率发生变化的振动，在振动过程中才有能量的转移，产生拉曼散射，这种类型的振动称为拉曼活性振动。极化率无改变的振动不产生拉曼散射，称为拉曼非活性振动。

分子极化率变化的大小，可以用振动时通过平衡位置的两边的电子云改变程度来定性估计，电子云形状改变越大，极化率也越大，则拉曼散射强度也大。

例如，CO_2 为线型分子，有四种基本振动形式：对称伸缩振动 v_1、不对称伸缩振动 v_2，面内弯曲振动 v_3 和面外弯曲振动 v_4，其中 v_3 和 v_4 是简并的。v_1 是对

称伸缩振动，该振动的偶极矩不发生改变，为红外非活性，但通过平衡位置前后，电子云形状改变最大，因此是拉曼活性。v_2 和 v_3 振动的偶极矩都有变化，为红外活性；但电子云的形状是相同的，是拉曼非活性（图 2.22）。

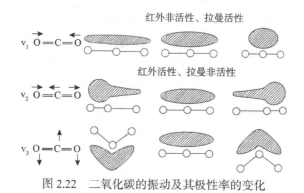

图 2.22　二氧化碳的振动及其极性率的变化

（2）能量守恒原理。除上述之外，拉曼光谱也同红外光谱一样，遵守 $\Delta E=hv$ 的光谱选律。

4. 拉曼光谱图

聚甲基丙烯酸甲酯的拉曼光谱如图 2.23 所示，纵坐标为谱带的强度，横坐标是波数，它表示的是拉曼位移值（Δv）。拉曼谱图中的拉曼光位移是在入射光频率为零时的相对频率作量度的，由于位移值相对应的能量变化对应于分子的振动和转动能级的能量差，所以同一振动方式的拉曼位移频率和红外吸收频率相等。因此，无论用多大频率的入射光照射某一样品，记录的拉曼谱带都具有相同的拉曼位移值。

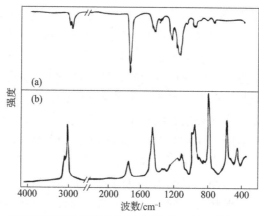

图 2.23　聚甲基丙烯酸甲酯的红外光谱图（a）和拉曼光谱图（b）

多数的光谱图只有两个基本参数：频率和强度，但是拉曼光谱还有一个重要参数：去偏振度（又称退偏度比，用 ρ 表示）。激光是偏振光，而大多数有机化合物都是各向异性的，样品被激光照射时，可散射出各种不同方向的散射光，因此在拉曼光谱中，用去偏振度（ρ）来表征分子对称性振动模式的高低：$\rho=I_\perp/I_{/\!/}$，其中，$I_\perp$ 和 $I_{/\!/}$ 分别代表与激光相垂直和平行的谱线强度。

去偏振光与分子极化率有关，ρ 值越小，分子的对称性越高，一般 $\rho<3/4$ 的谱带称偏振谱带，即分子有较高的对称振动模式。$\rho=3/4$ 的谱带称去偏振谱带，表示分子对称振动模式较低。

拉曼光谱具有以下明显的特征。

（1）拉曼谱线的波数虽然随入射光的波数而不同，但对同一样品，同一拉曼谱线的位移与入射光的波长无关，只和样品的振动转动能级有关。

（2）在以波数为变量的拉曼光谱图上，斯托克斯线和反斯托克斯线对称地分布在瑞利散射线两侧，这是由于在上述两种情况下分别得到或失去了一个振动量子的能量。

（3）一般情况下，斯托克斯线比反斯托克斯线的强度大。这是由于玻尔兹曼（Boltzmann）分布，处于振动基态上的粒子数远大于处于振动激发态上的粒子数。

简单解释：按照玻尔兹曼分布规律，处于激发态 E_i 的分子数 N_i 与处于正常态 E_0 分子数 N_0 之比是 $\dfrac{N_i}{N_0}=\dfrac{g_i}{g_0}\mathrm{e}^{\frac{-(E_i-E_0)}{kT}}$，其中，$g$ 为该状态下的简并度。对于振动态，$g_i=g_0=1$，而 $E_i-E_0\gg kT$，因此 $N_i\ll E_0$。同时可以解释：温度升高，反斯托克斯线的强度迅速增大，斯托克斯线强度变化不大。

2.2.3 拉曼光谱仪及样品制备技术

1. 拉曼光谱仪

激光拉曼光谱仪主要由激光光源、外光路系统、样品池、单色器、检测及记录系统组成（图 2.24）。

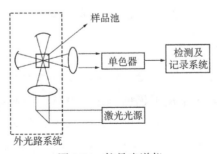

图 2.24 拉曼光谱仪

1）激光光源

与普通光源相比，激光光源有以下突出的特点：

（1）单色性好。激光是一种单色光，其谱线宽度窄。例如，氦-氖（He-Ne）激光器发出波长为 6328Å 的红色光，其谱线宽度小于 10^{-7}Å，是单色性最好的普通光源；氪同位素（^{68}Kr）灯发出波长为 6057Å 的光，其谱线宽度为 0.0047Å。

（2）方向性好。激光可以看作是一束方向性极强的平衡光。例如，红宝石激光器发射的激光光束，发散角只有 3′ 多。

（3）亮度高。由于激光的方向性好，发射的立体角极小，所以强度高，使激光在单位面积上的强度远高于普通光源。

由于以上特点，激光光源非常适用于拉曼光谱。激光一出现，很快就代替了早期拉曼光谱使用的汞灯光源，使拉曼谱线变得简单、利于解析，也使摄谱时间大大缩短，常常是几分钟甚至几秒即可完成。而且由于激光是偏振光，使去偏振度的测量变得较为容易。

拉曼光谱中最常用的激光器有氦-氖激光器，它发出波长为 6328Å 的激光，另外还有氩离子（Ar^+）激光器，发出波长为 4880Å、4965Å 和 5145Å 三条不同波长的激光。

2）外光路系统和样品池

外光路系统包括激光器以后、单色器以前的一系列光路，为了分离所需的激光波长，最大限度地吸收拉曼散射光，采用了多重反射装置。为了减少光热效应和光化学反应的影响，拉曼光谱仪的样品池多采用旋转式样品池。

3）单色器

常用的单色器是由两个光栅组成的双联单色器，或由三个光栅组成的三联单色器，其目的是把拉曼散射光分光并减弱杂散光。

4）检测及记录系统

样品产生的拉曼散射光，经光电倍增管接收后转变成微弱的电信号，再经直流放大器放大后，即可由记录仪记录下清晰的拉曼光谱图。

2. 拉曼样品制备技术

拉曼样品制备较红外样品简单，气体样品可采用多路反射气槽测定。液体样品可装入毛细管中或多重反射槽内测定。单晶、固体粉末可直接装入玻璃管内测试，也可配成溶液，由于水的拉曼光谱较弱、干扰小，因此可配成水溶液测试。特别是测定只能在水中溶解的生物活性分子的振动光谱时，拉曼光谱优于红外光谱。而对于有些不稳定的、贵重的样品，则可不拆密封，直接用原装瓶测试。

2.2.4　聚合物的拉曼光谱的特征谱带

拉曼光谱的谱带频率与官能团之间的关系与红外光谱基本一致。但是，由于拉曼光谱和红外光谱的选律不同，有些官能团的振动在红外光谱中能观测到，而另一些基团则相反，在红外光谱中很弱，甚至不出现，在拉曼光谱中则以强谱带形式出现。因此，在结构分析中，两者相互补充。表 2.2 列出了聚合物中常见有机基团的拉曼特征谱带及强度。

表 2.2　聚合物中常见有机基团的拉曼特征谱带及强度

振动	波数范围/cm^{-1}	强度		振动	波数范围/cm^{-1}	强度	
		拉曼	红外			拉曼	红外
v_{O-H}	3650~3000	w	s	v_{C-C}	1500~1400	m~w	
v_{N-H}	3500~3300	m	m	$v_{as.\ C-O-C}$	1150~1060	w	
$v_{\equiv C-H}$	3300	w	s	$v_{s.\ C-O-C}$	970~800	s~m	
$v_{=C-H}$	3100~3000	s	s	$v_{as.\ Si-O-Si}$	1110~1000	w	
v_{-C-H}	3000~2800	s	s	$v_{Si-O-Si}$	550~450	s	
v_{-S-H}	2600~2550	s		v_{O-O}	900~840	s	
$v_{C\equiv N}$	2255~2200	m~s	s	v_{S-S}	550~430	s	
$v_{C=C}$	2250~2100	v_s	m~w	v_{C-F}	1400~1000	s	
$v_{C=O}$	1680~1520	s~w	s	v_{C-Cl}	800~550	s	
$v_{C=C}$	2250~2100	v_s~m		v_{C-Br}	700~500	s	
$v_{C=S}$	1250~1000	s		v_{C-I}	660~480	s	
δ_{CH_2}	1470~1400	m		v_{C-Si}	1300~1200	s	
v_{C-C}	1600~1580	s~m					

2.2.5　拉曼光谱的应用

1. 分析物质性质

通过对拉曼光谱的分析可以知道物质的振动转动能级情况，从而可以鉴别物质，分析物质的性质。

天然鸡血石和仿造鸡血石的拉曼光谱有本质的区别：前者主要是地开石和辰砂的拉曼光谱，如图 2.25 所示，后者主要是有机化合物的拉曼光谱，如图 2.26 所示，利用拉曼光谱可以区别两者。图中 a 是"地"（黑色），b 是"血"（红色）。

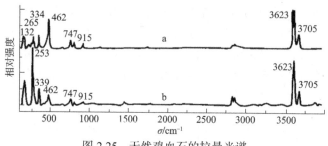

图 2.25　天然鸡血石的拉曼光谱

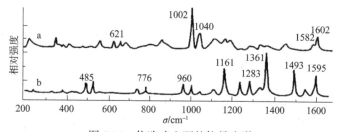

图 2.26　仿造鸡血石的拉曼光谱

天然鸡血石"地"的主要成分为地开石，天然鸡血石样品"血"既有辰砂又有地开石，实际上是辰砂与地开石的集合体。仿造鸡血石"地"的主要成分是聚苯乙烯-丙烯腈，"血"与一种名为 Permanent Bordo 的红色有机染料的拉曼光谱基本吻合。

2. 鉴别毒品

常见毒品均有相当丰富的拉曼特征位移峰，且每个峰的信噪比较高，表明用拉曼光谱法对毒品进行成分分析可行，得到的谱图质量较高。由于激光拉曼光谱具有微区分析功能，即使毒品和其他白色粉末状物质混合在一起，也可以通过显微分析技术对其进行识别，得到毒品和其他白色粉末的拉曼光谱图，如图 2.27 和图 2.28 所示。

3. 监测物质的制备

利用拉曼光谱可以监测物质的制备：担载型硫化钼、硫化钨催化剂是由相应

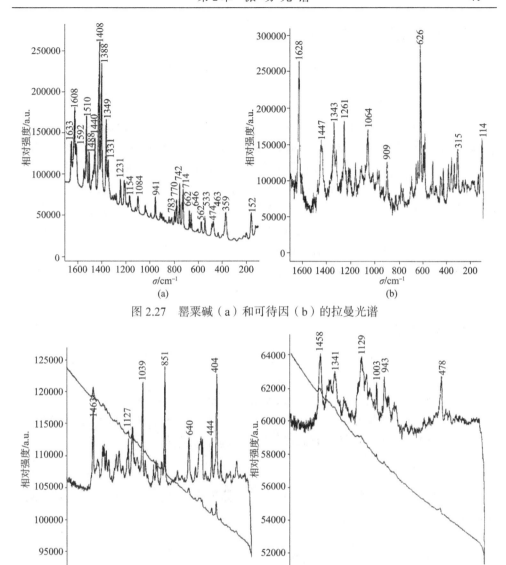

图 2.27 罂粟碱（a）和可待因（b）的拉曼光谱

图 2.28 蔗糖（a）和淀粉（b）的拉曼光谱

的担载型金属氧化物在 H_2 和 H_2S 气氛下程序升温制得的，在工业上主要用作加氢精制催化剂。在这样的工业条件下，二维表面金属氧化物转变为二维或三维金属硫化物。与负载金属氧化物相比，负载金属硫化物的拉曼光谱研究相对较少，这是由于黑色的硫化物相对可见光的吸收较强，信号较弱。然而拉曼光谱能较易检测到小的金属硫化物微晶。

2.2.6　拉曼光谱仪操作步骤

下面以 HR-800 共焦拉曼光谱仪为例介绍操作步骤。

1. 开机

稳压电源→接线板电源（3 个）→机箱电源→XY 控制平台电源→计算机→开启 Labspec5 程序→设置 CCD（charge-coupled device，电荷耦合器件）温度为–70℃

（点击菜单栏"Acquisition"选中"Detector"，图 2.29），等待实际温度达到–70℃→开白光、激光。

图 2.29　设置 CCD

注：（1）激光和白光在正式测样时打开。

（2）514.5 nm 激光光源开启需先打开散热风扇，再开 514.5 nm 激光的开关、钥匙和拨钮。

（3）白光在不开 Camera 时调成最暗。

2. 上样

1）固体样品

（1）首先确保样品表面不能有液体。如实在要测湿的样品，可以将镜头用保鲜膜包好，或者用石英片将样品盖好。

（2）样品放置要平稳，用 Camera 检查一下样品是否抖动。

（3）检查放置样品的衬底大小是否合适，移动操作杆看平台移动是否受阻。

（4）如果是透明样品，要确保衬底没有强拉曼信号。

2）液体样品

选择与其他显微镜不相邻的位置安装液体镜头，样品池为 1cm 石英比色皿，样品量≥1mL。

3. 校正

1）校正零点

（1）在"Spectro"点左箭头使光栅位置回到零点（图 2.30）。

（2）将平台上方的 Stem 上提顺时针转动固定。

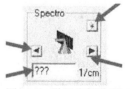

（3）点击工具栏中　　　实时测量得到零点峰，按"Stop"停止采谱。

图 2.30　设置光栅位置

（4）若零值较小，则将菜单栏中"Setup"、"Instrument Calibration"中"Zero"值改小（改最后两位）。反之则改大。

2）校正硅峰

（1）"Spectro"在空白处输入 520.7 cm^{-1}(硅的一级峰标准位置)（图 2.30）。

（2）将硅片置于显微镜正下方，将 Stem 稍稍提起逆时针转动后放下。白光打开后，点击 ⬚ 得到动态 Camera 图像。转动操纵杆使得 Camera 图像最清晰即达到最佳焦距，此时调暗白光打开激光，Camera 图像呈现出最小光斑。

（3）点击工具栏中实时测量得到硅峰。

（4）若硅峰有偏差，按校零方法校正。

4. 测样

（1）镜头的选择根据样品来定，样品若比较平整信号又较弱可以选用 50×或 100×，若样品信号较强可选用 10×，若样品既不平整信号又很弱可以采用 50×长焦镜头 。

（2）上样和聚焦方法同校正时一样。

（3)光谱范围设置：在"Acquisition"中"Multi Window"设置（图 2.31）。Time(%)为相对曝光时间，根据各个光谱段信号强度而设定。Min overlap(pix)设定两段相邻光谱段重叠的像素，一般 50 即可。SubPixel 一般设置为>1。Use multiwindow 为多段采谱模式。Auto overlap 为自动重叠。Merge data 将不同光谱段的数据合并。Adjust intensity 自动调整两段相邻光谱段的强度。注：如无特殊需要一般只采用一段光谱。

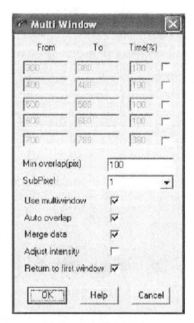

图2.31　光谱范围设置

（4）其他参数设置：激光波长、激光功率、共焦孔、狭缝、文件命名、实时测量曝光时间、正式测量曝光时间和扫描次数均在控制面板中进行设置（图 2.32）。

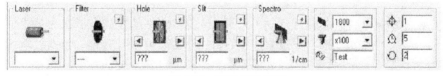

图 2.32　其他参数设置

Laser：有 632.8 nm 和 514.5 nm 两个波长，更换激光时打开光谱仪顶盖更换激光通道，更换不同激光配备的滤镜（2 个），光栅回零，重新校零和硅片。

Filter：分 6 挡，依据样品的信号强度以及光解或炭化程度而选择。

[...] = no attenuation (P0)

[D0.3] = P0 /2

[D0.6] = P0 /4

[D1] = P0 /10

[D2] = P0 /100

[D3] = P0 /1000

[D4] = P0 /10000

Hole 和 Slit 一般分别设置为 400 和 100，调大后样品信号强度增强但分辨率降低。

Spectro 实时测量时可以设定为样品可能出现最强峰的位置，正式测量则不需设置。

光栅可选 1800 或 600，选用 1800 时分辨率较高但强度较弱。切换光栅后 Spectro 要回零，并需重新校零和硅片。

镜头有 10×、50×、100×、50×（长工作距）、液体镜头可选。

文件命名可根据需要在开始测样之前设定。

实时测量曝光时间一般为 1s，正式测量曝光时间由样品实时测量强度而定，但必须确保：实时测量强度×曝光时间<65000。扫描次数一般设为 1。

点击工具栏中 可进行采谱。

5. 数据处理

（1）数据管理工具：从左到右依次为剪切、打开、保存、打印和帮助（图 2.33）。

图2.33　数据管理工具

（2）数据显示和信息：从左到右依次为使窗口尺寸适合于当前图谱、强度上适合于当前图谱、标出当前窗口的中心位置、数据尺寸（显示并可修改当前图谱在 x、y 两个方向上的极限位置）以及图谱参数（图 2.34）。

图2.34　数据显示和信息

（3）基本数据处理：从左到右依次为基线校正、数据校正、数据平滑、傅里叶转换、数据数学处理、峰的操作和外形描述（图 2.35）。

图2.35　基本数据处理

（4）基线校正：选择类型 Lines 或者 Polynomial→如果设为后者选择 Degree；在左边工具栏选择   鼠标变为十字，此时在活动窗口可以添加或去除基线，Attach 选 Yes 表示要紧贴谱线添加，选 No 表示可以在任意位置添加→Style 可选择基线的样式→点 "Sub" 扣除基线→ "Clear" 去除基线→ "Close" 完成（图 2.36）。

图 2.36 基线校正顺序图

左边工具栏介绍如下（图 2.37）。

活动指针：查看窗口内任意位置坐标；

积分：计算谱峰积分面积；

添加和去除基线；

对当前谱峰乘以一个常数；

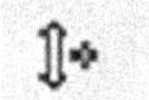

对当前谱峰加上一个常数；

去除鬼峰；

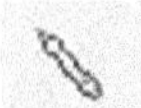

修正谱峰的形状；

标定某个峰的位置，调整峰的形状，去除标定；

水平或垂直移动整个图谱；

放大谱峰；

强度上适合当前图谱；

改变坐标轴在活动窗口中的位置。

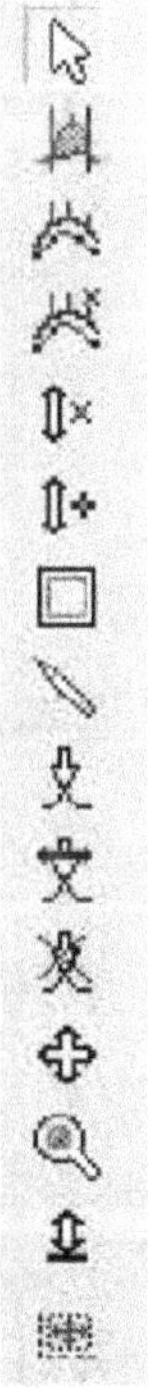

图 2.37 左边工具栏

6. 关机

关白光、激光→设置 CCD 温度为室温，等待实际温度达到室温→关闭 Labspec5 程序→计算机→XY 控制平台电源→机箱电源→接线板电源（3 个）→稳压电源。

2.3 紫外光谱

紫外光谱是当光照射样品分子或原子时,外层的电子吸收一定波长的紫外光,由基态跃迁至激发态而产生的光谱。不同结构的分子，其电子跃迁方式不同，吸收的紫外光波长也不同，吸光度也不同。因此，可以根据样品的吸收波长范围、吸光强度来鉴别不同的物质结构。

紫外光谱属于分子光谱中的电子吸收光谱。根据波长范围，紫外光可分为真空紫外光区（又称远紫外光区）、近紫外光区。通常使用的紫外光谱的波长范围是 200~400 nm，属近紫外光区。常用的紫外光谱仪的测试范围可扩展到可见光区域，包括了 200~400 nm 的近紫外光区和 400~800 nm 的可见光区域，如图 2.38 所示。

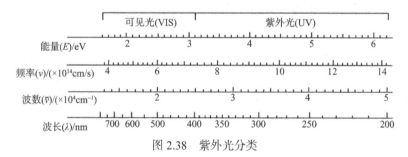

图 2.38　紫外光分类

2.3.1　基本原理

1. 分子轨道能级与分子跃迁类型

1）分子轨道能级

紫外光谱与分子的电子结构有关。根据分子轨道理论，当原子形成分子时，由原子轨道经组合形成分子轨道，即形成能量较低的成键轨道和能量较高的反键轨道。按结合成分子的原子的电子类型，分子轨道包括 σ 成键轨道和 σ*反键轨道、π 成键轨道和 π*反键轨道。同时，分子中还存在着未共用的电子对，属于非键轨道，称为 n 非键轨道。这些分子轨道的能量各不相同，按其能量由低到高依次排列如图 2.39 所示。

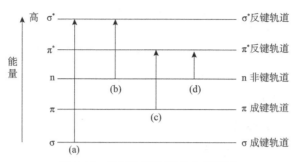

图 2.39　分子轨道能级及电子跃迁

2）电子跃迁类型

分子处于基态时，电子处于成键轨道和非键轨道上。反键轨道由于能量较高，没有电子。而当分子吸收一定波长的紫外光时，电子吸收光能，从基态的成键轨道（σ，π）或非键轨道（n）激发到反键轨道（π^*，σ^*），这一过程称为电子跃迁。聚合物的电子跃迁有 $\sigma \to \sigma^*$，$n \to \sigma^*$，$\pi \to \pi^*$，$n \to \pi^*$ 四种形式，如图 2.39 所示，跃迁所需能量依次为 $\sigma \to \sigma^* > n \to \sigma^* > \pi \to \pi^* > n \to \pi^*$。

（1）$\sigma \to \sigma^*$ 跃迁：σ 成键电子被激发到 σ^* 反键轨道所产生的跃迁[图 2.39（a）]。实现 $\sigma \to \sigma^*$ 跃迁所需的能量最大，即吸收波长最短，一般小于 150 nm，处于真空紫外光区，一般的紫外光谱仪无法检测。烷基中的 C—C 键都是 σ 键，它们的吸收都在真空紫外光区。

（2）$n \to \sigma^*$ 跃迁：非键电子 n 被激发到 σ^* 反键轨道所产生的跃迁[图 2.39（b）]。实现 $n \to \sigma^*$ 跃迁所需的能量较 $\sigma \to \sigma^*$ 跃迁小，吸收波长一般是 150~250 nm，大部分处于真空紫外光区，一部分在紫外光区内，含有 O、N、S 和卤素等杂质的饱和烃的衍生物可发生此类跃迁。

（3）$\pi \to \pi^*$ 跃迁：电子从 π 轨道被激发到 π^* 反键轨道所产生的跃迁[图 2.39（c）]。实现 $\pi \to \pi^*$ 跃迁所需要的能量又较 $n \to \sigma^*$ 跃迁小，吸收波长多在紫外光区。$\pi \to \pi^*$ 跃迁的特点是吸收强度较大，吸收峰的吸光系数很高，一般在 10^3~10^5 之间。不饱和烃、共轭烯烃和芳香烃可发生此类跃迁。

（4）$n \to \pi^*$ 跃迁：电子从 n 非键轨道激发到 π^* 反键轨道所产生的跃迁[图 2.39（d）]。实现 $n \to \pi^*$ 跃迁所需能量较小，一般在紫外光区，但吸收强度较小，吸光系数一般在 10~100 之间。分子中孤对电子和 π 键同时存在时，易发生 $n \to \pi^*$ 跃迁。

以上四种跃迁方式中，有紫外吸收的是 $\pi \to \pi^*$ 跃迁和 $n \to \pi^*$ 跃迁。因此，紫外光谱主要研究和应用的就是这两种跃迁的吸收特征。除此之外，紫外光谱中常用的还有两种较特殊的跃迁方式：主要存在于过渡金属络合物溶液中的 d-d 跃迁和电荷转移跃迁。

2. 吸收带的类型

在紫外光谱中将跃迁方式相同的吸收峰称为吸收带。化合物的结构不同跃迁类型不同，因此，吸收带也不同。在有机化合物和高聚物的紫外光谱分析中，常将吸收谱带分为以下四种类型。

1）R 吸收带（简称 R 带）

它是由 n→π*跃迁形成的谱带。含有杂原子的基团，如 C=O、—NO₂、—CHO、—NH₂ 等都有 R 带。由于吸收比较小，谱带较弱，因而被强吸收带掩盖。

2）K 吸收带（简称 K 带）

它是由 π→π*跃迁所形成的吸收带，含有共轭双键及取代芳香化合物可产生这类谱带。K 带吸收系数一般大于 10^4，吸收强度较大。

3）B 吸收带

它是芳香化合物和杂芳香化合物的特征谱带。此带为一宽强峰，并常分裂成一系列多重小峰，而反映出化合物的"精细结构"。其最大峰值在 230～270 nm 之间，中心在 254 nm，是判断苯环存在的主要依据。

4）E 吸收带

与 B 吸收带类似，它也是芳香化合物的特征峰之一，吸收强度较大，但吸收波长偏向低波长部分，有时在真空紫外光区。

由此可见，有机化合物或高聚物分子在紫外光区的特征吸收与电子跃迁有关，表 2.3 给出了有机化合物常见电子结构与跃迁。

表 2.3　电子结构与跃迁的总结表

电子结构	化合物	跃迁	$\lambda_{最大}$/nm	$\varepsilon_{最大}$/[L/(mol·cm)]	吸收带
σ	乙烷	σ→σ*	135		
n	水	n→π*	167	7000	
	甲醇	n→π*	183	500	
	1-己硫醇	n→π*	224	126	
	正丁基碘	n→π*	257	486	
π	乙烯	π→π*	165	10000	
	乙炔	π→π*	173	6000	
π 和 n	丙酮	π→π*	约 150		
		n→σ*	188	1860	R
		n→π*	279	15	

续表

电子结构	化合物	跃迁	$\lambda_{最大}$ /nm	$\varepsilon_{最大}$ / [L/(mol·cm)]	吸收带
π-π	1,3-丁二烯	π→π*	217	21000	K
	1,3,5-己三烯	π→π*	258	35000	K
π-π 和 n	丙烯醛	π→π*	210	11500	K
		n→π*	315	14	R
芳香性 π	苯	芳香族 π→π*	约 180	60000	E₁
		芳香族 π→π*	约 200	8000	E₂
		芳香族 π→π*	255	215	B
芳香性 π-π	苯乙烯	芳香族 π→π*	244	12000	K
		芳香族 π→π*	282	450	B
芳香性 π-σ （超共轭）	甲苯	芳香族 π→π*	208	2460	E₂
		芳香族 π→π*	262	174	B
芳香性 π-π 和 n	苯乙酮	芳香族 π→π*	240	13000	K
		芳香族 π→π*	278	1110	B
		n→π*	379	50	R
芳香性 π-n （助色团）	苯酚	芳香族 π→π*	210	6200	E₂
		芳香族 π→π*	270	1450	B

注：依强度划分的 E_1 和 E_2，且 E_1 用来表示芳香环上双键的吸收。

3. 常用术语

在讨论电子光谱时，经常用到一些术语，下面对一些术语进行简单介绍。

1）生色基

有机聚合物分子中能够产生电子吸收的不饱和共价键基团，称为生色基。根据定义，能产生 $n→π^*$ 和 $π→π^*$ 跃迁的电子体系，如 C=C、C=O、—NO₂ 等基团，都是生色基。表 2.4 给出了一些生色基结构与电子跃迁类型。

表 2.4　生色基结构与电子跃迁类型

生色基	电子跃迁
>C—C<　>C—H	σ→σ*
>C—Ö—　>C—S̈—	n→σ*
>C—N̈—　>C—Cl̈:	σ→σ*

续表

生色基	电子跃迁
>C=C<　—C≡C—	$\pi \to \pi^*$　$\sigma \to \sigma^*$
>C=Ö:　>C=C—Ö— 　　　　　　|	$n \to \pi^*$　$n \to \sigma^*$　$\pi \to \pi$　$\sigma \to \sigma^*$

2）助色基

某些原子或饱和基团虽本身无电子吸收，但当与生色基相连时，能改变生色基的最大吸收波长及吸收强度，称为助色基，如—OH、—NH_2、—Cl 等。

3）红移与蓝移

由于取代基或溶剂效应，生色基吸收峰波长发生位移。当吸收峰波长向长波方向移动时，称为红移；相反，当吸收峰波长向短波方向移动时，称为蓝移。例如，苯的最大吸收峰 $\lambda_{max}=254$ nm，而苯酚中由于助色基—OH 的作用，其吸收峰波长增加到 270 nm，则可以说苯酚的吸收峰产生了红移。

4）增色与减色效应

凡使吸收峰的吸收强度增加的效应称为增色效应，反之，使吸收峰强度减弱的效应称为减色效应。

5）溶剂效应

溶剂极性的不同会引起某些化合物吸收峰产生红移或蓝移，这种作用称为溶剂效应。

4. 紫外光谱表示法

1）紫外光谱的表示方法

有机物或聚合物的紫外光谱通常以紫外吸收曲线来表示，如图 2.40 所示。

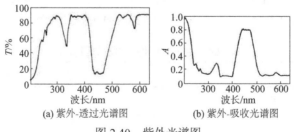

(a) 紫外-透过光谱图　　　　(b) 紫外-吸收光谱图

图 2.40　紫外光谱图

横坐标一般用波长（λ）表示，纵坐标为吸收强度，常用的单位为透光率（T），单位%，或吸光度（A），吸光度与透光率的关系根据 L-B 定律（Lambert-Beer，朗伯-比尔），可用式（2.6）表示

$$A=kbc \tag{2.6}$$

式中，k 为吸光系数；c 为样品浓度；b 为液层厚度。吸光系数单位随样品浓度单位而改变，当浓度以 g/L 表示时，称 k 为吸光系数，以 a 表示，单位：L/(g·cm)；当浓度以 mol/L 表示时，称 k 为摩尔吸光系数，以 ε 表示，单位：L/(mol·cm)；当浓度以 g/100mL 表示时，称 k 为比消光系数，以 $E_{1cm}^{1\%}$ 表示。

而透光率可表示为透射光强度（I）与入射光强度（I_0）之比，即

$$T=I/I_0 \tag{2.7}$$

则透光率与吸光度的关系为

$$A=-\lg T \tag{2.8}$$

2）吸收谱带的特征

紫外光谱吸收谱带的主要特征是其位置和强度、吸收波长与光的波长相对应，该波长所具有的能量与电子跃迁所需能量相等。吸收强度主要取决于价电子由基态跃迁到激发态的概率。在电子光谱中通常用吸光系数 ε 来表示电子跃迁而产生的吸收强度。

2.3.2　仪器与样品制备

1. 仪器构成

紫外光的测定仪器为紫外-可见分光光度计。现代化的光电式分光光度计主要由以下五部分组成。

（1）光源。分光光度计的光源可分为两部分，紫外部分一般常用氘灯作光源，其波长范围为 190～400 nm；可见光部分用钨灯或卤素灯作光源，其波长范围为 350～2500 nm。两光源间可进行波长切换。

（2）单色器。从光源辐射的复合光，经过单色器，被色散成不同波长的单色光，早期的分光光度计仪器多采用棱镜作为单色器，现代的仪器多采用光栅作为单色器。

（3）试样室。盛放分析样品的装置，主要由比色皿等组成。比色皿有玻璃和石英两种材料。石英比色皿适用于紫外光区和可见光区，而玻璃比色皿只可用于可见光区的测定。为减少光损失，比色皿的光学面必须完全垂直于入射光方向，且没有擦痕、指痕等污染。

（4）检测器。检测器的功能是检测光强度，并将光强度变化转变成电信号。常用的检测器有光电池、光电管、光电倍增管等。其中光电倍增管的灵敏度高，是目前应用最多的一种检测器。

（5）记录系统。将检测器检测到的信号用记录仪等记录下来。近年来，分光光度计基本上实现了微机处理，大大提高了仪器的自动程度。

2. 紫外分光光度计测试原理

紫外分光光度计的类型很多，最常用的有单光束和双光束两种。这里简单介绍一下双光束紫外分光光度计测量原理。图 2.41 是双光束分光光度计示意图。

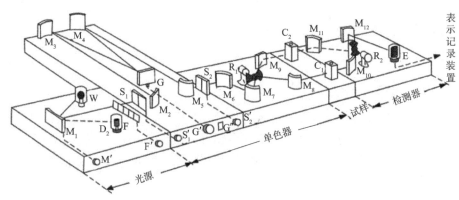

图 2.41　双光束分光光度计示意图

由光源 W（钨灯，用于可见光区）或 D_2（氘灯，用于紫外光区）出来的光经过反射镜 M_1 反射，经散射光过滤器 F 后，通过狭缝 S_1，再经过 M_2 和 M_3 两反射镜反射，在光栅 G 处被分开，再经反射镜 M_4 和 M_5 及狭缝 S_2 后得到单色光。单色光经反射镜 M_6 和 M_7，被斩波器 R_1 分为两光路，试样光路经反射镜 M_8，通过样品池 C_1，另一光路经反射镜 M_9 通过参比池 C_2 之后，两光路分别经过反射镜 M_{10} 和 M_{11} 到达与 R_1 同步的斩波器 R_2。两束光在 R_2 处，交替经过反射镜 M_{12} 到达光电倍增管 E。光电倍增管 E 先后接收来自参比池和试样池的光束而产生光电流，光电流增幅后被输送到记录仪部分。

3. 样品与溶剂

紫外光谱测定所用样品可分为气相或溶液。气相样品可使用气相专用的带气体入口及出口的石英吸收池，其光路长度为 0.1～100 mm。

有机化合物及聚合物的紫外光谱测定常用均相溶液，这就要求选择优良溶剂：

溶剂的溶解性好，与样品无化学反应，稳定无挥发，在测定波长范围内基本无吸收等。由于存在溶剂效应，溶剂的极性对紫外光谱影响很大。例如，极性溶剂可使 n→π* 跃迁发生蓝移，使 π→π* 跃迁发生红移。又如，醛的紫外光谱不能在醇中测定等。

在紫外光区可使用的溶剂较多，最常用的三种溶剂是环己烷、95%乙醇及1,4-二氧六环。芳香族化合物，特别是多核芳香族在环己烷中溶解性较好，且谱图可保留精细结构。而在极性较强的溶剂中，这些精细结构常常消失。当需要用极性较强的溶剂时，一般选用95%的乙醇。但如果要用无水乙醇，使用前需除去其中所含的痕量苯。表2.5列出了常用的溶剂可使用的最短波长区域。

表 2.5　溶剂可使用的最短波长区域

可使用的最短波长/nm	主要溶剂
200	蒸馏水、乙腈、环己烷
220	甲醇、乙醇、异丙醇、乙醚
250	1,4-二氧六环、氯仿、乙酸
270	N,N-二甲基甲酰胺、丁酸、四氯化碳（275 nm）
290	苯、甲苯、二甲苯
335	丙酮、丁酮、嘧啶、二硫化碳（380 nm）

2.3.3　有机化合物及聚合物的紫外特征吸收

前文的紫外光谱理论曾指出聚合物的紫外吸收能力与其电子结构有关，这里将讨论各电子结构基团特征吸收及影响因素。

物质的紫外吸收峰通常只有2～3个，峰形平稳，且只有具有重键和芳香共轭体系的聚合物才有紫外活性，所以紫外光谱能测定的聚合物种类有一定局限，但对多数聚合物单体、各种有机小分子添加剂的分析却有独到之处。

1. 仅含 σ 电子的聚合物及有机化合物

饱和烷烃含有 σ 电子，因产生 σ→σ* 跃迁的能量为 185 kJ/mol，吸收波长约为150 nm，处于真空紫外光区，所以饱和烷烃在近紫外光区无吸收。这使得饱和烷烃可作为测定用溶剂使用。

2. 含有 n 电子的饱和聚合物及有机化合物

含有杂原子如氧、氮、硫或卤素的饱和化合物除 σ 电子外还有不成键 n 电子。

所产生的 n→σ* 跃迁所需的能量比 σ→σ* 跃迁要少,但这类化合物中的大部分在紫外光区仍没有吸收。

硫化物(R—SR′)、二硫化物(R—SS—R′)、硫醇(R—SH)、胺、溴化物及碘化物在紫外光区有弱吸收。这种吸收经常以肩峰或拐点出现。表 2.6 列出了含有 n 电子的杂原子饱和化合物的特征吸收数据。

表 2.6　含杂原子的饱和化合物的特征吸收数据(n→σ*)

化合物	$\lambda_{最大}$/nm	$\varepsilon_{最大}$/[L/(mol·cm)]	溶剂
甲醇	177	200	己烷
2-正丁基硫醚	210 229(s)	1200	乙醇
2-正丁基二硫醚	204 251	2089 398	乙醇
1-己硫醇	224(s)	126	环己烷
三甲基胺	199	3950	己烷
N-甲基哌啶	213	1600	乙醚
氯甲烷	173	200	己烷
溴甲烷	208	300	己烷
碘甲烷	259	400	己烷
二噁英	188 177	1995 3981	气相

注:s 为肩峰或拐点。

3. 含有 π 电子的有机化合物(生色基)及聚合物

表 2.7 给出了一些含有单一的孤立的生色基的化合物的特征吸收数据。这类化合物都含有 π 电子,许多化合物还含有不成键电子对,可产生三种跃迁方式 n→σ*、π→π* 及 n→π*。

表 2.7　孤立的生色基的特征吸收数据

生色基	体系	例子	$\lambda_{最大}$/nm	$\varepsilon_{最大}$/[L/(mol·cm)]	跃迁	溶剂
烯	RCH=CHR	乙烯	165 193	15000 10000	π→π* π→π*	蒸气
炔	R—C≡C—R	乙炔	173	6000	π→π*	蒸气
羰基	RR1C=O	丙酮	188 279	900 15	π→π* n→π*	正己烷

续表

生色基	体系	例子	$\lambda_{最大}$/nm	$\varepsilon_{最大}$/[L/(mol·cm)]	跃迁	溶剂
醛基	RHC=O	乙醛	290	16	n→π*	庚烷
羧基	RCOOH	乙酸	204	60	n→π*	水
酰胺基	RCONH₂	乙酰胺	<208	—	n→π*	—
甲亚胺	>C=N—	丙酮肟	190	5000	π→π*	水
腈	—C≡N	乙腈	<160	—	π→π*	—
偶氮	—N=N—	偶氮甲烷	347	4.5	n→π*	1,4-二氧六环
亚硝基	—N=O	亚硝丁烷	300 665	100 20	n→π*	乙醚
硝酸酯	—ONO₂	硝酸乙酯	270	12	n→π*	1,4-二氧六环
硝基	—N<O O	硝基甲烷	271	18.6	—	醇
亚硝酸酯	—ONO	亚硝酸戊酯	218.5 346.5ᵃ	1120	π→π* n→π*	石油醚
亚砜	>S=O	甲基环己亚砜	210	1500	—	醇
砜	>S<O O	二甲基亚砜	<180	—	—	—

a 精细结构组中的最强峰。

1)孤立烯烃生色基

孤立烯键的强吸收是由 π→π* 跃迁引起的,但几乎都发生在真空紫外光区,例如,气体状态乙烯在 165 nm[$\varepsilon_{最大}$=15000 L/(mol·cm)]处吸收,在 200 nm 附近有第二吸收带。

2)共轭烯烃

共轭的结果是最高成键轨道与最低反键轨道之间能级差减小,使跃迁所需能量减小,吸收波长红移。无环的共轭二烯在 215~230 nm 区域有强 π→π* 跃迁吸收峰。1,3-丁二烯在 217 nm[$\varepsilon_{最大}$=21000 L/(mol·cm)]处有吸收。在开链的二烯与多烯中进一步的共轭效应引起向长波方向移动,并伴有吸收强度增加(增色效应)。表 2.8 给出了共轭烯烃吸收数据。

3)炔烃

炔烃生色基特征吸收峰比烯基要复杂。乙炔在 173 nm 处有一个由 π→π* 跃迁引起的弱吸收带,共轭的多炔类在近紫外光区有两个主要谱带,并具有特征的精细结构。共轭多炔的特征吸收数据见表 2.9。

表 2.8　共轭烯烃吸收数据

化合物	π→π*跃迁（K 带）		溶剂
	$\lambda_{最大}$/nm	$\varepsilon_{最大}$/[L/(mol·cm)]	
1,3-丁二烯	217	21000	己烷
2,3-二甲基-1,3-丁二烯	226	21400	环己烷
1,3,5-己三烯	253	～50000	异辛烷
	263	52500	
	274	～50000	
1,3-环己二烯	256	8000	己烷
1,3-环戊二烯	239	3400	己烷

表 2.9　共轭多炔的吸收数据

化合物	$\lambda_{最大}$/nm	$\varepsilon_{最大}$/[L/(mol·cm)]
2,4-己二炔	227	360
2,4,6-辛三炔	207	135000
	268	200
2,4,6,8-癸四炔	234	281000
	306	180

4）羰基化合物

羰基生色基含有一对 π 电子和两对不成键 n 电子，饱和酮和醛显示三个吸收谱带，其中两个在真空紫外光区，由靠近 150 nm 处的 π→π*跃迁和 190 nm 处的 π→σ*跃迁产生，第三个谱带是由 n→π*跃迁产生的位于 270～300 nm 区域的 R 带。R 带较弱，ε_{max}<30 L/(mol·cm)，当溶剂极性增加时，由于形成氢键，其吸收向短波方向移动，可用来衡量氢键的强度。

酯和酰胺化合物，由于含有孤电子对的基团连在羰基上，诱导效应对于前者有明显的影响，使 R 带向短波方向移动，但对强度无明显的影响，其对比情况见表 2.10。

表 2.10　简单的含羰基化合物的 n→π*跃迁（R 带）

化合物	$\lambda_{最大}$/nm	$\varepsilon_{最大}$/[L/(mol·cm)]	溶剂
乙醛	293	11.8	己烷
乙酸	204	41	乙醇
乙酸乙酯	207	69	石油醚
乙酰胺	220（s）	—	水

续表

化合物	$\lambda_{最大}$/ nm	$\varepsilon_{最大}$/[L/(mol·cm)]	溶剂
乙酰氯	235	53	己烷
乙酸酐	225	47	异辛烷
丙酮	279	15	己烷

注：s 为肩峰。

5）芳香族化合物

（1）苯。苯有三个吸收带，E_1 带 184 nm[$\varepsilon_{最大}$ =60000 L/(mol·cm)]，E_2 带 204 nm[$\varepsilon_{最大}$ = 7900 L/(mol·cm)]和 B 带 256 nm[$\varepsilon_{最大}$ =200 L/(mol·cm)]，是由 $\pi \rightarrow \pi^*$ 跃迁造成的。判断苯环主要依据 B 带，芳香族化合物 B 带的特征是有相当多的精细结构，而在极性溶剂中，溶质和溶剂的相互作用使精细结构减少，例如，苯酚在非极性溶剂庚烷中 B 带呈现精细结构，而在极性溶剂乙醇中则消失，如图 2.42 所示。

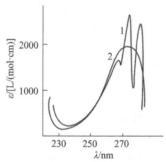

图 2.42　苯酚在非极性溶剂和极性溶剂中的紫外光谱图
1. 庚烷溶液；2. 乙醇溶液

（2）取代苯。烷基取代苯的 B 带向长波移动（红移）。图 2.43 为甲苯和苯的紫外光谱图。表 2.11 列出了一些烷基苯的 B 带特征吸收。

表 2.11　烷基苯的吸收数据（B 带）

化合物	$\lambda_{最大}$/ nm	$\varepsilon_{最大}$/[L/(mol·cm)]
苯	256	200
甲苯	261	300
间二甲苯	262.5	300
1,3,5-三甲基苯	266	305
六甲基苯	272	300

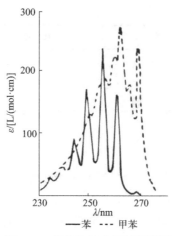

图 2.43　甲苯和苯的紫外光谱图

　　助色基（OH、NH_2 等）在苯环上的取代使 E 带和 B 带发生红移，并失去精细结构，但吸收强度增强，见表 2.12。

表 2.12　助色基取代对苯紫外吸收光谱的影响

化合物	E_2 带		B 带		溶剂
	$\lambda_{最大}$/nm	$\varepsilon_{最大}$/[L/(mol·cm)]	$\lambda_{最大}$/nm	$\varepsilon_{最大}$/[L/(mol·cm)]	
苯	204	7900	256	200	己烷
氯苯	210	7600	265	240	乙醇
苯硫酚	236	10000	269	700	己烷
苯甲醚	217	6400	269	1840	2%甲醇
苯酚	210.5	6200	270	1450	水
苯酚阴离子	235	9400	287	2600	碱水溶液
邻二苯酚	214	6300	276	2300	酸水溶液（pH=3）
邻二苯酚阴离子	236.5	6800	292	3500	碱水溶液（pH=11）
苯胺	230	8600	280	1430	水
苯胺阳离子	203	7500	254	160	酸水溶液
二苯基醚	255	11000	272 278	2000 1800	环己烷

　　而直接连接在苯环上的生色基使 B 带向短波移动，同时在 200～250 nm 区域出现一个 K 带[$\varepsilon_{最大}$>10000 L/(mol·cm)]。表 2.13 列出了一些生色基取代苯的特征吸收。

表 2.13 生色基取代苯的特征吸收

化合物	K 带		B 带		R 带		溶剂
	$\lambda_{最大}$/nm	$\varepsilon_{最大}$/[L/(mol·cm)]	$\lambda_{最大}$/nm	$\varepsilon_{最大}$/[L/(mol·cm)]	$\lambda_{最大}$/nm	$\varepsilon_{最大}$/[L/(mol·cm)]	
苯	—	—	255	215	—	—	醇
苯乙烯	244	12000	282	450	—	—	醇
苯乙炔	236	12500	278	650	—	—	己烷
苯乙醛	244	15000	280	1500	328	20	醇
苯乙酮	240	13000	278	1100	319	50	醇
硝基苯	252	10000	280	1000	330	125	己烷
苯甲酸	230	10000	270	1400	—	—	水
苯基腈	224	13000	271	977	—	—	水
二苯亚砜	232	14000	262	—	—	—	醇
苯基甲基砜	217	6700	264	—	—	—	—
二苯甲酮	252	20000	—	—	325	180	醇
联苯	246	20000	淹没	—	—	—	醇
顺式-芪	283	12300[a]	淹没	—	—	—	醇
反式-芪	295[b]	25000[a]	淹没	—	—	—	醇
顺式-1-苯基-1,3-丁二烯	268	18500	—	—	—	—	异辛烷
反式-1-苯基-1,3-丁二烯	280	27000	—	—	—	—	异辛烷
顺式-1,3-戊二烯	223	22600	—	—	—	—	醇
反式-1,3-戊二烯	223.5	23000	—	—	—	—	醇

a 强谱带也发生在 200~230 nm 区域；b 精细结构的最强谱带。

值得注意的是苯胺和苯酚的紫外光谱。它们的紫外吸收与溶液的 pH 有直接关系。在碱性溶液中苯酚转变成相应的阴离子，E_2 带和 B 带向长波移动，同时 $\varepsilon_{最大}$ 增加[图 2.44（a）]。在酸性溶液中，苯胺转化成苯胺阳离子，这样苯胺的不成键电子对不再与苯环上的 π 电子相互作用，因此得到一个与苯几乎相同的光谱，如图 2.44（b）所示。

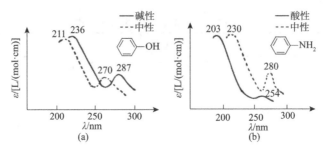

图 2.44　苯酚和苯胺的紫外光谱图

因此，将一化合物在中性和碱性溶液中得到的紫外光谱图加以比较，可判断该化合物是否含有苯酚结构。同样比较中性和酸性溶液测定的谱图，可判断是否有苯胺衍生物。

（3）稠环芳烃。多环芳香族可当作单个生色团来处理。随稠环数目的增加，吸收逐渐向长波移动，直到出现在可见光区域（图 2.45）。

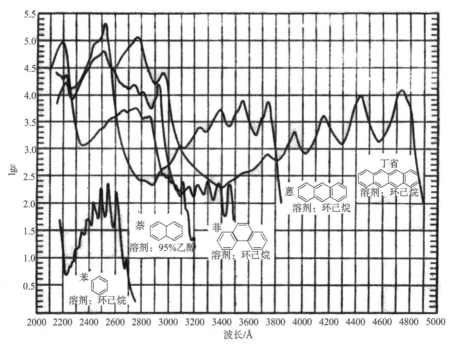

图 2.45　苯、萘、菲、蒽及丁省的紫外光谱图

（4）芳香杂环化合物。饱和的五元和六元杂环化合物在大于 200 nm 波长区域无吸收，只有不饱和杂环化合物在近紫外光区有吸收。

不饱和的五元和六元杂环化合物的紫外吸收与相应的芳烃或取代物相似。例如，嘧啶的光谱与苯的光谱相似，而喹啉的光谱与萘相似（图 2.46、图 2.47）。表 2.14、表 2.15 列出了一些不饱和五元、六元杂环化合物的特征吸收。

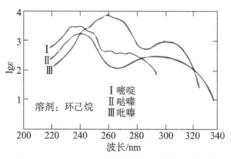

图 2.46　一些杂环化合物的紫外光谱图

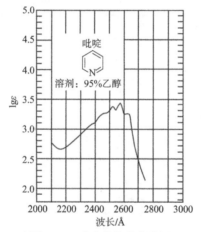

图 2.47　吡啶的紫外光谱图

表 2.14　五元芳香杂环的特征吸收

母体	取代基	谱带 I		谱带 II	
		$\lambda_{吸大}$ /nm	$\varepsilon_{最大}$ /[L/(mol·cm)]	$\lambda_{吸大}$ /nm	$\varepsilon_{最大}$ /[L/(mol·cm)]
呋喃	—	200	10000	252	1
呋喃	2-CHO	277	2200	272	13000
呋喃	2-C(=O)—CH₃	225	2300	270	12900
呋喃	2-COOH	214	3800	243	10700
呋喃	2-NO₂	225	3400	315	8100
呋喃	2-Br, 5-NO₂	—	—	315	9600

续表

母体	取代基	谱带 I		谱带 II	
		$\lambda_{最大}$ / nm	$\varepsilon_{最大}$ / [L/(mol·cm)]	$\lambda_{最大}$ / nm	$\varepsilon_{最大}$ / [L/(mol·cm)]
吡咯		183	—	211	15000
吡咯	2-CHO	252	5000	290	16600
吡咯	2-C(=O)—CH$_3$	250	4400	287	16000
吡咯	2-COOH	228	4500	258	12600
吡咯	1-C(=O)—CH$_3$	234	10800	288	760
噻吩	—	231	7100	—	—
噻吩	2-CHO	265	10500	279	6500
噻吩	2-C(=O)—CH$_3$	252	10500	273	7200
噻吩	2-COOH	249	11500	269	8200
噻吩	2-NO$_2$	268~272	6300	294~298	6000
噻吩	2-Br	236	9100	—	—

表 2.15　一些含氮的芳香杂环及其碳环类似物的吸收特征

化合物	E$_1$ 带 [a]		E$_2$ 带 [a]		B 带 [a]		溶剂
	$\lambda_{最大}$ / nm	$\varepsilon_{最大}$ / [L/(mol·cm)]	$\lambda_{最大}$ / nm	$\varepsilon_{最大}$ / [L/(mol·cm)]	$\lambda_{最大}$ / nm	$\varepsilon_{最大}$ / [L/(mol·cm)]	
苯	184	60000	204	7900	256	200	—
萘	221	100000	286	9300	312	280	—
喹啉	228	40000	270	3162	315	2500	环己烷
异喹啉	218	63000	265	4170	313	1800	环己烷
蒽	256	180000	375	9000	—	—	—
吖啶	250	200000	358	10000	—	—	乙醇

a 所有这些谱带都有精细结构。

2.3.4　操作步骤

下面介绍 Lambda 25 紫外-可见分光光度计的使用方法。

1. 开机步骤

开光谱仪电源,开计算机电源,在文件管理器中用鼠标指按 UV WinLab 图标,
此时出现 UV WinLab 的应用窗口,仪器已准备好,可选用适当方法进行分析操作。

2. 方法

在分析中必须对分光光度计设定一些必要的参数,这些参数的组合就形成一
个“方法”。Lambda 系列 UV WinLab 软件预设四类常用方法。①扫描（scan）,
用以进行光谱扫描;②时间驱动（time driver）,用以观察一定时间内某种特定波
长处纵坐标值的变化,如酶动力学;③波长编程（wp）,用以在多个波长下测定
样品在一定时间内的纵坐标值变化,并可以计算这些纵坐标值的差或比值;④浓
度（conc）,用以建立标准曲线并测定浓度。

（1）进入所需方法,在方法窗口中选择所需方法的文件名。

（2）方法的设定。

（A）扫描、时间驱动及波长编程各项方法可根据显示的参数表,逐项按需
要选用或填入,并可参考提示。

（B）浓度。浓度方法窗口下方标签较多,说明浓度测定时需要参数较多。
用鼠标指按每一标签,可翻出下页,其上有一些需要测定的参数。必须逐页设定。

3. 工具条

1）setup

当所需的各项参数都已在参数中设好后,必须用鼠标指按“setup”,才能将
仪器调整到所设状态。

2）autozero

用鼠标指按此键,分光光度计即进行调零（在光谱扫描中则进行基线校正）。

3）start

用鼠标指按此键,分光光度计即开始运行所设定的方法。

4. 方法运行

1）扫描,时间驱动,波长编程

方法选好后,先放入参比溶液,按“autozero”键,进行自动校零或背景校正,
结束后再放入样品,按“start”,分光光度计即开始进行扫描,同时屏幕上出现
图形窗口,将结果显示出。

2）浓度

（1）测定标准曲线。

（A）方法选好后，确认各项数据正确，特别是 refs 页中第一行要选中右上角的"edit mode"。再放入参比溶液，按"autozero"键自动校零或背景校正。

（B）按"setup"，待该图标消失后，再按"start"，按提示依次放入标准色列的各管溶液，每次都按提示进行操作。

（C）标准色列测定完毕后，屏幕上出现"calib graph window"，显示拟合的标准线，并标出各项标准管的位置，屏幕下方还有一条"concentration mode"的对话框，可以用来修改拟合的曲线类型（按"change calbration"），或修改标准溶液的任何一管（"replace"），或取消某一管（"delete"），或增加标准溶液管数（"add"）。如果已经满意，则按"analyse sample"键，进入样品测定窗口。

（D）标准曲线有关的各项数据，均在"calib result window"中，可用鼠标将其调出观察。其中包括每个标准溶液的具体数据、标准曲线的回程方程式、相关系数、残差。

（2）样品浓度测定。

（A）刚测定好的标准曲线接着进行样品浓度测定时只需在"concentration mode"对话框按"analyse sample"键，进入样品测定窗口。按设定的样品顺序放入各样品管，每次按提示进行操作。屏幕上出现结果窗口，结果数据将依次显示在样品表中的相应位置。

（B）利用原有的标准曲线接着进行样品浓度测定。

（a）调出所测定样品的浓度方法文件，首先调出 refs 页，将原设"edit mode"选项取消，改设左上角的"using exiting calibration"。重新将方法存盘，则今后再调用时即不需再作修改。

（b）在 sample 页中按要求重设各种样品名称及样品信息。

（c）按工具条中"setup"键，将主机设到该方法所设定的条件。

（d）将参比溶液放入比色室，按"autozero"键进行背景校零。

（e）按"start"键，按设定的样品顺序将样品放入各样品管，每次按提示进行操作。

（f）屏幕上出现结果窗口，结果数据将依次显示在样品表中相应位置。

5. 关机

（1）将方法及数据存盘。

（2）关闭方法窗。

（3）退出 UV WinLab。

（4）取出样品及参比溶液。

（5）清洁光谱仪，特别是样品室。

（6）关闭光谱仪电源。

（7）关闭计算机电源。

思　考　题

1. 分子的每一个振动自由度是否都能产生一个红外吸收？为什么？

2. 红外吸收光谱与紫外-可见吸收光谱在谱图的描述及应用方面有何不同？试从吸收波长范围、能级跃迁形式、适用范围、光谱特征和应用范围等方面进行分析。

3. 简述拉曼光谱与红外光谱的选律规则异同点。

4. 为什么拉曼光谱仪的入射光最好能实现多波长可调？选择激发波长的原则是什么？

参　考　文　献

高家武. 1994. 高分子近代测试技术. 北京: 北京航空航天大学出版社.

沈德言. 1991. 红外光谱法在高分子研究中的应用. 北京: 科学出版社.

汪昆华, 罗传秋, 周啸. 1991. 聚合物近代仪器分析. 北京: 清华大学出版社.

薛奇. 1995. 高分子结构研究中的光谱法. 北京: 高等教育出版社.

张颖. 2002. 光接枝改性聚丙烯腈超滤膜的研究. 郑州: 郑州大学.

Bork L S, Allen N S. 1982. Analysis of Polymer Systerm. London: Applied Science Publishers.

Kranes A, Large A, Ezna M. 1983. Plastic Guide. New York: Hanser Publishers.

Skoog D A, Leary J J. 1992. Principles of Instrumental Analysis. 4th ed. New York: Saunders College Publishing.

Urbanski J, Czeerwinski W, Janicka K, et al. 1977. Handbook of Analysis of Synthetic Polymer and Plastics. New York: John Wiley&Sons, Inc.

第3章 核磁共振与电子顺磁共振波谱

核磁共振（NMR）波谱与电子顺磁共振（EPR）波谱均是材料分子结构表征中常用的仪器测试方法。NMR 波谱和 EPR 波谱与红外光谱、紫外光谱有共同之处，实质上都是分子吸收光谱。红外光谱主要来源于分子振动能级间的跃迁，紫外-可见吸收光谱来源于分子电子能级间的跃迁，而 NMR 和 EPR 均是将样品置于强磁场中，用射频源来辐射样品。其中 NMR 是具有磁矩的原子核发生磁能级间的共振跃迁，而 EPR 则是使未成对电子产生自旋能级间的共振跃迁。

3.1 核磁共振波谱

3.1.1 核磁共振基本原理与核磁共振仪

在外磁场的激励下，一些具有磁性的原子核的能量可以裂分为 2 个或 2 个以上的能级。如果此时外加一个能量，使其恰好等于裂分后相邻两个能级之差，则该核就可能吸收能量，从低能级跃迁至高能级，称为共振吸收。因此，所谓核磁共振，就是研究磁性原子核对射频能的吸收。

1. 核磁共振波谱的产生

原子核是带正电荷的粒子，多数原子核的电荷能绕核轴自旋，形成一定的自旋角动量 P，同时，这种自旋现象就像电流流过线圈一样能产生磁场，因此具有磁矩 μ，它们的关系可用式（3.1）表示：

$$\mu = \gamma P \tag{3.1}$$

式中，γ 为磁旋比，是核的特征常数。依据量子力学原理，自旋角动量是量子化的，其状态由核的自旋量子数 I 决定，P 的长度可由式（3.2）表示：

$$|P| = \sqrt{I(I+1)} \frac{h}{2\pi} \tag{3.2}$$

式中，h 为普朗克常量。

产生 NMR 的首要条件是核自旋时要有磁矩的产生。也就是说，只有当核的

自旋量子数 I 不为 0 时，核的自旋才能具有一定的自旋角动量，产生磁矩。因此 I 为 0 的原子核，如 ^{12}C 原子和 ^{16}O 原子没有磁矩，不能成为 NMR 研究的对象。表 3.1 给出了核自旋量子数、质量数和原子序数之间的关系。

表 **3.1**　原子核的自旋量子数、质量数和原子序数的关系

原子序	质量数	I	实例
偶	偶	0	$^{12}_{6}$C ， $^{16}_{8}$O ， $^{32}_{16}$S
奇	偶	整数	$^{2}_{1}$D$_{(I=1)}$ ， $^{10}_{5}$B$_{(I=3)}$
奇、偶	奇	半整数	$^{1}_{1}$H ， $^{13}_{6}$C ， $^{19}_{9}$F ， $^{15}_{7}$N ， $^{21}_{15}$P$_{(I=1/2)}$ ， $^{17}_{8}$O$_{(I=5/2)}$ ， $^{11}_{5}$B$_{(I=3/2)}$

　　在一般情况下，自旋的磁矩可任意取向，但当把自旋的原子核放入外加磁场 H_0 中，除自旋外，原子核还将绕 H_0 运动，由于磁矩和磁场的相互作用，核磁矩的取向是量子化的。核磁矩的取向数可用磁量子数 m 来表示，$m=I$、$I-1$、$I-2$、…、$-(I-1)$、$-I$，共有（$2I+1$）个取向，而使原来简并的能级分裂成 $2I+1$ 个能级。根据量子力学选律，只有 $\Delta m=\pm 1$ 的跃迁才是允许的。

　　在外加磁场 H 中，自旋核绕自旋轴旋转，而自旋轴与磁场 H_0 又以特定夹角绕 H_0 旋转，类似一陀螺在重力场中的运动，这样的运动称为拉莫尔进动（Larmor precession）。进动频率（precession frequency）由式（3.3）算出：

$$\omega_0 = 2\pi v_0 = \gamma H_0 \tag{3.3}$$

　　拉莫尔进动如图 3.1 所示，在外加磁场中，自旋的原子核具有不同的能级，如用一特定频率 v 的电磁波照射样品，并使 $v=v_0$，原子核即可进行能级之间的跃迁，产生如图 3.2 所示的 NMR 吸收。

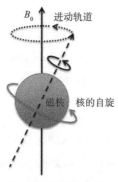

图 3.1　磁场中磁核的拉莫尔进动示意图

$$v = \frac{\Delta E}{h} = \frac{\gamma H_0}{2\pi} \tag{3.4}$$

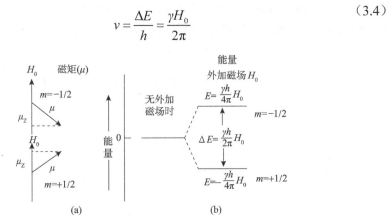

图 3.2 自旋核在外加磁场（H_0）中的能量（E）与磁矩（μ）的关系

(a) 不同能量时磁矩（μ）在外加磁场中的取向；(b) 磁核能量（E）与磁场强度的关系

这就是产生 NMR 的条件。因此 NMR 谱可以定义为，在磁场中的具有自旋磁矩的原子核受电磁波的射频辐射（radio-frequency radiation），射频辐射频率等于原子核在恒定磁场中的进动频率时产生的共振吸收谱（电磁波谱中"射频"，简写 RF 部分，一般是指频率由 3kHz 至 300GHz 的辐射）。

2. 弛豫过程

在外磁场中，由于核的取向，处于低能态的核占优势。但是在室温时，热能要比核磁能级差高几个数量级，这会抵消核磁效应，使得处于低能态的核仅过量少许，约为 10 个 ppm（百万分之一），因此测得的核磁信号是很弱的。

核吸收电磁波能量跃迁至高能态后，如果不能回到低能态，就会使得处于低能态磁性核的微弱多数趋于消失，能量的净吸收逐渐减少，共振吸收峰逐渐降低直至消失，使得吸收无法测量，发生"饱和"现象。因此若要使 NMR 继续进行下去，必须使处于高能态的核回复到低能态，这一过程可以通过自发辐射实现。但是在 NMR 波谱中，通过自发辐射途径使高能态的核回复到低能态的概率很低，只能通过一定的无辐射途径使高能态的核回复到低能态，这一过程称为弛豫过程。

弛豫过程有两种，即自旋-晶格弛豫和自旋-自旋弛豫。

自旋-晶格弛豫是处于高能态的磁核把能量转移给周围的分子（固体为晶格，液体则为周围的溶剂分子或同类分子）变成热运动，磁核就回复到低能态。此弛豫过程使高能态核数减少，整个体系能量降低，故又称纵向弛豫。自旋-晶格弛豫所需时间可以用半衰期 T_1 来表征，T_1 越小，表示弛豫过程越快。气体、液体的 T_1 约为 1 s，固体和高黏度的液体 T_1 较大，有的甚至可达数小时。

自旋-自旋弛豫是指两个进动频率相同、进动取向不同的磁性核，即两个能态不同的相同磁核在一定距离内时，互相交换能量，改变进动方向。在这种情况下，整个体系各种取向的磁核总数不变，体系能量也不发生变化，因而又称横向弛豫。自旋-自旋弛豫所需时间可以用半衰期 T_2 表示。一般气体、液体的 T_2 也是 1 s 左右，固体及高黏度试样中由于各个核的相互位置比较固定，有利于相互间能量的转移，故 T_2 极小。即在固体中各个磁性核在单位时间内迅速往返于高低能态之间，其结果使共振吸收峰的宽度增大，分辨率降低。所以 NMR 实验通常采用液体样品。但聚合物的研究中，也可通过直接观察宽谱线的 NMR 来研究聚合物的形态和分子运动。

3. 化学位移

1）电子屏蔽效应与化学位移的产生

依照 NMR 产生的条件可知，自旋的原子核应该只有一个共振频率 v。例如，在 H 核的 NMR 中，由于它们的磁旋比是一定的，因此，在外加磁场中，所有质子的共振频率应该是一定的，如果这样，NMR 对分子结构的测定毫无意义。而事实上，在实际测定化合物中处于不同环境的质子时发现，同类磁核往往出现不同的共振频率。例如，选用 90 MHz 的 NMR 仪器测氯乙烷的氢谱时，得到两组不同共振频率的 NMR 信号，如图 3.3 所示。

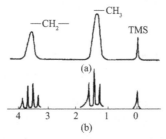

图 3.3　CH_3CH_2Cl 的 NMR 谱图

(a) 低分辨 NMR 谱图；(b) 高分辨 NMR 谱图

这主要是由这些质子各自所处的化学环境不同而导致的。如图 3.4 所示，在核周围，存在着由电子运动而产生的"电子云"，核周围电子云的密度受核邻近成键电子排布及外加磁场的影响。核周围的电子云受外磁场的作用，产生一个与 H_0 方向相反的感应磁场，使外加磁场对原子核的作用减弱，实际上原子核感受的磁场强度为

$$H_0 - \sigma H_0 = (1-\sigma)H_0 \qquad (3.5)$$

式中，σ 为屏蔽常数，是核外电子云对原子核屏蔽的量度，对分子来说是特定原子核所处的化学环境的反映。那么，在外加磁场的作用下，原子核的共振频率为

$$v = \frac{\gamma(1-\sigma)H_0}{2\pi} \tag{3.6}$$

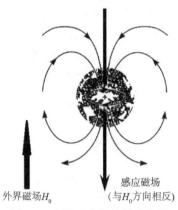

外界磁场H_0　　　感应磁场（与H_0方向相反）

图 3.4　电子对质子的屏蔽作用

因此，分子中相同的原子核，由于所处的化学环境不同，σ 不同，其共振频率也不相同，也就是说共振频率发生了变化。一般地，把分子中同类磁核，因化学环境不同而产生的共振频率的变化量称为化学位移。

2）化学位移的表示

在 NMR 测定中，外加磁场强度一般为几特斯拉（T），而屏蔽常数不到万分之一特斯拉，因此，由屏蔽效应而引起的共振频率的变化是极小的。也就是说，按通常的表示方法表示化学位移的变化量极不方便，且因仪器不同，其磁场强度和屏蔽常数不同，则化学位移的差值也不相同。为了克服上述问题，在实际工作中，使用一个与仪器无关的相对值表示，即以某一物质的共振吸收峰为标准（$v_{标}$），测出样品中各共振吸收峰（$v_{样}$）与标准的差值 Δv，并采用无量纲的 Δv 与 $v_{标}$ 的比值 δ 来表示化学位移，由于其值非常小，故通常乘以 10^6，以 ppm 作为其单位，数学表达式为

$$\delta = \frac{\Delta v}{v_{标}} = \frac{v_{样} - v_{标}}{v_{标}} = \frac{v_{样} - v_{标}}{v_0} \tag{3.7}$$

3）标准物质

在 ^{1}H-NMR 和 ^{13}C-NMR 谱图中，最常用的标准样品是四甲基硅烷(tetramethyl

silane，TMS）。TMS 的各质子有相同的化学环境，—CH₃ 中各质子在 NMR 谱图中以一个尖锐单峰的形式出现，易辨认。由于 TMS 中氢核外围的电子屏蔽作用比较大，其共振吸收位于高场端，而绝大多数有机化合物的质子峰都出现在 TMS 左边（低场方向），因此，TMS 对一般化合物的吸收不产生干扰。TMS 化学性质稳定而溶于有机溶剂，一般不与待测样品反应，且容易从样品中分离除去（沸点低，27℃）。由于 TMS 具有上述许多优点，国际纯粹与应用化学联合会（IUPAC）建议化学位移采用 TMS 的 δ 值为 0 ppm。TMS 左侧 δ 为正值，右侧 δ 为负值，早期用 τ 值表示化学位移，τ 与 δ 之间的换算关系为

$$\tau=10.00-\delta \tag{3.8}$$

用 TMS 作为标准物，通常采用内标法，即将 TMS 直接加入待测样品的溶液中，其优点是可抵消由溶剂等测试环境引起的误差；当以重水作溶剂时，TMS 不溶，可选用 DSSC（sodium 2,2-dimethyl-2-silapentane-6-sulfonate，2,2-二甲基-2-硅戊烷-6-磺酸钠，固体）；而由于 TMS 沸点较低，当进行高温测定时，可以选用 HMDS（hexamethyldisilane，六甲基二硅氧烷）作为标准物。

4. 自旋耦合和裂分

由以上化学位移的探讨得知，样品中有几种化学环境的磁核，NMR 谱图上就应有几个吸收峰。例如，图 3.3 中氯乙烷的 ¹H-NMR 谱图。当用低分辨的 NMR 波谱仪进行测定时，得到的谱图中有两条谱线。—CH₂ 质子在 $\delta=3.6$ ppm，—CH₃ 质子在 $\delta=1.5$ ppm。当采用高分辨率 NMR 波谱仪进行测定时，得到两组峰，即以 $\delta=3.6$ ppm 为中心的四重峰和 $\delta=1.5$ ppm 为中心的三重峰，质子的谱线发生了分裂。这是由于内部相邻的碳原子上自旋的氢核之间存在相互作用，这种相互作用称为核的自旋-自旋耦合，简称为自旋耦合。由自旋耦合作用而形成共振吸收峰分裂的现象，称为自旋裂分。

现以氯乙烷亚甲基中的氢原子核为例，讨论甲基对亚甲基中氢原子的等价性（即氢的等价核）耦合作用产生的机理。由于甲基可以自由旋转，因此，甲基中任何一个氢原子和亚甲基中的氢原子的耦合作用相同。质子能自旋，相当于一个磁铁，产生局部磁场，在外加磁场中，氢核有两种取向，即平行于或反平行于磁场方向，两种取向的概率为 1∶1。因此，甲基中的每个氢有两种取向，三个氢就有八种取向（$2^3=8$），即它们取向组合方式可以有八种。这就是说，甲基自旋取向组合，结果产生四种不同强度的局部磁场，而使与甲基相连的亚甲基的氢原子核实际上受到四种场的作用，因而在其 NMR 谱图中呈现出四种取向组合。在谱图上就表现为裂分成四个峰，各峰强度之比为 1∶3∶3∶1，如图 3.5 所示。同样，亚甲基中的氢原子产生三种局部磁场，使与其相连的甲基上的氢原子核实际受到

三种磁场作用，NMR 谱图中出现三重峰，也是对称分布，各峰面积之比为 1:2:1。

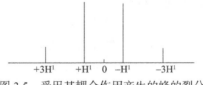

图 3.5　受甲基耦合作用产生的峰的裂分

由上述分析，对于氢核，其自旋耦合的规律可总结为（n+1）规律。

（1）某组环境相同的 n 个核，在外磁场中共有（n+1）种取向，而使与其发生耦合的核裂分为（n+1）条谱线，这就是（n+1）规律。

（2）谱线强度比近似于二项式$(a+b)^2$展开式的各项系数之比。

n	二项式展开系数									峰形
0					1					单峰
1				1		1				二重峰
2			1		2		1			三重峰
3		1		3		3		1		四重峰
4	1		4		6		4		1	五重峰

（3）每相邻两条谱线间的距离相等。

由自旋耦合产生的分裂谱线间距称为耦合常数，用 J 表示，单位为 Hz。耦合常数是核自旋分裂强度的量度，它只随磁核环境的变化而具有不同的数值，即只与化合物分子结构有关。

5. 核磁共振波谱仪

现代常用的 NMR 波谱仪有两种，即连续波（CW）方式和脉冲傅里叶变换（PTF）方式。首先以 CW 式仪器为例，说明仪器的基本结构及测试原理。

1）连续波方式核磁共振波谱仪结构

通常 NMR 波谱仪由以下几部分组成（图 3.6）。

（1）磁铁和样品支架。磁铁是 NMR 波谱仪中最贵重的部件，能形成高的场强，同时要求磁场均匀性和稳定性好，其性能决定了仪器的灵敏度和分辨率；磁铁可以是永久磁铁、电磁铁，也可以是超导磁体，前者稳定性较好，但用久了磁性会变。磁场要求在足够大的范围内十分均匀。由永久磁铁和电磁铁获得的磁场一般不超过 2.4 T，这对应于氢核的共振频率为 100 MHz。为了得到更高的分辨率，应使用超导磁体，此时可获得高达 10 T 以上的磁场，相应的氢核共振频率为 400 MHz 以上。但超导 NMR 波谱仪的价格及日常维持费用都很高。

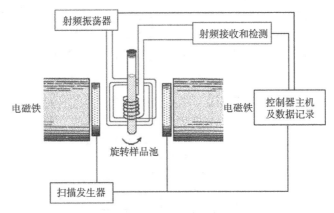

图 3.6　NMR 波谱仪简图

样品支架装在磁铁间的一个探头上，支架连同样品管用压缩空气使之旋转，目的是为了提高作用于其上的磁场的均匀性。

（2）扫描发生器沿着外磁场的方向绕上扫描线圈，它可以在小范围内精确、连续地调节外加磁场的强度进行扫描，扫描速率不可太快，每分钟 3～10 mGs。

（3）射频接收器和检测器沿着样品管轴的方向绕上接收线圈，通过射频接收线圈接收共振信号，经放大记录下来，纵坐标是共振峰的强度，横坐标是磁场强度（或共振频率）。能量的吸收情况为射频接收器所检出，通过放大后记录下来。所以 NMR 波谱仪测量的是共振吸收信号。仪器中备有积分仪，能自动画出积分线，以指出各组共振吸收峰的面积。

（4）射频振荡器在样品管外与扫描线圈和接收线圈相垂直的方向上绕上射频发射线圈，它可以发射频率与磁场强度相适应的无线电波。

2）核磁共振波谱仪测试原理

连续波方式核磁共振（CW-NMR）波谱仪可以固定磁场进行频率扫描，也可以固定频率进行磁场扫描。缺点是扫描速率太慢，样品用量也比较大。

为克服上述缺点，发展了傅里叶变换核磁共振仪，其特点是照射到样品上的射频电磁波是短（10～50 μs）而强的脉冲辐射，并可进行调制，从而获得使各种原子核产生共振所需频率的谐波，这样可使各种原子核同时共振。而在脉冲间隙时（即无脉冲作用时）信号随时间衰减，这称为自由感应衰减信号。接收器得到的信号是时间域的函数，而希望获得的信号是随频率变化的曲线，这就需要借助计算机进行傅里叶函数变换，如图 3.7 所示。脉冲傅里叶变换核磁共振（pulse Fourier transform-NMR，PFT-NMR）波谱仪的结构模型图如图 3.8 所示。

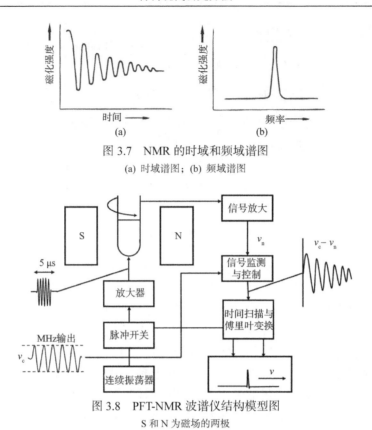

图 3.7　NMR 的时域和频域谱图

(a) 时域谱图；(b) 频域谱图

图 3.8　PFT-NMR 波谱仪结构模型图

S 和 N 为磁场的两极

　　测试时将样品管放在磁极中心，并以一定速度旋转，从而保持样品处于由磁铁提供的强而均匀的磁场中。采用固定照射频率而连续改变磁场强度的方法（称为扫场法）和用固定磁场强度而连续改变照射频率的方法（称为扫频法）对样品进行扫描。在此过程中，样品中不同化学环境的磁核相继满足共振条件，产生共振信号。接收线圈感应出共振信号，并将它送入射频接收器，检波后经放大输入记录仪，这样就得到 NMR 谱图。

　　PFT-NMR 波谱仪是更先进的一代 NMR 波谱仪。它将 CW-NMR 波谱仪中连续扫场或扫频改成强脉冲照射，当样品受到强脉冲照射后，接收线圈就会感应出样品的共振信号干涉图，即自由感应衰减（FID）信号，经计算机进行傅里叶变换后，就可得到一般的 NMR 谱图。连续晶体振荡器发出的频率为 v_c 的脉冲波经脉冲开关后，被放大成可调振幅和相高的强脉冲波。如图 3.8 所示，脉冲波长为 5 μs。样品受强脉冲照射后，产生一射频 v_n 的共振信号，被射频接收器接收后，输送到检测器。检测器检测到共振信号 v_n 与发射频率 v_c 的差别，并将其转变成 FID 信号，再经傅里叶转换，即可记录出一般的 NMR 谱图。PFT-FID 波谱仪提高了测定的灵敏度，并使测定速率大幅提高，可以较快地自动测定分辨谱线及所对应的弛豫时间。特别适合于聚合物的动态过程及反应动力学的研究。

3.1.2　核磁共振样品制备与谱图解析

1. 核磁共振样品的制备

进行 NMR 测试的样品可以是溶液或固体，一般多应用溶液测定。现就溶液样品的制备加以说明。

样品管：样品管常由硬质玻璃制成，并配有特氟龙材料制成的塞子，如图 3.9 所示。

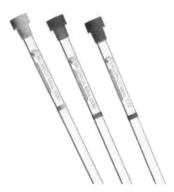

图 3.9　NMR 样品管

溶液的配制：样品溶液浓度一般为 6%～10%，体积约 0.4 mL。

NMR 测定对溶剂的要求如下。

（1）不产生干扰试样的 NMR 信号。

（2）具有较好的溶解性能。

（3）与试样不发生化学反应。最常用的是四氯化碳和氘代溶剂。

一般溶剂的选择要注意以下几方面。

（1）要根据试样的溶解度，来选择合适的溶剂，特别是对于低温测定、高聚物溶液等，要注意不能使溶液黏度太高。如果液体黏度太大，应用适当溶剂稀释或升温测试。常用的溶剂有 CCl_4、$CDCl_3$、$(CD_3)_2SO$、$(CD_3)_2CO$、C_6D_6 等。

（2）高温测定时应选用低挥发性的溶剂。

（3）所用的溶剂不同，得到的试样 NMR 信号会有较大变动。

（4）用重水作溶剂时，要注意试样中的活性质子有可能会和重水中的氘原子发生交换反应。

复杂分子或大分子化合物的 NMR 谱图即使在高磁场条件下往往也很难分

开，这时可辅以化学位移试剂来诱导被测物质的 NMR 谱图中各峰产生位移，从而达到重合峰分开的目的，常用的化学位移试剂有过渡元素或稀土元素的络合物。

2. ^{1}H 核磁共振波谱

^{1}H 核磁共振波谱（^{1}H-NMR）（氢谱）也称为质子核磁共振谱（proton magnetic resonance spectra），用来研究化合物中 ^{1}H 原子核（即质子）的 NMR。可提供化合物分子中氢原子所处的不同化学环境和它们之间相互关联的信息，依据这些信息可确定分子的组成、连接方式及其空间结构。

1）屏蔽作用与化学位移

依照 NMR 产生的条件，由于 ^{1}H 核的磁旋比是一定的，所以当外加磁场一定时，所有质子的共振频率应该是一样的，但在实际测定化合物中处于不同化学环境中的质子时发现，其共振频率是有差异的。产生这一现象的主要原因是由于原子核周围存在电子云，在不同的化学环境中，核周围电子云密度是不同的。当原子核处于外磁场中时，核外电子运动要产生感应磁场，核外电子对原子核的这种作用就是屏蔽作用，如图 3.4 所示。实际作用在原子核上的磁场为 $H_0(1-\sigma)$，σ 称为屏蔽常数。在外磁场 H_0 的作用下，核的共振频率为

$$v = \frac{\gamma H_0 (1-\sigma)}{2\pi} \tag{3.9}$$

当共振频率发生变化时，在谱图上反映出谱峰位置的移动，这称为化学位移。在图 3.3（a）所示的 CH_3CH_2Cl 的低分辨 NMR 谱图中，由于甲基和亚甲基中的质子所处的化学环境不同，σ 值也不同，在谱图的不同位置上出现了两个峰，所以在 NMR 中，可用化学位移的大小来推断化合物的结构。

在高分辨的仪器上可以观察到比图 3.3（a）更精细的结构，如图 3.3（b）所示，谱峰发生分裂，这种现象称为自旋-自旋分裂。这是由于在分子内部相邻碳原子上氢核的自旋也会相互干扰。通过成键电子之间的传递，形成相邻质子之间的自旋-自旋耦合，从而导致自旋-自旋分裂。分裂峰之间的距离称为耦合常数，一般用 J 表示，单位为 Hz，是核之间耦合强弱的标志，表明了它们之间相互作用的大小，因此是化合物结构的固有属性，与磁场强度的大小无关。

分裂峰数是由相邻碳原子上的氢原子个数决定的，若邻碳原子上的氢原子个数为 n，则分裂峰数为 $n+1$。

2）谱图的表示方法

用 NMR 分析化合物的分子结构，化学位移和耦合常数是很重要的两个信息。在 NMR 谱图上，可以用吸收峰在横坐标上的位置来表示化学位移和耦合常数，

而纵坐标表示吸收峰的强度。

屏蔽效应引起的质子共振频率的变化是极小的，很难分辨，因此，采用相对变化量来表示化学位移的大小。在一般情况下，选用 TMS 为标准物，把 TMS 峰在横坐标的位置定为横坐标的原点（一般在谱图右端）。其他各种吸收峰的化学位移可用化学参数值 δ 来表示，耦合常数 J 在谱图中以 Hz 为单位，在 ^{1}H-NMR 谱图中，一般为 1～20 Hz。如果化学位移用 Δv 而不用 δ 表示，也可以用 Hz 为单位，则化学位移与耦合常数的区别是：前者与外加磁场强度有关，磁场越强，化学位移值 Δv 也越大；而后者与磁场强度无关，只和化合物结构有关，如图 3.10 所示。

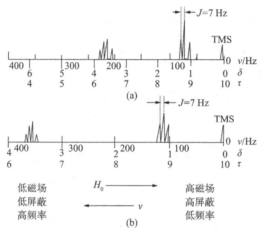

图 3.10　NMR 谱图的表示方法

(a) 60 MHz 仪器；(b) 100 MHz 仪器

^{1}H-NMR 谱图可以提供的主要信息包括：

（1）化学位移——确认氢原子所处的化学环境，即属于何种基团；

（2）耦合常数——推断相邻氢原子的关系与结构；

（3）吸收峰的面积——确定分子中各类氢原子的数量比；

（4）化学位移、耦合常数与分子结构的关系。

只要掌握这几个信息，特别是化学位移和耦合常数与分子结构之间的关系，就很容易解析 NMR 谱图。

3）影响化学位移的主要因素

化学位移是由核外电子云密度决定的，因此影响核外电子云密度的各种因素都将影响化学位移。通常，影响质子化学位移的结构因素主要包括下述几个方面。

A. 电负性的影响

在外磁场中，绕核旋转的电子产生的感应磁场是与外磁场方向相反的，因此质子周围的电子云密度越高，屏蔽效应就越大，NMR 就发生在较高场，化学位移值减小，反之同理。在长链烷烃中，—CH$_3$ 基团质子的 δ 为 0.9 ppm，而在甲氧基中，质子的 δ = 3.24~4.02 ppm，这是由于氧原子较强的电负性使质子周围的电子云密度减弱，导致吸收峰移向低场。同样卤素取代基也可使屏蔽减弱，化学位移增大，见表 3.2。一般常见有机基团的电负性均大于氢原子的电负性，因此 $\delta_{CH} > \delta_{CH_2} > \delta_{CH_3}$。

表 3.2　卤素取代基对化学位移 δ 的影响　　　（单位：ppm）

X	F	Cl	Br	I
CH$_3$X	4.10	3.05	2.68	2.16
CH$_2$X$_2$	5.45	5.33	2.94	3.90
CH$_3$X	6.49	7.00	6.82	4.00

由电负性基团引发的诱导效应，随间隔键数的增多而减弱。

B. 电子环流效应

在分子中，质子与某一官能团的空间关系，有时也会影响质子的化学位移，这种效应称各向异性效应。各向异性效应是通过空间关联而起作用的，它与通过化学键而起作用的效应（如电负性对 C—H 键及 O—H 键的作用）是不一样的。

实际发现的有些现象是不能用上述电负性的影响来解释的。例如，乙炔质子的化学位移（δ=2.35 ppm）小于乙烯质子（δ=4.60 ppm），而乙醛中的质子的 δ 值却达到 9.79 ppm，这需要由邻近基团电子环流所引起的屏蔽效应（电子环流效应）来解释，其强度比电负性原子与质子相连所产生的诱导效应弱，但由于对质子附加了各向异性的磁场，因此可提供空间立构的信息。

如图 3.11 所示，增强外磁场的区域称屏蔽区，处于该区的质子移向高场，用"→"表示。

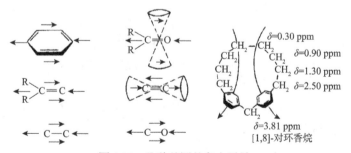

图 3.11　几种基团的各向异性

减弱外磁场的区域称去屏蔽区，质子移向低场，用"←"表示。在 C=C 键中，π 电子云绕分子轴向旋转，当分子与外磁场平行时，质子处于屏蔽区，因此移向高场；醛基中的质子处于去屏蔽区，移向低场；在苯环中，由于 π 电子的环流所产生的感应磁场，使环上和环下的质子处于屏蔽区，而环周围的质子处于去屏蔽区，所以苯环中的氢在低场出峰（δ 为 7 ppm 左右）。

C. 其他影响因素

氢键能使质子在较低场发生共振，例如，酚和酸类的质子，δ 在 10ppm 以上。当提高温度或使溶液稀释时，具有氢键的质子的峰就会向高场移动（即化学位移减小）。若加入少量的 D_2O，活泼氢的吸收峰就会消失。这些方法可用来检验氢键的存在。在溶液中，质子受到溶剂的影响，导致化学位移发生改变，称为溶剂效应，强极性溶剂的作用更加明显。因此在测定时应注意溶剂的选择，在 ^1H 谱图测定中不能用带氢的溶剂，若必须使用时要用氘代试剂。

3. ^1H 核磁共振谱图解析实例

^1H-NMR 谱图解析并无固定的程序，但若能在解析中注意下述特点，则能为谱图的正确解析带来许多方便。

（1）首先要检查得到的谱图是否正确，可通过观察 TMS 基准峰与谱图基线是否正常来判断。

（2）计算各峰信号的相对面积，求出不同基团间的 H 原子（或碳原子）数之比。

（3）确定化学位移大约代表什么基团，在氢谱中要特别注意孤立的单峰，然后再解析耦合峰。

（4）对于一些较复杂的谱图，仅仅靠 NMR 谱来确定结构会有困难，还需要与其他分析手段相配合。

图 3.12 的 ^1H-NMR 谱图为（a）、（b）、（c）、（d）四种化合物中的一种，请判断是哪一种？

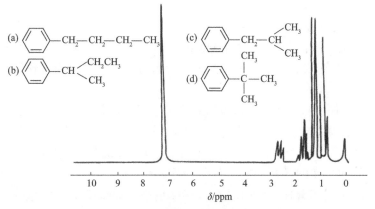

图 3.12　从几种推测结构中判断未知物

图中有五组信号，因此（c）和（d）不可能。依据 δ=1.2 ppm 处双重峰很强，推测可能为（b），再确认图中各特征。图中积分强度比为 3 : 3 : 2 : 1 : 5，与（b）的结构相符，各基团化学位移如下：

$$\delta = 7\ ppm \quad \delta = 1.2\ ppm$$

4. ^{13}C 核磁共振波谱（碳谱）

由于 ^{12}C 的自旋量子数 $I=0$ 无 NMR 现象，而 ^{13}C 的天然丰度仅为 ^{12}C 的 1.1%，使 ^{13}C 的核磁信号很弱。虽然科学家在 1957 年首次观察到 ^{13}C 的 NMR 信号，已认识到它的重要性；但直到 70 年代 PFT-NMR 波谱仪出现以后，才使 ^{13}C-NMR 的应用日益普及。^{13}C-NMR 用于研究化合物中 ^{13}C 核的 NMR 状况，对于研究含碳分子的骨架结构，特别是在有机分子材料和碳纳米管的结构分析中，具有举足轻重的地位。目前，FPT-^{13}C-NMR 已成为解析有机分子及高聚物结构的常规方法，在结构测定、构象分析等各方面都已取得了广泛的应用。

1）^{13}C-NMR 中的质子去耦技术

^{13}C 测定灵敏度仅为 H 的 1/5700，因此，用一般的连续扫场法得不到所需信号，现在多采用 PFT-NMR 技术，其实验方法与 ^{1}H-NMR 基本相同。

但在 ^{13}C-NMR 谱图中，H 对 C 的耦合是普遍存在的，并且耦合常数比较大，使得谱图上每个碳信号都发生裂分，这不仅降低了灵敏度，而且使谱峰相互交错重叠，难以归属，给谱图解析、结构分析带来困难。通常采用质子去耦技术来克服 ^{13}C 和 ^{1}H 之间的耦合。

常见质子去耦技术如下。

（1）宽带去耦：在测定 ^{13}C-NMR 的同时，另加一个包括全部质子共振频率在内的宽频带射频照射样品，使 ^{13}C 与 ^{1}H 之间完全去耦，这样得到的 ^{13}C 全部为单峰，从而简化谱图。

（2）偏共振去耦：宽带去耦虽然简化了谱图，但也失去了有关碳原子类型的信息，对峰归属的指定不利。偏共振去耦采用一个频率范围很小、比质子宽带去耦功率弱的射频场，其频率略高于待测样品所有氢核的共振吸收位置，可除去 ^{13}C 与邻碳原子上的 ^{1}H 的耦合和远程耦合，仍保留与同碳 ^{1}H 的耦合。此时 ^{13}C 的耦合可用（$n+1$）规律解释，如伯碳 CH_3 为四重峰、仲碳 CH_2 为三重峰、叔碳 CH 为双峰。

（3）质子噪声去耦：将去耦器的频率设在质子区的中心，用一个带宽足以覆盖全部质子区的噪声发生器来进行调制。这就等于同时照射所有的质子共振频率，从而使分子中所有的质子都去耦,有效地简化了谱图并提高了信噪比。

核的欧沃豪斯效应:质子宽带去耦不仅使 ^{13}C-NMR 谱图大大简化,而且耦合多重峰的合并使峰强度大大提高,然而峰强度的增大幅度远远大于多峰的合并(约大 200%),这种现象称为核的核欧沃豪斯效应(nuclear Overhauser effect, NOE)。NOE 可用来判断两种质子在分子立体空间结构中是否接近,若存在 NOE,则表示两者接近,NOE 值越大,则两者在空间的距离就越近。因此,NOE 可提供分子内碳核间的几何关系,在高分子构型及构象分析中非常有用。

2) ^{13}C-NMR 与 ^{1}H-NMR 的比较

(1)灵敏度:尽管 ^{13}C 和 ^{1}H 的自旋量子数 I 都为 1/2,但 ^{13}C 的磁旋比 $\gamma_{^{13}C}$ = 6.723×10^4 rad/(T·s),^{1}H 的磁旋比 $\gamma_{^1H}$ =26.753×10rad/(T·s)。^{13}C 的磁旋比只有 ^{1}H 磁旋比的 1/4。由于 NMR 测定的灵敏度与 γ^3 成正比,而且 ^{13}C 天然同位素丰度仅为 1.1%左右,因此 ^{13}C 谱的灵敏度比 ^{1}H 谱低很多,为氢谱的 1/5700,所以碳谱测定比较困难。正因如此,直到 PFT-NMR 波谱仪出现,才使 ^{13}C 谱获得很大的发展。

(2)分辨率:^{13}C 的化学位移为 0~300 ppm,比 ^{1}H 大 20 倍,具有较高的分辨率,因此微小的化学环境变化也能区别。

(3)耦合情况:^{13}C 中 ^{13}C-^{13}C 之间耦合率较低,可以忽略不计。但 ^{13}C-^{13}C 与直接相连的 H 和邻碳的 H 都可以发生自旋耦合而使谱图复杂化,因此常采用去耦技术使谱图简单化。

(4)测定对象:^{13}C-NMR 可直接测定分子的骨架,给出不与氢相连的碳的共振吸收峰,可获得季碳、C=O、C≡N 等基团在 ^{1}H 谱中测不到的信息。

(5)弛豫:^{13}C 的自旋-晶格弛豫和自旋-自旋弛豫比 ^{1}H 慢得多(可达几分钟),因此,T_1、T_2 的测定比较方便,可通过测定弛豫时间了解更多的结构信息和运动情况。

3)影响 ^{13}C 化学位移的因素

^{13}C-NMR 和 ^{1}H-NMR 一样,可通过吸收峰在谱图中的强弱、位置(化学位移)、峰的裂分数目及耦合常数来确定化合物结构,但由于采用了去耦技术,峰面积受到一定的影响(NOE 效应),因此峰面积不能准确地反映碳的数目,这点与氢谱不同,由于碳谱分辨率高,化学位移能够扩展到 300 ppm,化学环境稍有不同的碳原子就有不同的化学位移,因此,^{13}C-NMR 中最重要的判断依据就是化学位移。由高场到低场各基团中 ^{13}C 的化学位移的顺序与 ^{1}H 谱的顺序基本平行,按饱和烃、含杂原子饱和烃、双键不饱和烃、芳香烃、醛、羧酸、酮的顺序排列。

一般来说,影响 ^{1}H 化学位移的各种因素,也基本上都影响 ^{13}C 的化学位移,

但 ^{13}C 核外有 p 电子云,使 ^{13}C 化学位移主要受顺磁屏蔽作用的影响。归纳起来,影响 ^{13}C 化学位移的主要因素有以下几点。

(1)碳的杂化:碳原子的轨道杂化(sp^3、sp^2、sp 等)在很大程度上决定着 ^{13}C 化学位移的范围。一般情况下,屏蔽常数 $\sigma_{sp^3} > \sigma_{sp} > \sigma_{sp^2}$,这使 sp^3 杂化的 ^{13}C 的共振吸收出现在最高场,sp 杂化的 ^{13}C 次之,sp^2 杂化的 ^{13}C 信号出现在低场,见表 3.3。

表 3.3　杂环状态对 ^{13}C 化学位移的影响

碳的杂化形式	典型基团	^{13}C 的化学位移值/ppm
sp^3	$-CH_3$, $-CH_2$, $-\overset{\|}{\underset{\|}{C}}-$, $-\overset{\|}{CH}-X$	0～70
sp	$-C\equiv CH$, $-C\equiv C-$	70～90
sp^2	$>C=C<$, $-CH=CH_2$	100～150
	C_6H_5-, $>C=O$	150～200

因此高分子材料的 ^{13}C 谱化学位移大致可分为三个区:

(A)羰基或叠烯区,δ=150～200 ppm,或更高频低场;

(B)不饱和碳原子区(炔碳除外),δ=90~160 ppm;

(C)脂肪链碳原子区,δ<100 ppm。

(2)取代基的电负性:与电负性取代基相连,使碳核外围电子云密度降低,化学位移向低场方向移动,且取代基电负性越大,δ 向低场位移越大,见表 3.4。

表 3.4　电负性取代基数对 ^{13}C 化学位移的影响

化合物	CH_4	CH_3Cl	CH_2Cl_2	$CHCl_3$	CCl_4
化学位移/ppm	2.30	24.9	50.0	77.0	96.0

(3)立体构型:^{13}C 的化学位移对分子的构型十分敏感,当碳核与碳核或与其他核相距很近时,紧密排列的原子或原子团会相互排斥,将核外电子云彼此推向对方核附近,使其受到屏蔽。例如,烯烃的顺反异构体,烯碳的化学位移相差1～2 ppm,顺式在较高场。分子空间位阻的存在,也会导致 δ 改变,例如,邻一取代和邻二取代的苯甲酮,随 π-π 共轭程度的降低,羰基 C 的 δ 向低场移动。多环的大分子、高分子聚合物等的空间立构、差向异构,以及不同的归整度、序列分布等,都可使 ^{13}C 谱的 δ_c 产生相当大的差异,因此,^{13}C-NMR 是研究天然及合成高分子结构的重要工具。

（4）溶剂效应和溶剂酸度：若 C 核附近有随 pH 变化而影响其电离度的基团如—OH、—COOH、—SH、—NH_2 时，基团上负电荷密度增加，使 ^{13}C 的化学位移向高场移动。

5. ^{13}C 核磁共振谱图解析实例

用 ^{13}C-NMR 可直接测定分子骨架，并可获得 C═O、C≡N 和季碳原子等在 ^1H 谱中测不到的信息。图 3.13 所示的双酚 A 型聚碳酸酯的 ^1H-NMR 和 ^{13}C-NMR 谱图的对照，就清楚地说明了这一点。

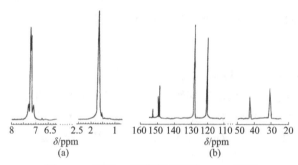

图 3.13　双酚 A 型聚碳酸酯的 NMR 谱图

(a) ^1H-NMR 谱图；(b) ^{13}C-NMR 谱图

1996 年 10 月 9 日，瑞典皇家科学院把 1996 年诺贝尔化学奖授予美国得克萨斯州休斯敦莱斯大学的柯尔（R. C. Curl）教授、英国萨塞克斯大学的克罗托（S. H. W. Kroto）教授和莱斯大学的斯莫利（R. E. Smalley）教授，以表彰他们在 1985 年发现了富勒烯。富勒烯是碳分子的一种新结构，是继石墨、金刚石之后新发现的第三类碳的同素异构体（图 3.14）。

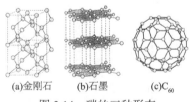

(a)金刚石　　(b)石墨　　(c)C_{60}

图 3.14　碳的三种形态

他们在质谱仪记录的质量曲线中看到了清晰的尖峰，尖峰处的质量数是 720，这正好相当于 60 个碳原子。C_{60} 的 ^{13}C-NMR 谱图只有一条化学位移为 142.5 ppm 的谱线，进一步说明了 C_{60} 分子中 60 个碳原子处于等价位置，具有高度对称性，属 I_h 点群，故 C_{60} 是富勒烯中最稳定的分子。

3.1.3　核磁共振波谱应用及新技术

作为测定原子的化学环境和研究核与核空间关联的直接而又准确的方法，核磁共振波谱是物理、化学、生物学研究中的一种重要而强大的实验手段，也是许多应用科学，如医学、遗传学、计量科学、石油分析等学科的重要研究工具。下面简要介绍 NMR 谱图在材料研究领域的相关应用。

1. 有机材料的定性分析

NMR 是鉴别高分子材料的有力手段。一些结构类似、红外光谱也基本相似的高分子，用 NMR 可轻易得到鉴别。下面举例说明。

1) 聚烯烃的鉴别

许多聚合物，甚至一些结构类似、红外光谱也基本相似的高分子，都可以很容易用 ^{1}H-NMR 或 ^{13}C-NMR 来鉴别。例如，聚丙烯酸乙酯和聚丙烯酸乙烯酯，它们的红外光谱图很相似，几乎无法区别，但用 ^{1}H-NMR 则很容易鉴别。两者的 H_a 由于所连接的基团不同，而受到不同的屏蔽作用：聚丙烯酸乙酯中，H_a 与氧相连，屏蔽作用减弱，其化学位移向低场方向移动，$\delta=1.21$ ppm；聚丙烯酸乙烯酯中 H_a 与羰基相连，受到屏蔽作用较大，其化学位移向高场移动，$\delta=1.11$ ppm，易于鉴别。

$$\begin{array}{cc} -(CH_2-CH)_n- & -(CH_2-CH)_n- \\ \underset{\|}{C}-O-\overset{a}{CH_2}\overset{b}{CH_3} & O-\underset{\|}{C}-\overset{a}{CH_2}\overset{b}{CH_3} \\ O & O \end{array}$$

聚丙烯、聚异丁烯和聚异戊二烯虽然同为碳氢化合物，但其 NMR 谱图（图 3.15）有明显差异。

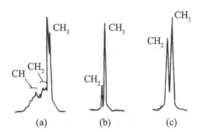

图 3.15　不同聚烯烃的 ^{1}H-NMR 谱图
(a) 聚丙烯；(b) 聚异丁烯；(c) 聚异戊二烯

2）聚酰胺的鉴别

尼龙 66、尼龙 6 和尼龙 11 三种不同的尼龙，其 NMR 谱图（图 3.16）是很容易识别的。尼龙 11 的 $(CH_2)_8$ 峰很尖，尼龙 6 的 $(CH_2)_3$ 为较宽的单峰，而尼龙 66 有 $(CH_2)_2$ 和 $(CH_2)_4$ 两个峰，且峰形较宽。

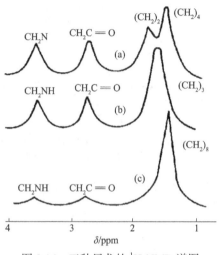

图 3.16　三种尼龙的 ^{1}H-NMR 谱图

(a) 尼龙 66；(b) 尼龙 6；(c) 尼龙 11

3）定性鉴别的一般方法

合成高分子的定性鉴别，可利用标准谱图。高分子 NMR 标准谱图主要有萨特勒（Sadller）标准谱图集。使用时，必须注意测定条件，主要有溶剂、共振频率。通常，从一张 NMR 谱图上可以获得三方面的信息，即化学位移、耦合裂分和积分强度。综合考虑"三要素"和影响化学位移的各种因素，对质子 NMR 谱图解析至关重要。对于简单有机分子的结构，包括合成的、可以溶解的高分子结构，可以通过元素分析和 NMR 谱图的解析确定，而不必借助于其他仪器分析实验。而对于未知物结构的确定，应再结合其他的一些数据，如质谱、红外、紫外和色谱分析等。另外，通过对聚合反应过程中间产物及副产物的辨别鉴定，可以研究有关聚合反应历程及考查合成路线是否可行等问题。

2. 共聚物组成的测定

利用共聚物的 NMR 谱图中各峰面积与共振核数目成正比的原则，可定量计算共聚物的组成。图 3.17 是氯乙烯与乙烯基异丁醚共聚物的 ^{1}H-NMR 谱图，各峰归属如图 3.17 所示。

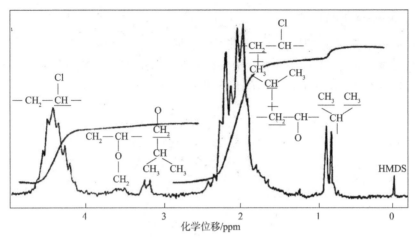

图 3.17　氯乙烯与乙烯基异丁醚共聚物的 ^{1}H-NMR 谱图

100 MHz；溶剂：对二氯代苯；温度：140℃

$$-(CH_2-CH)_x-(CH_2-CH)_y-$$

氯乙烯与乙烯基异丁醚共聚物

　　两种组分的物质的量比可通过测定各质子吸收峰面积及总面积来计算。因乙烯基异丁醚单元含 12 个质子，其中 6 个是甲基的，氯乙烯单元含 3 个质子，所以共聚物中两种单体的物质的量比可以计算得到。

3. 共聚物序列结构的研究

　　NMR 谱图不仅能直接测定共聚组成，还能测定共聚序列分布，这是 NMR 谱图的一个重要应用。例如偏氯乙烯-异丁烯共聚物的序列结构的研究，该共聚物的单体单元如下：

$$-CH_2-\underset{\underset{Cl}{|}}{\overset{\overset{Cl}{|}}{C}}-\qquad -CH_2-\underset{\underset{CH_3}{|}}{\overset{\overset{CH_3}{|}}{C}}-$$

$$M_1\qquad\qquad\qquad M_2$$

　　均聚的聚二氯乙烯在 δ 为 4.0 ppm(CH$_2$)处出峰，聚异丁烯在 δ=1.3 ppm(CH$_2$) 和 1.0 ppm(CH$_3$)处出峰。从共聚物的 60 MHz ^{1} H-NMR 谱图（图 3.18）上可见，

在 δ=3.6 ppm（a 区）和 1.4 ppm（c 区）处分别有一些吸收峰，它们应分别归属为 M_1M_1 和 M_2M_2 两种二单元组；而在 δ=3.0 ppm 和 2.2 ppm 处（b 区）的吸收对应于杂交二单元组 M_1M_2。从图 3.19 进一步可以看到 a、b 和 c 区共振峰的相对强度随共聚物的组成而变，根据其相对吸收强度值可以计算共聚组成。

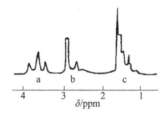

图 3.18　偏氯乙烯-异丁烯共聚物的氢谱

60 MHz；130℃；S_2Cl_2 溶液

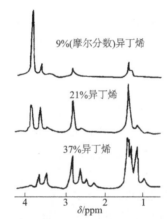

图 3.19　组成比例不同的偏氯乙烯-异丁烯共聚物的氢谱

60 MHz；130℃；S_2Cl_2 溶液

进一步仔细观察发现，a 区主要由三个共振峰组成，它们对应于四单元组 $M_1M_1M_1M_1$（δ=3.86 ppm）、$M_1M_1M_1M_2$（δ=3.66 ppm）和 $M_2M_1M_1M_2$（δ=3.47 ppm）。b 区有四个主要的共振峰，对应于 $M_1M_1M_2M_1$（δ=2.89 ppm）、$M_2M_1M_2M_1$（δ=2.68 ppm）、$M_1M_1M_2M_2$（δ=2.54 ppm）和 $M_2M_1M_2M_2$（δ=2.37 ppm）。c 区的三个共振峰对应于三单元组 $M_2M_2M_1$（δ=1.56 ppm）、$M_1M_2M_2$（δ=1.33 ppm）和 $M_2M_2M_2$（δ=1.10 ppm），从 c 区还可能分辨出基于 $M_1M_2M_1$ 的三个点于五单元组的峰。

4. 金属玻璃力学性能与结构关系

单块金属玻璃的力学性质取决于其原子或亚纳米结构，固体核磁结果发现 [27]Al 核磁各向异性化学位移、峰宽与金属玻璃中诱导相变的微晶紧密相关，因此

^{27}Al 的各向异性化学位移信息可以用来衡量金属玻璃弹性的结构特征。图 3.20（a）所示为 298 K 条件下测量的 $Zr_{61}Cu_{18.3-x}Ni_{12.8}Al_{7.9}Sn_x$ 金属玻璃粉末在 $x=0$、0.5、2.5 时 NMR 谱图的中心线形状。各向同性奈特位移可由中央转变的峰值位置确定。可以看出随着 Sn 含量的变化，金属玻璃的奈特位移有明显变化，如图 3.20（b）所示。由此可以讨论并确定金属玻璃材料的力学性能与其结构之间的关联。

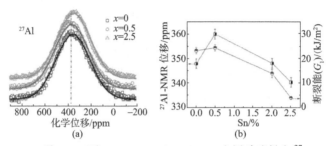

图 3.20　(a) 9.39T 及 298K 下 $Zr_{61}Cu_{18.3-x}Ni_{12.8}Al_{7.9}Sn_x$ 金属玻璃粉末 ^{27}Al-NMR 谱图；(b) ^{27}Al-NMR 谱图位移（左坐标）和断裂能（右坐标）与 Sn 浓度（原子分数）的相关性

5. 分子筛的形成机理

对于以微孔和介孔分子筛为代表的多孔材料，NMR 也有较广泛的应用，NMR 方法对材料中近程有序非常敏感，适用于研究不同聚集态下材料的微观结构。原位 NMR 技术能够原位跟踪分子筛合成中的自组装过程，获得材料生成及相互作用演变的信息，为揭示合成机理提供直接的实验依据。例如，用原位 NMR 研究硅铝比为 1 的 A 型沸石的形成过程，如图 3.21 所示。在加热初期，位于 $-75 \sim -95$ ppm 较宽的 ^{29}Si-NMR 信号可归属于 Si(0Al)～Si(4Al)，可认为此期间为反应的引导期。在加热 56 min 后，-85 ppm 与 -89 ppm 的信号开始增强，说明较高聚合度的 Si(3Al) 和 Si(4Al) 结构单元逐渐增多。Si(4Al) 的出现预示结晶的分子筛开始形成。与 Si 的变化相对应，从图 3.22 的原位 ^{27}Al-NMR 谱图可以看到，加热 60min 后 77 ppm 处信号明显减弱，同时 60 ppm 的信号增加并且峰宽变窄，说明铝逐渐聚集成固体凝胶相，并且四配位铝所代表的骨架结构有序增加直至形成完全晶化的 A 型分子筛。

6. 核磁共振新技术

在过去 20 多年中，NMR 谱图的发展非常迅速，它的应用已扩展到所有自然科学领域。NMR 谱在探索合成高分子及生物大分子的化学结构及分子构象方面能够提供极其丰富的信息。如今的高分辨技术，还将核磁用于固体及微量样品的研究。NMR 谱图已经从过去的一维（1D）谱图发展到如今的二维（2D）、三维

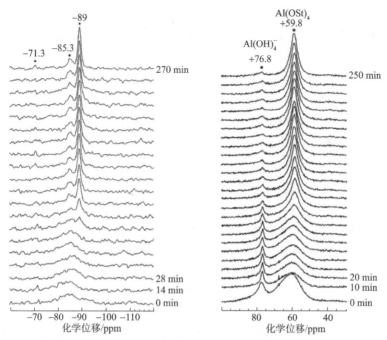

图 3.21　A 型沸石原位合成的 ^{29}Si-NMR 谱图　　图 3.22　A 型沸石原位合成的 ^{27}Al-NMR 谱图

（3D），甚至四维（4D）谱图，新的实验方法迅速发展，它们将分子结构和分子间的相互作用表现得更加清晰，使得 NMR 在化工、石油、橡胶、建材、食品、冶金、地质、国防、环保、纺织及其他工业领域用途日益广泛。

1）固体 NMR 谱在材料结构研究中的应用

多数 NMR 谱都是用溶液试样测试的。它提供了有关高分子结构、构象、组成和序列结构的丰富信息，但聚合物材料多数情况下都是以固体状态使用，因此，发展固体 NMR 谱对于研究固体状态下材料的结构具有重大意义。固体状态下，因 ^{1}H 谱图中同核质子间存在强烈偶极-偶极相互作用，很难获得高分辨率 NMR 谱图，这使得 ^{13}C 谱在固体研究中占有重要的地位。但由于固体 NMR 谱中，化学位移的各向异性、偶极-偶极相互作用及较长的弛豫时间（常为几分钟），固体 ^{13}C-NMR 的谱线变宽，强度降低。高分辨率固体 NMR 技术，综合利用魔角旋转、交叉极化及偶极去耦等措施，再加上适当的脉冲程序已经可以方便地用来研究固体材料的化学组成、形态、构型、构象及动力学。核磁共振成像（nuclear magnetic resonance imaging，NMRI）技术可以直接观察材料内部的缺陷，指导加工过程。因此，高分辨固体 NMR 技术已发展成为研究材料结构与性能的有力工具。目前，通过以下三种技术，可成功地获得固体高分辨率谱图，为研究固体高分子材料结构提供了有效的实验手段。

（1）魔角旋转（magic angle spinning，MAS）技术：理论上已证明，当样品以与磁场 54.7°夹角旋转时，化学位移各向异性消失，使测得的峰宽变窄，称为魔角旋转技术。

（2）交叉极化（cross polarization，CP）技术：由于 ^{13}C 同位素天然丰度较低，磁旋比小，^{13}C 的 NMR 测定比 ^{1}H 困难。采用交叉极化的方法，把 ^{1}H 较大的自旋状态极化转移给较弱的 ^{13}C 核，从而提高信号强度。

（3）偶极去耦（dipolar decoupling，DD）技术：用高能辐射，可消去 ^{1}H-^{13}C 之间的异核偶极作用，以减小 ^{13}C 核的峰宽。

通过对样品实施 MAS，并配以 CP 和 DD 技术，可以获得固体高分辨谱图，几乎与液体高分辨的 NMR 谱图一样。综合技术之所以成功在于它解决了两个问题。

（1）固体中的化学位移各向异性通过样品的高速旋转，旋转轴倾斜至与磁场方向夹角为 54.7°时，这种化学位移各向异性魔术般地消失了。

（2）固体中核的自旋晶格弛豫时间很长，一次采样过后磁化矢量要恢复到热平衡状态所需时间很长，有时达数小时乃至数天。交叉极化方法可以使恢复到热平衡所需的时间减少到可以接受的程度，因而使实验得以顺利进行。

图 3.23 是同时使用 MAS/DD/CP 技术得到的高分辨率固体 ^{13}C-NMR 谱图，与未完全使用三项技术得到的谱图比较，可见只有采用综合技术才能得到令人满意的高分辨率谱图。固体高分辨率 NMR 谱图在结构研究中特别适用于两种情况：①样品是不能溶解的聚合物，如交联体等；②需要了解样品在固体状态下的结构信息，如高分子链构象、晶体形状、形态特征等。

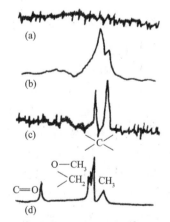

图 3.23　聚甲基丙烯酸酯固体 ^{13}C-NMR 谱图

(a) 采用质子噪声去偶；(b) 采用 DD/CP 技术；(c) 采用 MAS/DD 技术；(d) 采用 MAS/DD/CP 综合技术

图 3.24 为 γ 射线辐射处理后，具有轻微交联高密度 PE 的 DD/CP/MAS^{13}C-NMR 谱图，化学位移 δ_c=39.7 ppm 的新共振峰归属于 PE 中交联的碳-碳结构。

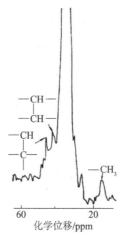

图 3.24　交联高密度聚乙烯的 DD/CP/MAS^{13}C-NMR 谱图

随着固体高分辨率 ^{13}C-NMR 技术在研究固体高分子材料结构中的不断深入，发展新的固体 NMR 技术已成为当前主要研究方向之一。

2）2D NMR 谱和材料的 NMR 成像技术

为了在一个频率面上而不是一根频率轴上容纳及表达丰富的信息，扩展 NMR 谱图，就需要 2D 谱学。在 NMR 测量中，FID 信号通过傅里叶变换，得到谱线强度与频率之间的关系，这是 1D 谱，其变量只有一个——频率。而 2D 谱图有两个变量，经过两次傅里叶变换后得到两个独立的频率变量的谱图。2D NMR 谱图有两种主要的展示形式，一是堆积图，二是等高线图。R. R. Ernst 用分段步进采样，然后进行两次傅里叶变换，得到了第一张 2D NMR 谱图。

瑞士科学家库尔特·维特里希发明了利用 NMR 技术测定溶液中生物大分子 3D 结构的方法，获得 2002 年诺贝尔化学奖；2003 年诺贝尔生理学和医学奖授予美国科学家保罗·劳特布尔和英国科学家彼得·曼斯菲尔德，以表彰他们在 NMR 领域的突破性成就。事实证明，2D NMR 技术和材料的 NMR 成像技术对生命科学、药物学、高分子材料科学的研究和发展具有深远的意义。

2D NMR 提高了高分子化合物 NMR 波谱的分辨率，能够对各种耦合网络进行描述，提供了蛋白质、核酸、纳米孔材料等体系研究的新策略，使得各种复杂 NMR 谱峰的识别成为可能。例如，HETCOR（heteronuclear chemical shift correlation spectrum，异核化学位移相关谱）是在交叉极化基础上发展出来的 2D NMR 实验技术，目前已被广泛用于物质结构的解析。图 3.25 所示为 2D NMR 在磷铝酸盐分子筛晶化机理研究上的应用。由图 3.25（a）中可以看出，初始凝胶相中四配位铝（42 ppm）及六配位铝（–7.8 ppm）与–12ppm 的磷原子在空间上有相关性，这证明生成了 Al—O—P 结构单元。而在图 3.25（b）120 min 凝胶相中，P 原子和 Al 原子表现出各种不同的空间相关性。这说明此时凝胶相中 P 原子存在不同的配位环境，而根据其化学位移不同可以将其归属于聚合度不同的 P 原子，即与其配位的 Al 原子个数不同。

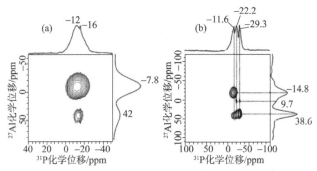

图 3.25　初始凝胶（a）及 120 min 凝胶（b）的 $^{27}Al \rightarrow {}^{31}P$ CP/MAS HETCOR 谱图

通常的 NMR 谱图在用来测定样品的化学结构时，并不能确定被激发原子核在样品中的位置。NMRI 又称磁共振成像（magnetic resonance imaging，MRI），是一种能记录被激发核在样品中位置，并使之成像的技术，借助该技术可观察核在空间的分布。在普通的 NMR 中，样品放在均匀的磁场中，所有化学环境相同的核都受到同样磁场的作用，在这种情况下，观察到的质子呈现一条尖锐的共振峰。而 MRI 则将样品放在非均匀磁场中，将梯度磁场线圈对均匀磁场进行改性，以产生线性变化的梯度磁场。这一梯度磁场使样品的不同区域线性地标记上不同的 NMR 频率，因为磁场在样品的特定区域中按已知的方式进行变换，NMR 信号的频率即可指出共振磁核的空间位置。

用成像技术探测材料内部的缺陷或损伤已成为 NMR 领域最重要的成就之一。MRI 已成功地用来研究挤塑或发泡材料、黏合剂作用、孔状材料中孔径分布等。高分子材料内部的缺陷或气泡的位置，在浸渍了水后，便可由 MRI 技术确定下来。图 3.26 为挤出成型的玻璃纤维增强尼龙棒相隔 0.5 cm 的两张 MRI 图，尼龙棒在水中浸过，图中明亮部分即为水，比较两张图像，可以看出图中存在一些空穴，且这些空穴出现在同一位置，这说明这些空穴是相连的孔洞。孔洞的形成，

图 3.26　同一玻璃纤维增强尼龙棒相隔 0.5 cm 的 MRI 图

可能是由于挤塑过程中混入空气，或物料未充分塑化等，因此 MRI 技术可用来检测加工产品，提高产品质量，改进加工条件等。

由于具有高分辨率、高对比度、无损性、无放射性和可对不透明物体成像等优点，MRI 技术特别适用于材料和生物医学领域。尤其是在医疗领域，其被广泛地应用于全身各类疾病的检查，成为重要的影像学临床诊断方法。NMRI 技术的高速发展极大地推动了生物学、医学、材料科学等科学的迅速发展。图 3.27 为不同阶段石榴的 MRI 图。图中可以看出，MRI 可以确定石榴完整果实发育期间内部纹理的变化，获得高分辨率的组织内部分布影像。

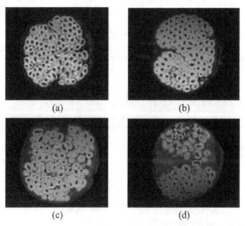

图 3.27　不同阶段石榴的 NMRI 图像

(a) 半成熟；(b) 成熟；(c) 过熟；(d) 内部缺陷

3.2　电子顺磁共振波谱

3.2.1　电子顺磁共振基本原理与顺磁共振仪

EPR 也被称为电子自旋共振（electron spin resonance，ESR），是一种广泛使用的光谱技术，常用于研究具有未成对电子结构的自由基、原子、分子、过渡态金属离子等，也用于研究固体晶格的缺陷和多相催化中的活性中心等。EPR 是一种灵敏度很高的表征方法，可用于研究在化学反应中形成的自由基和反应本身。例如，当冰（固体 H_2O）暴露于高能量辐射发生分解时，产生 $\cdot H$、$\cdot OH$ 和 $\cdot HO_2$ 等自由基，EPR 可以用来鉴定和研究这些基团。还可以通过 EPR 检测电化学系统和暴露于紫外线的材料中产生的有机和无机自由基。20 世纪 60 年代末自旋捕捉技术（spin trapping technique）开始应用后，EPR 的应用日益广泛和深入；但由于多数化合物是逆磁性的，要将其变成相应可测的顺磁性化合物并不容易，因此，

EPR 的应用仍有较大的局限性。

1. 电子顺磁共振的基本原理

1）顺磁性和逆磁性

根据泡利（Pauli）不相容原理，每个原子轨道上不能存在两个自旋态相同的电子，因而各个轨道上已成对的电子自旋运动产生的磁矩是相互抵消的，只有存在未成对电子的物质才具有永久磁矩，它在外磁场中呈现顺磁性。而当物质的原子或分子中的所有电子都成对时，电子的自旋磁矩等于零，此物质是逆磁性的。常见的化合物大多是逆磁性的，值得一提的是，少数自旋量子数为零（$I=0$）的分子也可以是顺磁性的。表 3.1 中，原子 ^{16}O 的电子数为偶数，$I=0$，不是 NMR 的研究对象。但根据分子轨道理论，氧分子中有两个自旋平行的电子，由于它具有未成对电子，因此氧分子是顺磁性物质。

研究中常见的顺磁性物质有以下几类。

（1）含有自由基的化合物，这类物质的分子中具有一个未成对电子，在聚合物反应过程中很常见。

（2）双基或多基化合物，即在化合物分子中具有两个或多个未成对电子，各未成对电子之间被其他基团隔开，相距较远，未成对电子间的相互作用很弱。

（3）三线态分子，这类化合物的分子轨道中也有两个未成对电子，但两个未成对电子间的距离很近，相互作用很强。

（4）碱金属的电子层由惰性气体电子层加上一个 s 电子组成。按照洪特规则它们在基态下有磁矩，这个磁矩提供很强的磁化率，因此碱金属是顺磁性的。

（5）过渡金属离子和稀土金属离子，其原子中的 d 轨道或 f 轨道有未成对电子。

2）电子顺磁共振的产生

将顺磁性物质视为一个小磁体，置于磁场强度为 H 的均匀磁场中，其与外磁场发生相互作用的能量为

$$E = -\mu \cdot H = -\mu H \cos\theta \tag{3.10}$$

式中，μ 为磁矩；θ 为其与磁场矢量的夹角；负号表示吸引能。当 $\theta=0$ 时，E 最低，体系稳定；当 $\theta=\pi$ 时，E 最高，体系不稳定。

根据量子力学，电子的自旋磁矩 μ_s 和角动量 S 之间存在如下关系：

$$\mu_s = -g\beta S \tag{3.11}$$

式中，β 为玻尔磁子；g 为无量纲因子，称为 g 因子；负号表示电子自旋磁矩

方向与自旋角动量相反。自由电子的 g 因子为 2.0023，电子的玻尔磁子值为 9.273×10^{-24} J/T。将式（3.11）代入式（3.10），得

$$E = g\beta SH \tag{3.12}$$

因为电子的自旋算符本征值为±1/2，小磁体在外磁场中出现分裂，这种现象称为塞曼分裂(Zeeman splitting)，如图 3.28 所示。

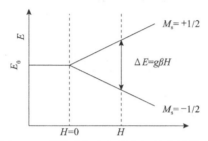

图 3.28　外部磁场中电子能级的塞曼分裂

二者能量差为

$$\Delta E = g\beta H \tag{3.13}$$

如果在垂直于 H 的方向上施加频率为 $h\nu$ 的电磁波，当满足下面条件：

$$h\nu = g\beta H \tag{3.14}$$

处于两能级间的电子发生受激跃迁，导致部分处于低能级中的电子吸收电磁波的能量跃迁到高能级中，此即电子自旋共振现象。与 NMR 一样，满足共振条件的方法有两种，一种是扫场法，即固定频率改变场强；另一种是扫频法，即固定场强改变频率。前者易达到技术要求，因此 EPR 多用扫场法。

在 EPR 中，自旋体系的弛豫过程与在 NMR 中近似，故本部分不再赘述。

3）EPR 与 NMR 的异同

EPR 与 NMR 既有相似又有区别（表 3.5），具体区别如下。

（1）EPR 是研究电子磁矩与外磁场的相互作用，即通常认为的电子塞曼效应，而 NMR 是研究核在外磁场中和塞曼能级间的跃迁。换言之，EPR 和 NMR 分别研究的是电子磁矩和核磁矩在外磁场中重新取向所需的能量。

（2）EPR 的共振频率在微波波段，NMR 的共振频率在射频波段。

（3）EPR 通常恒定频率，采用扫场法；NMR 通常恒定磁场，采取扫频法。

表 3.5 EPR 与 NMR 的比较

	EPR	NMR
研究对象	具有未成对电子的物质	具有磁矩的原子核
共振条件	$\Delta E = h\nu = g\beta H$	$\Delta E = h\nu = \mu H / I$
β 磁子	玻尔磁子 电子的 β=9.273 × 10^{-24} J/T	核磁子 ^{1}H 的 β=5.05 × 10^{-27} J/T
g 因子	自由电子的 g 因子为 2.0023	^{1}H 的 g 因子为 5.5855
结构表征的主要参数	超精细分裂常数 α，常用单位 T	耦合常数 J，化学位移 δ
常用谱图	电子吸收谱的一级微分曲线	核吸收谱的吸收曲线和积分曲线

2. 电子顺磁共振波谱仪

典型的电子顺磁共振波谱仪的工作框图如图 3.29 所示，仪器主要包括以下几个主要部分。

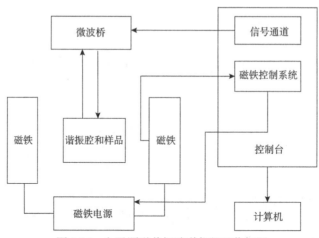

图 3.29　电子顺磁共振波谱仪的工作框图

1）微波桥

微波桥包括微波发生器、环形器、接收器与放大器等，提供必要的共振频率的电磁波发生器。当微波辐射样品时，样品反射的微波传到接收器被接收，收到的信号经过放大输入显示和记录系统。

2）磁铁及磁铁电源

由电磁铁提供稳定的磁场。EPR 的要求与 NMR 一样，要求磁铁能产生高并均匀、稳定的磁场。

3）谐振腔

可使样品处于磁场和电磁波都合适的方向的样品腔。

4）检测系统

包括显示器与记录器等，用于观察和记录未成对电子的能级跃迁信号。

3.2.2　电子顺磁共振样品制备与图谱解析

1. 电子顺磁共振样品的制备

用于 EPR 检测的样品可以是气体、液体或固体，但平常使用较多的是后两类。

1）气体样品

由于气体样品的自旋浓度较低，一般都需要较粗的样品管。可用直径为 10 mm 的石英管将气体封在管内，或用连续流动的方式通过谐振腔。也可以用逆磁性的载体吸附被测气体样品的方法进行 EPR 分析。

2）液体样品

液体样品主要是原为固态或液态的顺磁性物质溶于溶剂所获得的溶液试样，对于这类样品，应注意所用溶剂的性质及浓度。

对于溶剂，首先应注意被测物质与溶剂不发生化学反应，不能因为溶剂的引入而改变样品的顺磁特性。并且应注意溶剂介电常数的大小，尽量避免使用水等极性化合物作为溶剂。极性溶剂的介电常数高，微波损耗大，影响谐振腔集聚微波功率的效果。若不得不使用水等介电常数较高的溶剂时，应采用小直径的样品管，如内径小于 1 mm 的毛细管或扁平样品池。此外，为了获得具有清晰超精细结构的 EPR 谱图，溶液的浓度应控制在合适的范围内，浓度太低则因为 EPR 信号太弱无法获得。

3）固体样品

被检测的大多数固体样品是多晶或者固体粉末。为了获得更详细的结构信息，可用逆磁性材料稀释待测样品。方法是用机械研磨的方式使两者混合充分。但往往难以达到分子水平的均匀性；也可以选用两者的共溶剂将其溶解充分混合后，再将溶剂除去，这样获得的样品是比较均匀的。但应该注意避免样品在制备的过程中性质发生变化。若制备条件和流程不同，可能获得不同的结构信息。例如，使 CH_3OH 在 H_2O 存在条件下产生·CH_2OH 自由基，用流动法在酸性溶液中得到的·CH_2OH 自由基的 EPR 谱图有 3 条谱线，而辐照法在无酸性溶液中产生的

·CH_2OH 自由基的 EPR 谱图有 6 条谱线。

2. EPR 谱图解析

1）g 因子

前文提到了 g 因子，它是一个无量纲参数，用来表征原子、粒子或核的磁矩和磁旋比。它本质上是一个比例常数，将粒子的观测磁矩 μ 与其角动量子数和磁矩单位（通常是玻尔磁子）相关联。g 因子与 NMR 谱的化学位移 δ 相当，反映了局部磁场特征。不成对电子所处的环境不同，其 g 因子数值也不同。

2）超精细结构

超精细结构（hyperfine structure）是指导致原子、分子和离子的能级产生细微变化和分裂的一系列效应。这个名字来源于精细结构，精细结构是由电子自旋和轨道角动量产生的磁矩之间的相互作用产生的。而超精细结构造成的能级变化和分裂更为微小，并且是由原子核内部的电磁场所产生的。在 EPR 中，未成对电子与电子之间的偶极-偶极相互作用能产生精细结构，更重要的是，未成对电子与磁核之间的相互作用引起谱线分裂，这种分裂产生超精细结构。表 3-1 所示为三种不同类型的核，自旋量子数 I 为整数或者半整数的核为磁性核，可以产生超精细结构；而 $I=0$ 的核为非磁性核，不能产生超精细结构。

未成对电子和磁性核之间的超精细相互作用有两种。

（1）偶极-偶极相互作用：指磁核偶极与未成对电子之间的作用。它取决于连接两个偶极的矢量与磁场矢量之间的夹角，是各向异性的。

（2）费米（Fermi）接触相互作用：实验证实，只有 s 轨道中的电子才有费米接触相互作用。比较 s、p、d、f 轨道电子云的径向分布可以看出，s 轨道相比其他轨道有一个显著特征，即它的电子云分布是各向同性的，所以这种费米接触相互作用是各向同性的相互作用。溶液自由基之所以能出现复杂的超精细结构就是费米接触相互作用引起的。费米推导出了这种接触相互作用的定量公式，并将这种超精细分裂的常数以 a 表示，a 的数值可以从 ESR 谱图中直接测量。

超精细分裂常数 a 的大小表示耦合作用的强弱，a 越大说明核与相邻的未成对电子的相互作用越强。

3）EPR 谱图解析

EPR 谱图可以是吸收曲线，也可以是吸收曲线的一阶微分曲线或二阶微分曲线，一般用一阶微分曲线。无论哪种曲线，谱图的横坐标都是磁场强度，单位为 T[或 G（$1\,G=10^{-4}\,T$）]。纵坐标为相对吸收强度或相对吸收强度的微分。与 NMR 中的相对强度分布规律相似，EPR 的强度分布规律也与二项式展开的各项系数相对应。分析 EPR 谱图时，要注意与未成对电子相互作用的核的种类，不同核的自旋量子数不同，引起的分裂结构也不同。

例如，^{1}H 等性核是含有一个未成对电子和一个 $I=1/2$ 核的体系，其符合 $n+1$ 规律：

等性核数	谱线相对强度	谱线数
n		$n+1$
0	1	1
1	1　　　1	2
2	1　　2　　1	3
3	1　　3　　3　　1	4
4	1　　4　　6　　4　　1	5

如果是同一种核，则要注意核的组数和个数，考虑等性耦合作用。对于假设的自由基片段·CH—CH$_2$，其被预测包含基于"双重三峰"的六条线，即由与 CH 片段（产生两条线）的相互作用产生的大的双峰及与 CH$_2$ 片段的两个较远质子相互作用（产生三条线）产生的较小的三重峰，得到的谱图如图 3.30 所示。在基团为 CH—CH$_2$· 的情况下，所得图谱预测也包含六条线，也产生如图 3.30 所示的"三重双峰"。

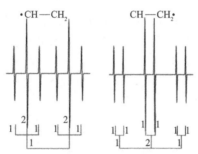

图 3.30　模拟的自由基 ·CHCH$_2$ ($a_{CH}> a_{CH_2}$) 与 CHCH$_2$· ($a_{CH_2} >a_{CH}$) 的 EPR 超精细结构

而对于含有一个未成对电子和一个 $I=1$ 核的体系，如 ^{14}N 等性核，其规律符合 $2n+1$ 规则：

等性核数	谱线相对强度	谱线数
n		$2n+1$
1	1　　1　　1	3
2	1　　2　　3　　2　　1	5
3	1　　3　　6　　7　　6　　3　　1	7
4	1　4　10　16　19　16　10　4　1	9

　　例如，稳定的自由基化合物 TEMPO，它的结构及在甲醇中的 EPR 谱图如图 3.31 所示。图中可以看出三条等距离等强度的谱线，线与线的间距即为超精细分裂常数 a 的值，当 $g=2.00596$ 时，$a=16.05\times10^{-4}\,T$。

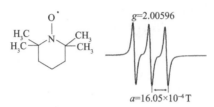

图 3.31　TEMPO 结构式及其在甲醇中的 EPR 谱图

　　图 3.32 给出了使用同性 EPR 信号，核相互作用对光谱结果影响的例子。图 3.32（a）为不成对电子与不同磁核的相互作用。原始信号被分成两个以上具有相等强度的信号。注意，信号的总强度不变，因此信号幅度变得越来越小。图 3.32（b）表示谱线受多个磁核的相互作用影响（无强度损失校正），在两个 $I=1/2$ 的核的作用下图谱分裂成强度比为 1∶2∶1 的三条线；三个 $I=1/2$ 的核的作用下则分裂为强度比为 1∶3∶3∶1 的四条线。图 3.32（c）部分显示了与 $I=1$ 的四个核相互作用的物质的谱线，谱线分裂为强度比为 1∶4∶10∶16∶19∶16∶10∶4∶1 的 9 条线。在图 3.32（b）和（c）的例子中，相互作用的是相同的核。当电子与具有不同核自旋和耦合常数的核相互作用时，谱线将变得更加复杂。此外，无论超精细结构形状如何，EPR 谱图总是以塞曼转变为中心（图 3.32 中的虚线）。也

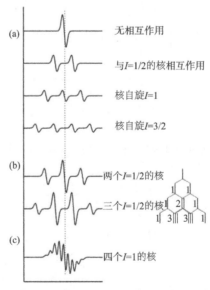

图 3.32　同性 EPR 信号下核相互作用对 EPR 谱图的影响

就是说，可以根据光谱中间的磁场的值（虚线）来确定 g 值。但是请注意，在半整数核自旋的情况下这个位置上不会有实际的峰值。

3.2.3　电子顺磁共振谱在材料学研究中的应用

由于电子自旋相干、自旋捕捉、自旋标记、饱和转移等和顺磁成像等实验新技术和新方法的建立，EPR 技术很快获得了广泛的应用。实现了固体样品的电子自旋与核自旋相干时间大幅度延长，以及从常规自由基到短寿命自由基的检测，从顺磁性物质(自由基、顺磁性金属离子)到自旋标记的非顺磁性物质的检测；建立了抗氧化剂活性的 EPR 研究和筛选方法；进行了自旋标记物、靶向自旋捕捉技术和自旋捕捉剂的研究与制造等。下面列举了其中的几个方面加以说明。

1. 研究引发体系的初级自由基

聚合物反应始自引发阶段，因此引发体系的选择是最基本的，而 EPR 则是用于研究自由基聚合引发体系的初级自由基的有效手段。如下所示为苯乙烯 ATRP（原子转移自由基聚合）反应示意图，其中 k_a、k_d、k_p 和 k_t 分别为活化反应速率常数、失活反应速率常数、链增长反应速率常数和链终止反应速率常数。

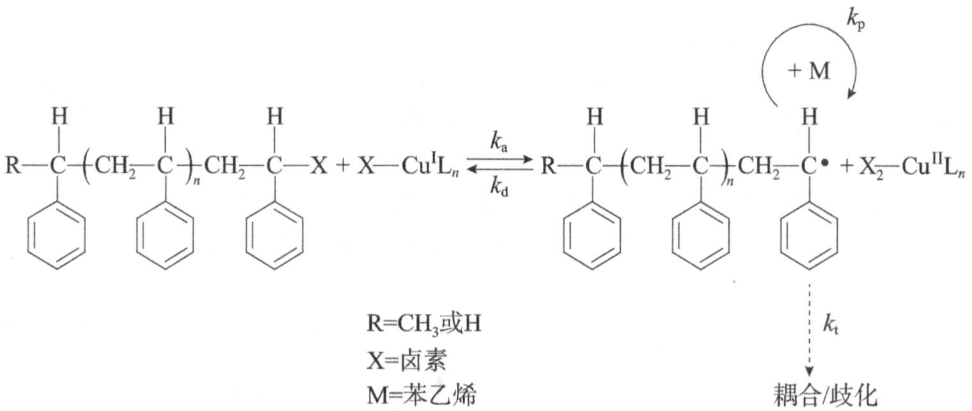

R=CH₃或H
X=卤素
M=苯乙烯

苯乙烯 ATRP 反应中铜物质的 EPR 信号的时间依赖性结果如图 3.33 所示。加热 20 min 后观察到的信号特征被认为是典型的轴对称 Cu（Ⅱ）信号，可以对应为三角双锥体或方锥金字塔结构。

2. 研究聚合物反应动力学

自由基聚合反应由引发剂分解、链引发、链增长和链转移几个基本反应组成，这些反应产生的自由基可以被 EPR 直接检测到；或通过特殊的方法如自旋捕捉、冷冻、流动等延长寿命，进而被 EPR 检测到。通过观测 EPR 信号随反应时间的

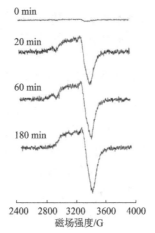

图 3.33　苯乙烯/ 1-苯基乙基溴/ CuBr / dNbipy（2,2-联吡啶）物质的量比为 100/1/1/2 的甲苯溶液（50%，体积分数）在 110℃下反应 0 min、20 min、60 min 和 180 min 后得到的聚合混合物于 25℃下测量的 EPR 谱图

变化，可以求得反应动力学数据，如增长自由基的结构、性质和浓度等信息。

3. 研究聚合物机械化学

ESR 是研究聚合物机械化学的主要手段。图 3.34 显示了在真空中 77 K 温度下球磨的聚丙烯样品获得的 ESR 谱图与从相应的主链断裂自由基的 1∶1 混合物获得的模拟谱图的比较，两者很好的一致性是聚丙烯中机械诱导均裂键断裂的直接实验证据。这明确地表明机械作用产生等量的预期自由基，这是机械应力下主链断裂的直接证据。借助 EPR 谱图可以讨论由机械学和其他现象引发的微裂纹的形成，导致的聚合物固体的宏观降解，以及机械化学的潜在工业应用。

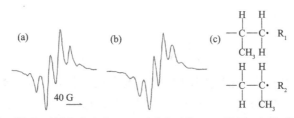

图 3.34　（a）观察到的聚丙烯在真空中 77K 下球磨后的 ESR 谱图；（b）从基团 R_1 和基团 R_2 的 1∶1 混合物中获得的模拟谱图，R_1 和 R_2 如（c）所示

4. 研究介电陶瓷的杂质及点缺陷

EPR 技术可以针对材料中具有不配对电子的杂质以及有电子陷落的点缺陷进行定性和定量检测，是能够应用于陶瓷材料的一种简单而快捷的鉴定手段。图 3.35

为 Gd 掺杂的 $BaTiO_3$ 在 10 K 时的谱图。可以看出，当样品中钡的量增加时，$g=1.989$ 处特征的强度急剧增加。由此可见，Gd^{3+} 是 $BaTiO_3$ 中的两性离子，根据 Ba/Ti 比例，其他阳离子占据 Ba^{2+} 或 Ti^{4+} 的位置，它可被强制进入 A 位点或 B 位点。

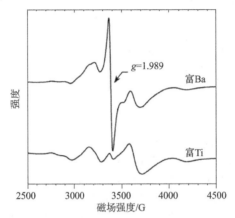

图 3.35　Gd 掺杂的 $BaTiO_3$ 在 10 K 时的 EPR 谱图（Ba / Ti 为 1.01 或 0.99）

5. 研究金属离子在晶体中的磁学性质

EPR 对晶体结构的变化很敏感，用光吸收谱图和 EPR 谱图来研究过渡金属离子在晶体中的局部结构成为近年来非常活跃的研究方法之一。g 因子对晶体的结构参数表现很敏感，使得可以通过 EPR 研究过渡金属杂质离子在晶体中的局部结构。同样由于 g 因子对晶体结构参数非常敏感，可以通过测量 EPR 参量 g 因子在高压下的变化研究晶体高压下的状态变化并拟合其状态方程。

思　考　题

1. 试比较核磁共振与电子顺磁共振分析原理的异同点。
2. 试比较 ^1H 核磁共振谱图和 ^{13}C 核磁共振谱图样品制备要求、分析对象、所提供样品结构信息的差异。
3. 比较核磁共振与电子顺磁共振的分析对象有何差异，各自对样品有什么要求。

参　考　文　献

陈志军, 方少明. 1998. 近代测试技术在高分子研究中的应用. 成都: 成都科技大学出版社.
恩斯特, 博登豪森, 沃考恩. 1997. 一维和二维核磁共振原理. 毛希安, 译. 北京: 科学出版社.

蒋卫平, 王琦, 周欣. 2013. 磁共振波谱与成像技术. 物理, 42(12): 826-837.

李超, 沈明, 胡炳文. 2020. 面向金属离子电池研究的固体核磁共振和电子顺磁共振方法. 物理
　　化学学报, 36(4): 18-33.

宁永成. 2000. 有机化合物结构鉴定与有机波谱学. 北京: 科学出版社.

裘祖文. 1980. 电子自旋共振波谱. 北京: 科学出版社.

沈其丰. 1988. 核磁共振碳谱. 北京: 北京大学出版社.

石津和彦, 等. 1992. 实用电子自旋共振简明教程. 王者福, 等译. 天津: 南开大学出版社.

舒婕, 顾佳丽, 赵辉鹏. 2018. 固体核磁共振定量表征方法及其在高分子结构研究中的应用. 化
　　学进展, 30(12): 1844-1851.

王培铭, 许乾慰. 2005. 材料研究方法. 北京: 科学出版社.

薛奇. 2011. 有机及高分子化合物结构研究中的光谱方法. 北京: 科学出版社.

张俐娜, 薛奇, 莫志深, 等. 2006. 高分子物理近代研究方法. 2 版. 武汉: 武汉大学出版社.

张美珍. 2000. 聚合物研究方法. 北京: 中国轻工业出版社.

张倩. 2015. 高分子近代分析方法. 2 版. 成都: 四川大学出版社.

赵天增. 1983. 核磁共振氢谱. 北京: 北京大学出版社.

Akitt J W, Mann B E. 2000. NMR and Chemistry: An Introduction to Modern NMR Spectroscopy.
　　4th ed. Boca Raton：Taylor & Francis.

Al'Tshuler S A, Kozyrev B M. 2013. Electron Paramagnetic Resonance. New York: Academic Press.

Ashbrook S E, Griffin J M, Johnston K E. 2018. Recent advances in solid-state nuclear magnetic
　　resonance spectroscopy. Annual Review of Analytical Chemistry, 11: 485-508.

Claridge T D W. 2009. High-Resolution NMR Techniques in Organic Chemistry. 2th ed. Amsterdam:
　　Elsevier.

Emsley J W, Feeney J. 2007. Forty years of progress in nuclear magnetic resonance spectroscopy.
　　Progress in Nuclear Magnetic Resonance Spectroscopy, 50(4): 179-198.

Friebolin H, Becconsall J K. 2005. Basic One-and Two-Dimensional NMR Spectroscopy. Weinheim:
　　Wiley-VCH.

Grootveld M, Percival B, Gibson M, et al. 2019. Progress in low-field benchtop NMR spectroscopy
　　in chemical and biochemical analysis. Analytica Chimica Acta, 1067: 11-30.

Günther H. 2013. NMR Spectroscopy: Basic Principles, Concepts and Applications in Chemistry.
　　New York: John Wiley & Sons, Inc.

Harriman J E. 2013. Theoretical Foundations of Electron Spin Resonance: Physical Chemistry: a
　　Series of Monographs. New York: Academic Press.

Keeler J. 2011. Understanding NMR Spectroscopy. New York: John Wiley & Sons, Inc.

Khoshro A, Keyhani A, Zoroofi R A, et al. 2009. Classification of pomegranate fruit using texture
　　analysis of MR images. Inpharma Weekly, 1334: 4.

Naveed K U R, Wang L, Yu H, et al. 2018. Recent progress in the electron paramagnetic resonance
　　study of polymers. Polymer Chemistry, 9(24): 3306-3335.

Patel K K, Khan M A, Kar A. 2015. Recent developments in applications of MRI techniques for
　　foods and agricultural produce—an overview. Journal of Food Science and Technology, 52(1):
　　1-26.

Spiess H W. 2017. 50th anniversary perspective: the importance of NMR spectroscopy to macromolecular science. Macromolecules, 50(5): 1761-1777.

Wertz J E, Bolton J R. 2012. Electron Spin Resonance: Elementary Theory and Practical Applications. New York : McGraw-Hill Book Company.

第4章 热 分 析

热分析（thermal analysis）技术是在程序控制温度下，测量物质的理化性质与温度（temperature）关系的一类技术。热分析广泛应用于研究物质的各种物理转变与化学反应，并可用于物质及其组成和特性参数的测定等，是现代结构分析法中历史较久、应用面很广的方法之一。

4.1 概 论

以往通俗的提法将热分析说成是以热（heat）进行分析的一类方法。实质上热分析中的"热"并不完全指"热"（或"热量"），而是指与温度有关的测量。因此并非所有以热进行分析的手段均可称为热分析，而是有严格的定义。

4.1.1 热分析发展简史

热分析，顾名思义可认为是以热进行分析的一种方法。而实际上，热分析是根据物质的温度变化所引起的物性变化来确定状态变化的方法。之所以产生混淆，与人们对热与温度的认识发展有关。

1. 热与温度认识的发展

人工取火正是古代技术发展的标志之一。由于人类终于掌握了驾驭火的方法，因此才能烧制陶器、冶炼金属。正是由于火的利用，人类才开始获得越来越多的化学知识。实际上，人类早期的化学研究与化学理论无不与火的研究有关。同时人们对火、热、温度的概念认识逐步深化，经历了一个漫长的过程。

热和温度这两个概念，在18世纪以前人们一直混淆不清，只是直观地认识到热的物体温度高，冷的物体温度低，而温度高的物体可将热量传递给温度低的物体。实际上热是能量的传递，而温度则是表征物体热状态的参量。现代科学认为，热是构成物质系统的大量微观粒子无规则混乱运动的宏观表现，而热量是热力学系统同外界或系统各部间存在温差发生传热时所传递的能量，它是热接触引起的热力学系统能量的变化量，仅同传热的过程有关，故热量不是系统的状态函数，仅在系统状态发生变化时才有意义。热量和功相当，都是传递着的能量，其区别在于"功"同系统在广义力作用下产生的广义位移相联系，即同系统各部分的宏观运动相联系；而传热是基于系统同外界温度不一致而传递的能量，和物质的微观运动相联系。

温度是表征物体冷热程度的物理量。严格的温度定义是建立在热力学平衡定律基础之上的，该定律指出：处于任意状态两物体的状态参量，在两物体达到热平衡时不能取任意值，而是存在一个数值相等的态函数，即温度。温度具有标志一个物体是否同其他物体处于热平衡状态的性质，其特征就在于一切互为热平衡的物体都具有相同的数值。热平衡定律是热力学中的一个基本实验定律，其重要意义在于它是科学定义温度概念的基础，是用温度计测量温度的依据。

2. 温标

温度是一个强度性参量，类似压强，与密度、质量、体积一类广度性参量不同，温度与所取物质多少无关。为实现温度的测量，必须规定温度的数值表示法——温标。温标包含三个要素：定义固定点及其指定的温度值、内插仪器及内插公式。温标可分为经验温标与热力学温标两大类。

1）经验温标

经验温标与热力学温标的共同点是都与某一特定的温度计相联系，选择不同的温度计作内插仪器，会得到不同的温标，因而具有一定的任意性。目前仍在沿用的经验温标主要有以下两种。

（1）华氏（Fahrenheit）温标（℉）。1714 年德国物理学家 D. 华伦海特制定出历史上第一个温标，使得温度测量第一次有了统一标准。他规定玻璃水银温度计为内插仪器,冰和盐的等量混合物为零度，水的凝固点是 32℉、沸点为 212℉，两点间隔为 180℉。与摄氏温标的关系为

$$℉ = \left(\frac{9}{5} \times ℃ \right) + 32$$

20 世纪 70 年代前，在英语系国家一般通用华氏温标，目前美国仍在使用。

（2）摄氏（Celsius）温标（℃）。瑞典天文学家摄尔胥斯于 1742 年制定了摄氏温标，规定以水银温度计为内插仪器，标准大气压下水的沸点（100℃）和冰点（0℃）为定义固定点，也称百分温标。与华氏温标的换算关系为

$$℃ = \frac{5}{9}(℉ - 32)$$

　　1954 年第十届国际计量大会决定采用水三相点一个固定点定义温度的单位，比水三相点低 0.01K 的热状态为 0℃。目前绝大部分国家及科技活动中使用摄氏温标。

2）热力学温标

　　热力学温标是根据热力学第二定律定义的一种温标，过去也称为开氏温标或绝对温标。它不依赖于某种特定的测温物质。该温标于 1848 年由英国物理学家开尔文提出。他将温标与理想可逆热机的效率相联系。理想可逆热机的效率 $\eta = 1 - \dfrac{T_2}{T_1}$，式中，$T_1$、$T_2$ 分别为热源和冷却器的温度。同时规定热力学温标的单位为水三相点热力学的 1/273.16，称为开尔文，简称开（K），则 $T = 273.16 \dfrac{Q}{Q_{tr}}$（K），式中，$Q_{tr}$ 为理想可逆热机在水三相点温度 T_{tr} 时放出或吸收的热量；Q 为在 T 时放出或吸收的热量。一切温度测量最终都要以热力学温度为准。热力学温度除用开表示外，也可用摄氏温度表示，即热力学摄氏温度 t，定义 $t = T - 273.15$。

　　3. 温度的测量

　　用测温仪表对物体温度进行定量测量时，需选择一种在一定范围内随温度变化的物理量作为温度的标志。最早的温度计是伽利略于 1603 年制成的气体膨胀温度计。虽然测温方法已达数十种之多，根据所选为温度标志的物理量，测量方法可分为如下几类。

1）膨胀测温法

　　（1）玻璃液体温度计采用几何量体积或长度作为温度的标志。利用液体体积变化来指示温度，如玻璃水银温度计，测温范围为 -30～600℃。

　　（2）双金属温度计。利用两种线膨胀系数不同的金属组在一起，一端固定，当温度变化时因伸长率不同，另一端产生位移，使指针偏转以指示温度，测温范围为 -80～600℃，适用于工业上较粗略的温度测量。

　　（3）定压气体温度计。对一定质量的气体保持其压强不变，采用体积作为温度标志，只适于测热力学温度，很少使用。

2）压力测温法

　　以压强为温度标志。例如：

　　（1）工业用压力表式温度计；

　　（2）定容式气体温度计，在温标的建立和研究中起着重要作用，但很少用于一般测量。

（3）蒸气压温度计。用于低温测量，是根据化学纯物质的饱和蒸气压与温度有确定关系的原理来测定温度，其测温精度高，常用作标准温度计，常用工作媒质为氧（54.361～94K）、氮（63～84K）、氖（24.6～40K）、氢（13.81～30K）、氦（0.2～5.2K）。

3）电学测温法

以随温度变化的电学量为温度标志。

（1）热电偶温度计将两种不同的金属丝焊在一起形成工作端置于测温处，自由端与测量仪表连接形成回路，当两端温度不同时回路中出现热电动势。当自由端温度固定时，其电动势由工作端温度决定。不同种类的热电偶测温范围可从接近绝对零度到 3000℃。热电偶温度计在工业上应用极为广泛，热分析技术的发展可归因于热电偶的发明。

（2）电阻温度计以导体电阻随温度的变化测温。精密铂电阻温度计是测量准确度最高的温度计，可达万分之一摄氏度，测温范围在 –273.34～630.74℃ 之间，是实现国际实用温标的基准温度计。

（3）半导体热敏电阻温度计。灵敏度很高，主要用于低精度测量。

4）辐射测温法

物体在任何温度下都会发出热辐射，可测量光谱辐射度（即光谱辐射亮度）或辐射出射度（即辐射通量密度）作为温度标志。以光谱辐射为温度标志的有光学高温计和光电高温计；以辐射出射度为温度标志的有全辐射温度计及比色高温计。

此外还有声学测温法、频率测温法和磁学测温法等，分别应用于精细测量以及超低温环境温度测量。

4. 热分析仪器的起源与发展

热分析一词是 1905 年由德国的 Tammann 提出的，但热分析技术的发明要早得多。热重（TG）法是所有热分析技术中发明最早的。1780 年英国人 Higgins 在研究石灰黏结剂和生石灰的过程中第一次用天平测量了试样受热时所产生的质量变化。6 年之后，同是英国人的 Wedgwood 在研究黏土时测得了第一条热重曲线，发现黏土加热到暗红（500～600℃）时出现明显失重。最初设计热天平的是日本东北大学的本多光太郎，他于 1915 年把化学天平的一端秤盘用电炉围起来制成第一台热天平，并使用了"热天平"（thermobalance）一词。第一台商品化热天平是 1945 年在 Chevenard 等工作的基础上设计制作的。公认的差热分析的奠基人是法国的 Le Chárlier，他于 1887 年用铂-铂/铑热电偶测定了黏土加热时其在升-降温环境条件下，试样与环境温度的差别，从而观察是否发生吸热与放热反应，研究

了加热速率 dT_s/dt 随时间 t 的变化。1899 年，英国人 Roberts-Austen 采用差示热电偶和参比物首次制得了真正意义上的差热分析（DTA），并获得了电解铁的 DTA 曲线。20 世纪初，人们在参比物中放入第二个热电偶，从而测得样品和参比物间的温差 ΔT，Saladin 用照相法直接记录 ΔT 随 T_s 的变化。从 20 世纪 40 年代末起，以美国 Leeds 和 Northrup 公司为中心，使自动化的电子管 DTA 有了商品出售。

在 20 世纪 40 年代以前，由于受到当时科技发展水平的限制，热分析仪主要是手工操作、目测数据，测量时间长，劳动强度高，同时样品用量大，仪器灵敏度低，主要应用于无机化合物，如黏土、矿物的研究。50 年代由于电子工业的迅速发展，自动控制与自动记录技术开始应用于热分析仪，但仪器体积仍较大。70～80 年代，热分析应用领域进一步扩展，技术不断改进，涌现出许多新的热分析方法和仪器。21 世纪以来，计算机在热分析仪中的大量应用，提高了测试精度，简化了数据处理，实现了整个实验过程的程序控温、多参数实验的分时处理，以及数据、图谱的存储与检索。当前热分析仪正朝着自动化、高性能、微型化和联用技术的方向发展。

4.1.2　热分析的定义和分类

1. 热分析的定义

国际热分析及量热学联合会（ICTA）于 1977 年提出的热分析定义：热分析是在程序控制温度下，测量物质的物理性质与温度关系的一类技术。该定义已被 IUPAC 和美国材料试验协会（ASTM）相继接受。

这里的物质指测量样品本身或其反应产物，包括中间产物。该定义包括三方面内容。一是程序控温，一般指线性升（降）温，也包括恒温、循环或非线性升、降温，或温度的对数或倒数程序。二是选一种观测的物理量 P（可以是热学、力学、光学、电学、磁学、声学的等）。三是测量物理量 P 随温度 T 的变化，而具体的函数形式往往并不十分显露，在许多情况下甚至不能由测量直接给出它们的函数关系。该定义包括所有可能的方法和所提供的测量。实际上迄今出现的绝大多数分析技术所测的物理量都是物质的物理性质，所以 ICTA 在给热分析下定义时指出，像 X 射线衍射、红外光谱等，虽偶尔也在受热条件下进行分析，但不在热分析之列。

2. 热分析的分类

根据热分析的定义，按所测物质物理性质的不同，热分析按大类分可以分为热分析和热物性分析，具体分类和应用领域如图 4.1 所示，各种热分析方法的详细定义见表 4.1。

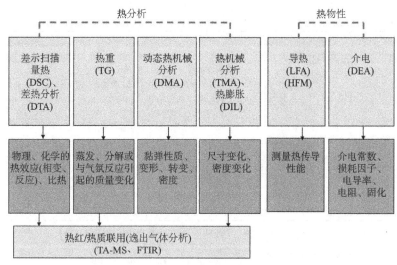

图 4.1 热分析简明分类图

表 4.1 热分析方法的分类及其定义

物理性质	方法名称	定义	典型曲线
温度	差热分析 （differential thermal analysis，DTA）	在程控温度下，测量物质和参比物之间的温度差与温度关系的技术。横轴为温度或时间，从左到右逐渐增加；纵轴为温度差，向上表示放热，向下表示吸热	
焓（热量）	差示扫描量热 （differential scanning calorimetry，DSC）	在程控温度下，测量输入物质和参比物之间的功率差与温度关系的技术。横轴为温度或时间；纵轴为热流率，有两种：①功率补偿 DSC；②热流 DSC	
质量	热重法 （thermogravimetry，TG）	在程控温度下，测量物质的质量与温度关系的技术。横轴为温度或时间，从左到右逐渐增加；纵轴为质量，自上向下逐渐减少	
尺寸	热膨胀 （termodilatometry）	在程控温度下，测量物质在可忽略负荷时的尺寸与温度关系的技术。有线热膨胀法和体热膨胀法	
力学性质	热机械分析 （thermomechanical analysis，TMA）	在程控温度下，测量物质在非振动负荷下的形变与温度关系的技术。负荷方式有拉、压、弯、扭、针入等	

物理性质	方法名称	定义	典型曲线
力学性质	动态热机械分析（dynamic mechanical analysis, DMA）	在程控温度下，测量物质在振动负荷下的动态模量和（或）力学损耗与温度关系的技术。其方法有悬臂梁法、振簧法、扭摆法、扭辫法和黏弹谱法等	
电学性质	热介电分析（thermodielectric analysis/dynamic dielectric analysis, DDA）	在程控温度下，测量物质在交变电场下的介电常数和（或）损耗与温度关系的技术	
电学性质	热释电分析（thermal stimulatic current analysis, TSCA）	先将物质在高电压场中极化（高温下）再速冷冻结电荷。然后在程控温度下测量释放的电流与温度的关系的技术	
光学性质	热显微镜法（thermomicroscopy）	在程控温度下，用显微镜观察物质形态变化与温度关系的技术	
光学性质	激光闪射分析（laser/light flash analysis, LFA）	以激光束照射样品，用红外检测器测量样品背面温度的升高，来计算样品的热扩散系数的技术	
磁学性质	热磁法（thermomagnetometry）	在程控温度下，测量物质的磁化率与温度关系的技术	

3. 热分析常用术语和缩略语

（1）热分析曲线（curve）：在程控温度下，用热分析仪扫描出的物理量与温度或时间的关系曲线，指热分析仪器直接给出的原曲线。

（2）升温速率（heating rate，dT/dt 或 β）：程控温度对时间的变化率，单位为 K/min 或 ℃/min。

（3）差或差示（differential）：在程控温度下，两相同物理量之差。

（4）微商或导数（derivative）：程控温度下，物理量对温度或时间的变化率。

（5）玻璃化转变（glass transition）温度 T_g。

（6）参比（reference）。

（7）样品（sample）。

（8）特征温度表示：初始温度 T_i、熔点温度 T_m、峰顶温度 T_p、结束温度 T_f，物质的熔点用外推起始温度 T_{onset} 表示。

4.2 差热分析与差示扫描量热法

DTA 是在程序控制温度下测量样品与参比物之间的温度差和温度之间关系的热分析方法；DSC 是在程控温度下测量保持样品与参比物温度恒定时输入样品和参比物的功率差与温度关系的分析方法。两者均是测定物质在不同温度下，由于发生量变或质变而出现的热焓或比热变化，如图 4.2 所示。

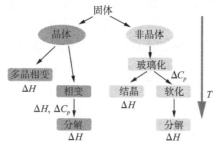

图 4.2 材料热效应的来源——物理或化学变化
ΔH：热焓变化；ΔC_p：比热变化

发生吸热反应的过程有：晶体熔化、蒸发、升华、化学吸附、脱结晶水、二次相变、气态还原等；放热反应有：气体吸附、结晶、氧化降解、气态氧化、爆炸等。玻璃化转变过程是非晶态物质在加热过程中在玻璃化转变区间出现的比热变化而非热效应；而结晶形态的转变、化学分解、氧化还原、固态反应等过程则可以是吸热的，也可以是放热的。上述反应均可用 DTA 与 DSC 来分析。但这两种方法不反映物质是否发生质量变化，也不能区分是物理变化还是化学变化。

4.2.1 DTA 与 DSC 仪器的组成与原理

1. DTA 的组成与原理

DTA 仪器由炉子、温度控制器与数据处理三部分组成。炉子中的核心部件为样品支持器，由试样和参比物容器、热电偶与支架等组成。现在一些仪器已经将炉子和温度控制器集成一体了。

DTA 的基本原理图如图 4.3 所示。

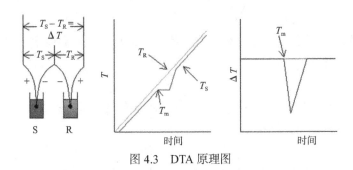

图 4.3　DTA 原理图

试样（S）和参比物（R）分别放在加热炉内相应的杯中（常用铝坩埚，高温时用铂坩埚、陶瓷坩埚），当炉子按某一程序升温时，测温热电偶测得参比物的温度（T_R），同时也测得试样温度（T_S），温度差（$\Delta T = T_S - T_R$）为一常数。当样品达到其熔点（T_m）时，由于样品只吸热不升温，它与参比物的温差则以峰的形式体现，信号经放大后输入计算机，最后绘出 DTA 曲线。

2. 差示扫描量热仪的组成与原理

普通 DTA 仅能测量温差，其大小虽与吸放热焓的大小有关，但由于 DTA 与试样内的热阻有关，不能定量测量焓变 ΔH，热流型 DSC 则可以满足热量的测量。仪器的基本组成有炉子、控制器、计算机终端以及液氮辅助制冷系统等。和 DTA 一样，现在多数仪器炉子和温度控制器为集成体。常用的 DSC 有热流型与功率补偿型两种。

1）热流型 DSC

热流型 DSC 在原理上与 DTA 完全相同，通过测试 ΔT 信号并建立 ΔH 与 ΔT 之间的联系：

$$\Delta H = K\int_0^t \Delta T \mathrm{d}t \ \Rightarrow\ \Delta H = \int_0^t K(T)\Delta T \mathrm{d}t \tag{4.1}$$

式中，K 为常数。也就是说，在给予样品和参比物相同的功率下，测定样品和参比物两端的温差 ΔT，然后根据热流方程，将 ΔT（温差）换算成 ΔQ（热量差）作为信号的输出。热流型 DSC 示意图和实物图如图 4.4 所示。

热流型 DSC 的优点是基线稳定、可使用范围较宽、ΔH 与曲线峰面积具有较好的定量关系，可用于反应热的定量测定。

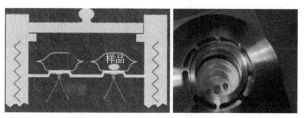

图 4.4 热流型 DSC 示意图和实物图

2）功率补偿型 DSC

功率补偿型 DSC 采取两套独立的加热装置，在相同的温度环境下（$\Delta T=0$），以热量补偿的方式保持两个量热器皿的平衡，从而测量试样对热能的吸收或放出。在样品和参比物始终保持相同温度的条件下，测定满足此条件样品和参比物两端所需的能量差，并直接作为信号 ΔQ（热量差）输出。

由于两个量热器皿均放在程控温度下，采取封闭回路的形式，所以能精确迅速地测定热容和热焓。图 4.5 分别是功率补偿型 DSC 的示意图与方框图。

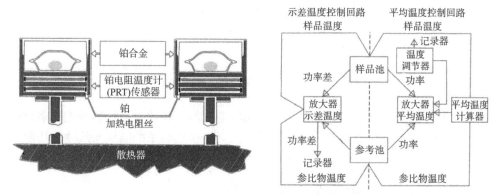

图 4.5 功率补偿型 DSC 的示意图与方框图

由于功率补偿型 DSC 炉子非常小，响应迅速，可以有很高的升降温速率（可达 $500\,℃/\mathrm{min}$），所以是研究聚合物等温结晶过程的有力工具。

总之，DSC 可用于测量包括高分子材料在内的各种固体、液体材料的熔点、玻璃化转变温度、比热容、结晶温度、结晶度、纯度、反应温度、反应热等性质。

4.2.2 DSC（DTA）曲线的特征温度与表示方法

DSC（DTA）曲线上的特征温度有许多种，其中直观数值有初始温度 T_i、峰顶温度 T_p 和结束温度 T_f 等，但是 T_i 和 T_f 的重复性较差，T_p 受样品质量影响大。最重要的是正切温度 T_{onest}，也称外推起始温度。对应于起始温度的终止温度 T_{end}

也是正切温度。

ICTA 规定正切温度 T_{onset} 为样品熔点，它由基线的切线和吸热峰局部最大值点的切线相交而得。T_{onset} 受样品质量的影响较小，具有比较好的稳定性和重复性。图 4.6 为标准样金属 In 的特征温度测试，其标准熔点 156.6℃对应的是图中的 T_{onset}。

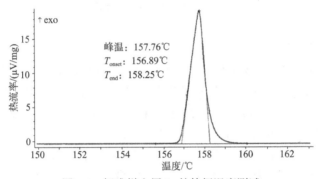

图 4.6　标准样金属 In 的特征温度测试

exo 表示放热，箭头指示方向为放热方向

4.2.3　影响 DSC（DTA）曲线的因素

与各种仪器分析方法相似，DSC（DTA）所得到的结构信息主要来自于曲线上峰的位置（横坐标——温度）、大小（峰面积）与形状。影响因素有很多，概括起来可分为仪器因素、操作条件和样品状态三类。仪器方面的影响主要来自炉子的结构，是设计仪器时必须充分考虑的因素，包括炉子的结构与尺寸、均温块体、热电偶、支持器、试样器皿等；关注更多的是操作条件和样品状态的影响。

1. 操作条件对 DSC（DTA）曲线的影响

操作条件对 DSC（DTA）曲线的影响不容忽视，选择适宜的操作条件是实验成功的前提。

1）升温速率

目前商品热分析仪的升温速率范围可为 0.1~500℃/min，常用范围为 5~30℃/min，尤以 10℃/min 居多。图 4.7 为不同升温速率对样品的影响，从中可以看出提高升温速率 β，热滞后效应增加，会使熔点 T_m 和峰顶温度 T_p 线性增高，同时 β 增大常会使峰面积有某种程度的增大，使曲线峰形状变得更宽，并使小的转变被掩盖从而影响相邻峰的分辨。就提高分辨率的角度而言，采用低升温速率有利。但对于热效应很小的转变，或样品量非常少的情况，较大的升温速率往往能提高测试结果的灵敏度，使 β 较小时不易观察到的现象显现出来。

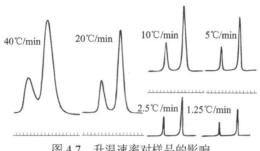

图 4.7　升温速率对样品的影响

另外，根据所测样品的实际情况，有时往往会采用不同的升温速率进行研究。例如，动力学研究中的等转化率法就是利用熔融（结晶）温度对 β 的依赖性，通过一系列不同升温速率的测试来实现活化能计算。

2）气氛

所用气氛的化学活性、流动状态、流速、压力等均会影响样品的测试结果。

（1）气氛的化学活性。实验气氛的氧化性、还原性和惰性对 DSC（DTA）曲线影响很大。例如，可以被氧化的试样在空气或氧气中会有很强的氧化放热峰，在 N_2 等惰性气体中则没有。

（2）气氛的流动状态、流速与压力。实验所用气氛有两种方式：静态气氛，常采用封闭系统；动态气氛，气体以一定速度流过炉子。前者对于有气体产物放出的样品会起到阻碍反应向产物方向进行的作用，故以流动气氛为宜。气体流速不稳定会对 DSC（DTA）曲线的温度和峰大小有一定的影响。目前商用热分析仪具有很好的气氛控制系统，能保持和重复所需要的动态系统。气体压力对有气体产物生成的反应具有明显影响。压力增大，即便是惰性气体，一般也使热转变温度增大。

3）参比物与稀释剂

ΔT 与 ΔW 均是样品与参比物之差，因此作为参比的物质自身在测试温度范围内必须保持物理与化学惰性，除因升温所吸热量外，不得有任何热效应。在聚合物的热分析中，最常用的参比物为空坩埚和 $\alpha\text{-}Al_2O_3$。

有时试样所得到的 DSC（DTA）曲线的基线随温度升高偏移很大，使得产生"假峰"或得到的峰形变得很不对称。此时可在样品中加入稀释剂以调节试样的热传导率，从而达到改善基线的目的。通常用参比物作稀释剂，这样可使样品与参比物的热容尽可能相近，使基线更接近水平。使用稀释剂还可起到在定量分析中制备不同浓度的可反应物试样、防止试样烧结、降低所记录的热效应、改变试样和环境之间的接触状态，并进行特殊的微量分析的作用。

4）试样皿

试样皿也称为坩埚，常用的坩埚多用金属铝、镍、铂及无机材料如陶瓷、石英或石墨等制成，其中铝制试样皿主要用于 500℃以下的 DSC 测试。坩埚的制作材料、大小、质量、几何形状及使用后遗留的残余物的清洗程度对分析结果均有影响。

使用坩埚首先要确保其在测试温度范围内必须保持物理与化学惰性，自身不得发生物理与化学变化，对试样、中间产物、最终产物、气氛、参比物也不能有化学活性或催化作用。例如，碳酸钠的分解温度在石英或陶瓷坩埚中比在铂坩埚中低，原因是在 500℃左右碳酸钠会与 SiO_2 反应形成硅酸钠；聚四氟乙烯也不能用陶瓷坩埚、玻璃坩埚和石英坩埚，以免与坩埚反应生成挥发性硅化合物；而铂坩埚不适合作为含 S、P、卤素的高聚物试样，铂还对许多有机化合物具有加氢或脱氢催化活性等作用。因此在使用时应根据试样的测温范围与反应特性进行选择。此外，试样皿的形状以浅盘为好，实验时将试样薄薄地摊在其底部。

2. 样品对 DSC（DTA）曲线的影响

1）试样量

灵敏度是仪器能检出的样品最小量的能力，在灵敏度足够的前提下，试样的用量应尽可能少，目前仪器推荐使用的试样量为 1～6 mg。图 4.8 为不同质量对样品的影响。

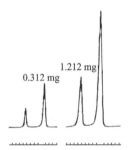

0.312 mg　　1.212 mg

图 4.8　不同质量的同一样品 DSC 曲线

试样量过多，由试样内传热较慢所形成的温度梯度就会显著增大，热滞后明显，从而造成峰形扩张、分辨率下降，峰顶温度向高温移动。特别是含结晶水的试样脱水反应时，样品过多会在坩埚上部形成一层水蒸气，从而使热转变温度大大上升。一般地，当测试 T_m 时，试样量应尽量小，否则温度梯度大导致熔程变长；而当测量 T_g 时，应适当加大试样量以提高灵敏度。

2）试样粒度

试样粒度和颗粒分布对峰面积和峰温均有一定影响。通常小粒子比大粒子更容易反应，因较小的粒子有更大的比表面积与更多的缺陷，边角所占比例更大，从而增加了样品的活性部位。一般粒度越小，反应峰面积越大。大颗粒状铋的熔融峰比扁平状样品的要低而宽；与粉末状样品相比，粒状 $AgNO_3$ 熔融起始温度由 161℃ 增加到 166.5℃，而经冷却后再熔融时两者熔点相同。

3）样品装填方式

DSC 曲线峰面积与样品的热导率成反比，而热导率与样品颗粒大小分布和装填的疏密程度有关，接触越紧密，则热传导越好。对于无机样品，可先研磨过筛，高聚物的块状样品应尽量保证有一截面与坩埚底部密切接触，粉末样品填充到坩埚内时应将样品装填得尽可能均匀紧密。

4.2.4 DSC 与 DTA 数据的标定

DSC 与 DTA 对样品结构与性能进行定性与定量分析的依据分别是曲线所指示的温度与峰面积。因此对仪器的温度及热量测量的准确程度要经常进行校验。方法是在与测定样品 DSC（DTA）曲线完全相同的条件下，测定已知熔融热物质的升温熔化曲线，以确定曲线峰所指示的温度和单位峰面积所代表的热量值。

1. 温度的标定

为确立热分析实验的共同依据，ICTA 在美国国家标准局（NBS）初步工作的基础上，分发了一系列共同试样到世界各国进行 DTA 测定，确定了供 DTA 和 DSC 用的 ICTA-NBS 检定参样（certified reference materials，CRM），见表 4.2，并已被 ISO（国际标准化组织）、IUPAC 和 ASTM 所认定。

表 4.2　热焓标定物质的熔点与熔化焓

元素或化合物的名称	熔点/℃	熔化焓/（J/g）	元素或化合物的名称	熔点/℃	熔化焓/（J/g）
联苯	69.26	120.41	铅	327.5	22.6
萘	80.3	149.0	锌	419.5	113.0
苯甲酸	122.4	148.0	铝	660.2	396.0
铟	156.6	28.5	银	690.8	105.0
锡	231.9	60.7	金	1063.8	62.8

2. 热焓的标定

表 4.2 同时给出了标准物质的熔点和熔化焓。对仪器应定期进行标定，热流型 DSC 每次至少用四种不同的标准物，实验温度必须在标定的温度范围之内。若仪器测得的温度与标准值有差别，则可通过调整仪器相关参数，使之与标准吻合。在计算机控制的仪器中有相应的校验调整程序。

4.2.5　仪器操作和分析实例

1. 仪器操作实例

目前商用 DSC 仪器操作方法大同小异，只是分析软件多有不同。总的来说发展的方向是仪器智能化、操作简单化、分析多元化。下面以 NETZSCH DSC 204 为例简单阐述操作规程。

1）开机

先开仪器包括炉子和控制器，仪器自检结束后，全部绿灯亮起即进入正常待机状态；再开计算机打开测量软件；然后再开气体，打开钢瓶总开关，再调节减压阀输出旋钮，将流量调到 0.03 MPa 左右。在控制器 STC414/3 中手动将保护气体 Pro. 和吹扫气体 Purg2 打开。仪器应至少在测试前 1 h 开机稳定。

2）样品装载

首先称量样品，称取样品量 3～5 mg 或试样皿（或坩埚）容积的 1/5。坩埚加盖以防样品污染仪器。参比侧使用空坩埚，参比坩埚置于传感器的左侧，样品坩埚在右侧（其他一些仪器的炉子中标明了 S 和 R 字样，样品放置则以标注为准）。

3）设置样品测试程序

Sample 测试模式为常用模式，该模式多用于样品及标准样品的测量。进入测试程序，选 File Menu 中的新建文件进入程序设定，基本步骤如图 4.9 所示。

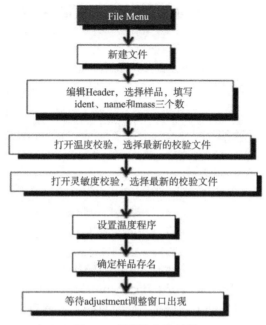

图 4.9 程序设定流程图

其中 Header 的编辑如图 4.10 所示。

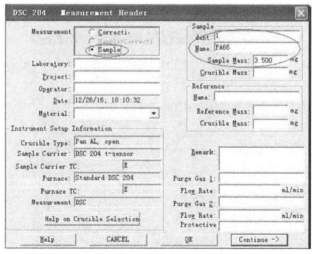

图 4.10 编辑对话框示例

温度程序的设置如图 4.11 所示。

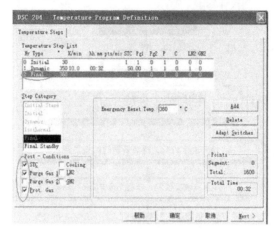

图 4.11　温度程序的设置对话框示例

　　需要注意的是，保护器和吹扫气体应在实验开始设置时就先行打开；步骤类型共有四种，两个必选项是 Initial 和 Final。Initial 是测试者设定的起始状态温度，Final 是最后实验程序设置结束的标志，此时显示为仪器重置温度（由仪器自动设定）。中间升降温的变化都在 Dynamic 项目中完成；果需要，还可以加入 Isothermal 恒温项。

　　如图 4.12 所示为一个升温—恒温—降温—再升温的程序设置。注意此程序的最后一项 Final 隐藏在右侧滚动条中，滑动滚动条即可读出。

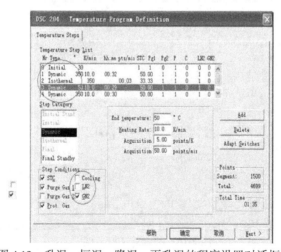

图 4.12　升温—恒温—降温—再升温的程序设置对话框示例

　　在设置降温段时必须要根据仪器的配置，勾选适当的冷源，如开启液氮，液氮输出有两个方案，为 LN2 和 GN2。其中 LN2 冷却效率高、冷却速率快，温度范围低温可达−150℃，但是液体脉冲强，会影响测试基线的稳定；GN2 气流平稳，冷却效果稍差，测试者需要根据实验需求做适当的选择。

另外需要说明的是，液氮控制器 CC200 上有两个挡位，Auto 和 Manu。仪器只有在 Auto 状态才能在测试中正常控制线性降温。Manu 手动挡仅用于非测试条件下快速降低炉温，液氮流量大小可以通过窗口显示手动调节，此状态下仪器不响应。当全部程序设置结束后会出现 Adjustment 对话框，如图 4.13 所示。

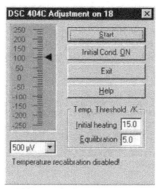

图 4.13　设置结束后 Adjustment 对话框示例

当上述窗口出现时，应停下操作等待热流值稳定，同时仔细检查以下内容：

（1）气体是否打开；

（2）样品是否正确添加；

（3）液氮控制器 CC200 上旋钮是否调至 Auto 档位。

确认无误之后，点击 Start 按钮开始测试。

4）注意事项

（1）实验温度不应超过样品的分解温度，防止样品的分解产物污染传感器。保持样品坩埚的清洁、平整，应使用镊子夹取，避免用手触摸。

（2）实验完成后，必须等炉温降到 100℃以下后才能打开炉体。

（3）更换液氮时，容器内压力必须排空，防止发生危险。若有结霜，须等发生器探头霜消除后才能重新放入液氮罐。

（4）若发现传感器被污染时，可先在室温下用洗耳球吹扫，然后用棉花蘸乙醇清洗。

2. 曲线分析和数据输出

1）DSC 曲线分析

软件提供的快捷方式基本可以满足曲线分析需要。鼠标指向快捷方式图标就会出现相应的提示，基本操作含义如下：

　　▣ Smoothing：平滑仪器噪声，DSC 有尖峰一般平滑 3～4 级；

　　▣ *x*-temperature/*x*-time：曲线横坐标时间-温度转换；

　　▣ Segments：分段要在剔除恒温段之后，才能进行时间-温度转换；

　　▣ Onset：熔点或正切温度；

　　▣ Endset：结束正切温度；

　　▣ Peak：峰顶温度；

　　▣ Glass transition：玻璃化转变区域和各个特征温度；

　　▣ Area：峰面积，对应反应热熔，单位 mW/mg。

2）原始数据输出

首先选中曲线，在主菜单的 Extra 选项中，下拉找到 Export data，按要求输入起始点、结束点和步长，存名即可输出 txt 格式的文件。不同生产厂家的仪器多有不同，但分析项目基本一致，可参看软件说明。

4.3　热重分析

热重分析是应用最早的热分析技术，与 DSC（DTA）和 DMA（TMA）共为热分析技术的三大组成，在材料结构分析中有着广泛的应用。

4.3.1　热重分析基本原理

1. 热重分析的定义

热重分析是在程控温度下测量试样质量与温度或时间关系的一种热分析技术，简称热重法，热重法通常有升温（动态）和恒温（静态）之分，通常在等速升温条件下进行。

TG 曲线的纵坐标为余重（mg）或以余重百分数（%）表示，向下表示质量减少，反之为质量增加；横坐标为温度（℃）或时间（s 或 min）；

DTG 是 TG 曲线的一阶导数也称为微分热重，它是 TG 的伴生曲线，其横坐标与 TG 相同，纵坐标为质量变化速率 dm/dT 或 dm/dt，单位为 mg/min 或%/min 等。DTG 有清晰的物理意义，所以常被用来描述失重过程。例如，图 4.14 中 DTG 的峰值温度（455.0℃）就表示当温度达到 455.0℃时该样品达到最大失重速率。

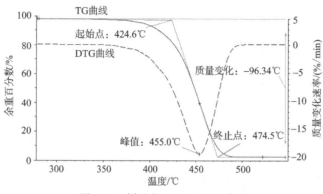

图 4.14 样品的 TG 和 DTG 曲线

热重分析可以用于材料热稳定性研究、分解温度测定、组分分析、吸附-脱附、氧化-腐蚀和反应动力学研究等方面。

2. TG 曲线特征温度的表示方法

TG 曲线的特征温度可以用多种形式表达，其中直观数值有初始温度 T_i、特定失重量时温度 T_x、最大失重速率温度 T_P 和终止温度 T_f 等，但是最重要的是正切温度 T_{onest}，也称起始点温度，如图 4.14 所示。

ICTA 规定样品分解温度为正切温度 T_{onset}，它由基线的切线和分解速率局部最大值点的切线相交而得，求法与 DSC 类似，如图 4.14 所示（中文标识为起始点温度）。该温度点与样品量基本无关，只和升温速率有关，具有相当好的稳定性。T_{onest} 避免了 T_i 重复性不好的缺陷，是一种起始降解或分解的特征温度。需要指出的是，当样品温度达到 T_{onset} 点时，一般来说分解已经进行了 10%以上。所以以该点表示分解温度更倾向于研究意义，而工程上则较少采用。

4.3.2 热天平的基本结构

TG 仪器的基本组成包括微量电子天平/炉子、温度程序控制器、恒温水浴和计算机数据终端。温度程序控制器和炉子目前多为一个整体。组成热天平的基本单元大致相同，根据天平和炉子的相对位置，热天平可分为垂直式和水平式，而垂直式又分为上皿式和下皿式，如图 4.15 所示。

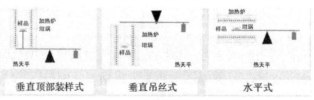

图 4.15 热天平原理图

1. 上皿式

上皿式即垂直顶部装样式。试样皿在天平的上方。这种热天平除了可单独测量 TG 外，还可用于 TG/DSC 联用测量，其中炉子一般体积较大，因此，需加大样品用量，适用于大容量分析。PE（珀金埃尔默）公司和 NETSZCH（耐驰）公司都有上皿式热天平。

2. 下皿式

下皿式即垂直吊丝式。试样皿（试样支持器）在天平的下方，它适用于简单 TG 测量。下皿式的炉子一般体积较小，因此，加热和降温速率都可较快，热惰性小。SHIMADZU（岛津）公司和 PE 公司都有下皿式热天平。

3. 水平式

水平式（卧式）试样皿和支持器处于水平位置，这种形式的热天平浮力相对较小，也可用于 TG/DSC 联用测量。PE 公司和 METTLER TOLEDO（梅特勒-托利多）公司均有水平式热天平。

4.3.3　影响热重数据的因素

影响热重数据的因素主要有仪器本身的因素、实验条件和样品状况等。仪器本身的因素主要有浮力、对流和挥发物的冷凝。它们对 TG 数据都有一定的影响，其影响程度随热天平方式的不同而异。随着热分析仪的发展，已经从仪器的设计和制造上尽可能地消除了一些影响热重数据的因素。实验操作条件包括升温速率、样品状况、所选用的试样皿和气氛种类等。

1. 仪器因素及解决方法

1）浮力与样品基线

在升温过程中，热天平在加热区中的部件（包括样品、坩埚和支持器等）所排出的空气随温度不断升高而发生膨胀，质量不断减小，即浮力在不断减小。也就是说，在样品质量没有发生变化的情况下，只是由于升温样品就在增重，引起 TG 基线上漂，这种增重称为表观增重。据计算，300℃时的浮力约为室温的一半，而 900℃只有 1/4。浮力效应的解决方法是在相同条件下（相同的升温速率和温度范围）预先做一条空载基线，以扣除浮力效应造成的 TG 曲线的漂移。如果样品总失重大于 95%，且低温区无明显失重信号，也可以将浮力的影响忽略不计。

2）挥发物的再凝聚

在 TG 实验过程中，由试样受热分解或升华而逸出的挥发物，有可能在热天平的低温区再冷凝。这不仅会污染仪器，也会使测得的样品失重偏低，待温度进一步上升后，这些冷凝物会再次挥发从而还可能产生假失重，使 TG 曲线出现混乱，造成结果不准确。尽量减小试样用量并选择合适的吹扫气体流量以及使用较浅的试样皿都是减少再凝聚的方法。

2. 实验条件方面的影响

1）升温速率

不同的升温速率对 TG 结果有显著的影响。升温速率越高，产生的热滞后越严重，得出的实验结果与实际情况相差越大，这是由电加热丝与样品之间的温度差和样品内部存在温度梯度所致。随着升温速率的增大，样品的起始分解温度 T_{onset} 和终止分解温度 T_{end} 都将有所提高，即向高温方向移动。升温速率过高，会降低分辨率，有时会掩盖相邻的失重反应，甚至把本来应出现平台的曲线变成折线。升温速率越低，分辨率越高，但太慢又会降低实验效率。升温速率一般选定在 10℃/min（或 5℃/min）。在特殊情况下，也可以选择更低的升温速率。对复杂结构的分析，采用较低的升温速率可观察到多阶分解过程，而升温速率高就有可能将其掩盖。

2）气氛种类

气氛对 TG 实验结果有显著影响。因此，实验前应考虑气氛对热电偶、试样皿和仪器的原部件有无化学反应，是否有爆炸和中毒的危险等。可用气氛很多，包括惰性气体、氧化性气体和还原性气体，常用的主要有 N_2、Ar 和空气三种。其中样品在 N_2 或 Ar 中的热分解过程一般是单纯的热分解过程，反映的是热稳定性，而在空气（或 O_2）中的热分解过程是热氧化过程，氧气有可能参与反应，因此它们的 TG 曲线可能会明显不同。图 4.16 为白云石分解为氧化镁和氧化钙的过

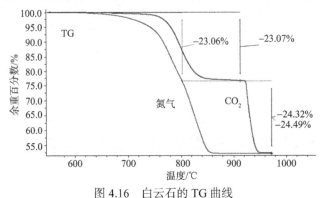

图 4.16　白云石的 TG 曲线

程，分为两个步骤：第一步为碳酸镁分解，第二步为碳酸钙分解。在氮气气氛下两步分辨得不明显。但是在二氧化碳气氛下两步分解明显分开。其原因在于，二氧化碳的存在延迟了分解反应，而且对第二步反应的影响尤其显著。

气氛处于静态还是动态对实验结果也有很大影响。TG 实验一般在动态气氛中进行，以便及时带走分解物，但应注意流量对试样分解温度、测温精度和 TG 谱图形状等的影响。静态气氛只能用于分解前的稳定区域，或在强调减少温度梯度和热平衡时使用，否则，在有气体生成时，围绕试样的气体组成就会有所变化，而试样的反应速率也会随气体的分压而改变。

现有的热重仪一般都拥有两路气体，分为保护气和吹扫气。保护气为惰性气体，专用于保护热天平，气流量一般在 10~20 mL/min；吹扫气根据测试目的不同可有不同的选择，同时吹扫气流也能带走样品分解产生的气体，其流量稍大于保护气，一般在 20~40 mL/min。

3）试样皿

TG 测试的试样皿（坩埚）的材质种类很多，包括氧化铝、铂、石英和石墨等，主要有氧化铝和铂。选择坩埚时，首先要考虑坩埚对试样、中间产物和最终产物不会产生化学反应，还要考虑欲测试样的耐温范围。尤其是无机化合物试样要防止坩埚和试样在高温下烧结和熔融。例如，PbO 从 700℃开始与 Al_2O_3 反应，含铅玻璃熔融后会同时溶解 Al_2O_3，这是非常危险的。此外，TG 测试一般不加盖，以利于传热和生成物的扩散。

3. 样品状况的影响

1）样品量

样品量越大，信号越强，但传热滞后也越大，会造成分辨率降低。此外，挥发物不易逸出也会影响曲线变化的清晰度。因此，样品用量应在热天平的测试灵敏度范围之内尽量减少。由于聚合物样品的热传导率比无机化合物和金属小，因此常用量应相对更小，一般为 5~8 mg。当需要提高灵敏度或扩大样品差别时，应适当加大样品量。当与其他仪器联用时，为了联用分析也应加大样品量。

2）样品粒度

样品粒度大时，TG 曲线失重段向高温移动。例如，经过研磨的水合硅酸镁石棉粉体在 50~850℃产生连续失重，600~700℃分解最快；而天然矿样粗粒一直到 600℃仅有微小的失重。因此在做 TG 实验时，应注意样品粒度均匀，批次间尽量一致。

3）样品装填方式

样品装填方式对 TG 曲线也有影响，其影响主要通过改变热传导实现。一般认为，样品装填越紧密，样品间接触越好，越有利于热传导，因而温度滞后效应越小。但过于密集则不利于气体逸出和扩散，致使反应滞后，同样会带来实验误差。所以为了得到重复性较好的 TG 曲线，样品装填时应轻轻振动，以增大样品与坩埚的接触面，并尽量保证每次的装填情况和样品量基本一致。

4.3.4 仪器操作和分析实例

1. 仪器操作实例

同样地，下面以 NETZSCH TG 209 为例简单阐述操作规程。

1）开机

先开仪器包括炉子和控制器，打开恒温水浴，仪器自检结束后，全部绿灯亮起即进入正常待机状态；再开计算机打开测量软件；然后再开气体，打开钢瓶总开关，再调节减压阀输出旋钮，将流量调到 0.05 MPa 左右。在控制器 STA414/3 中手动将保护气体 Pro. 和吹扫气体 Purg1 打开。仪器应至少提前 20 min 打开。

2）样品装载

首先打开热天平按钮，待天平稳定后打开炉盖，按 Up 键升起样品支架，选用 Al_2O_3 坩埚放于支架上，按 Down 键降下样品支架回到天平，待天平稳定之后按 Tare 清零，之后称量样品质量 5～8 mg 或 1/5 容积。

3）设置样品测试程序

（1）Sample 测试模式为常用模式：该模式多用于样品及标准样品的测量。进入测量程序，选 File Menu 中的新建文件进入程序设置，基本步骤如图 4.17 所示。

Header 的编辑与 DSC 类似此处从略；TG 的温度设置相对简单，一般情况下为一段式升温过程。同样的是，保护气和吹扫气体应在实验开始设置时就勾选，直到实验结束。温度程序的设置如图 4.18 所示。

（2）Sample+Correction 测试模式——浮力扣除模式：当测试需要扣除浮力影响时，需要先做空载基线，选择 File 菜单中的 Open 打开预先做好的基线，然后选择 Sample+Correction 模式进行测试，此时程序自动设定，如图 4.19 所示。其他操作步骤与 Sample 模式完全相同。

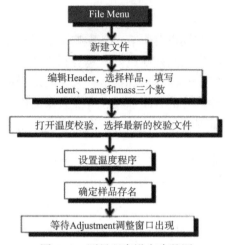

图 4.17　测量程序设定步骤图

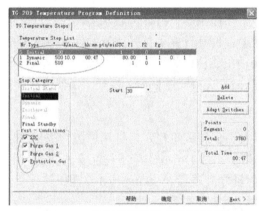

图 4.18　温度程序设置对话框示例

图 4.19　浮力扣除模式设置对话框示例

当全部程序设置结束后会出现 Adjustment 对话框，如图 4.20 所示。

图 4.20 设置结束后 Adjustment 对话框示例

当上述该窗口出现时，应停下操作等待天平稳定，并确认质量显示与前面 Header 中所填写一致，若发生偏移需要按键 $\boxed{\text{Exit}}$ 退出重新修正质量，之后按 $\boxed{\text{Tare}}$ 键清零，同时仔细检查下列情况：

（1）气体是否打开；

（2）样品是否正确添加；

所有项目确认无误之后，点击 $\boxed{\text{Start}}$ 按钮开始测试。

2. 曲线分析和数据输出

软件提供的快捷方式基本可以满足 TG 曲线分析需要。鼠标指向快捷方式图标就会出现相应的提示，基本操作含义如下：

⬛ Smoothing：平滑仪器噪声，TG 曲线没有尖峰一般平滑 7～8 级；

⬛ x-Temperature/x-Time：曲线横坐标时间-温度转换；

⬛ Onset：分解温度或正切温度；

⬛ DTG：即 TG 曲线的一阶导数；

⬛ Mass Loss：失重率；

⬛ Endset：结束正切温度；

⬛ Peak DTG：峰顶温度。

原始数据输出方法和 DSC 完全一样。首先选中曲线，在主菜单的 Extra 选项中，下拉找到 Export data，按要求输入起始点、结束点和步长，存名即可输出 txt 格式的文件。

如果想要在同一个图中叠加同一样品的 TG 和 DTG 两种曲线，在数据输出时就必须选择相同的起始温度步长，以保证温度横坐标充分吻合。

4.4 热分析技术在材料研究中的应用实例

热分析是研究材料热性能的主要手段，同时也能获得材料结构方面的信息，而且随着热分析技术的发展，新的功能还在不断出现，加之热分析仪操作方便，价格相对较低，因此已成为从事材料研究的必备的仪器。本节将在运用 DSC 和 TG 测定材料基本热性能参数的基础上，结合应用实例简要介绍 DSC 和 TG 在聚合物、金属以及无机非金属材料结晶行为、氧化行为、热稳定性以及材料组成剖析方面的应用。

4.4.1 从 DSC（TDA）和 TG 曲线上解读材料的性质

1. 解析含水矿物的脱水（DTA/TG）

普通吸附水脱水温度为 80～110℃；层间结合水或胶体水脱水温度为 400℃内，大多数为 200℃或 300℃内；架状结构水脱水温度为 400℃左右；结晶水 500℃内分阶段脱水；结构水脱水温度为 450℃以上。

2. 聚合物熔点、玻璃化转变温度及热焓的测定（DSC）

DSC 可以用来测定高聚物的结晶速率、结晶度以及结晶熔点和熔融热等，对高聚物结晶行为进行研究。

例如，聚酯（PET）熔融后在冷却时不能迅速结晶，因此经快速淬火处理，可以得到几乎无定形的材料。淬火冷却后的 PET 再次升温到 T_g 以上时，局部链段的运动使分子链向低能态转变形成新的凝聚缠结，无规则的分子构型又可变为高度规则的结晶排列，同时释放能量，因此会出现冷结晶的放热峰。图 4.21 为淬火处理前后 PET 的 DSC 曲线，其中 1 是原料第一次升温熔融，2 是快速降温之后第二次升温熔融。可以看出玻璃化转变温度为 81℃；137℃左右的放热峰是冷结晶峰；250℃左右的峰结晶熔融吸热峰。根据 DSC 曲线上的特征温度，可推断薄膜的拉伸加工条件：

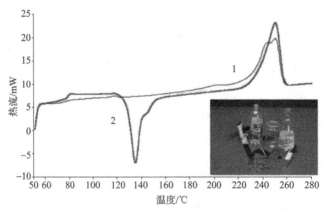

图 4.21　PET 的两次升温 DSC 曲线

（1）拉伸温度必须选择在 T_g 以上和冷结晶开始的温度（117℃）以下的温度区间内，以免发生结晶而影响拉伸；

（2）拉伸热定型温度则一定要高于冷结晶结束的温度（152℃）使之冷结晶完全，但又不能太接近熔点以免结晶熔融。这样就能获得性能较好的薄膜。

3. 金属氧化行为研究

金属的氧化行为可以用 DSC 来研究，一般是将金属在特定温度、氧气或者空气气氛下恒温观察氧化放热峰。例如，钢材的表面氧化实验可以通过设置自动气体切换，先在惰性氩气气氛中将温度从室温升至 700℃，然后恒温 15 min，之后切换到空气气氛，继续恒温。普通钢可以看到明显的氧化放热峰。

金属表面抗氧化实验也可以用 TG 进行，图 4.22 是抗腐蚀不锈钢在水蒸气炉中的 TG 曲线，气氛条件为 50%空气-50%水蒸气。快速升温至 900℃恒温，可以看出抗腐蚀合金在快速形成极薄的氧化膜之后（约 60 min），300 min 内几乎不再被氧化，达到了抗腐蚀的性能要求。而普通不锈钢则是一个持续的氧化过程，随着时间的延长，氧化（腐蚀）一直在进行，样品会有明显增重。

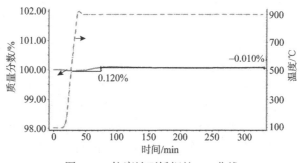

图 4.22　抗腐蚀不锈钢的 TG 曲线

4.4.2　评价材料的热稳定性及热分解机理

TG 法可测定材料的热分解温度，并评估其热稳定性能，包括在 N_2 中的热稳定性和在空气或氧气中的热氧稳定性，从而确定材料的成型加工及使用的温度范围。通过热分解反应的动力学研究，还可以求得降解反应的反应级数、频率因子及反应的活化能等动力学参数，这些参数有助于揭示热分解反应机理。此外，通过 TG 法还可进行复合材料成分分析及挥发物含量测定等与质量变化有关的过程的研究。

1. 热稳定性

用 TG 法通过 N_2 气氛可以研究高聚物的热稳定性。从图 4.23 可以看出不同聚合物失重最剧烈时的温度明显不同，由此可比较它们的热稳定性。实验表明，具有杂环结构的 PI 稳定性最高，以氟原子代替聚烯烃链上的氢原子（PTFE）也大幅增加了该材料的热稳定性。而高聚物链中存在的氯原子将形成弱键致使 PVC 的热稳定性最差。

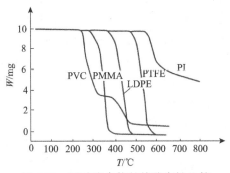

图 4.23　五种聚合物的热稳定性比较

PVC.聚氯乙烯；PMMA.聚甲基丙烯酸甲酯；LDPE.低密度聚乙烯；PTFE.聚四氟乙烯；PI.聚酰亚胺

2. 热分解反应动力学

由于实验记录的热分析曲线中蕴藏着反应动力学信息，因此通过对聚合物的 TG 曲线进行一定的数学处理，可获取有关的动力学参数如反应级数 n 和活化能 E 等，从而对物质的热稳定性和热降解过程及反应机理等进行预测和推断。目前公认的非等温多重扫描速率法，又称等转化率法（isoconversion method），如其中的 Ozawa-Flynn-Wall（OFW）动力学分析方法是多曲线积分法，通过几个不同速率（β）的线性升温过程，求得对应相同转化率时的不同分解温度（T），并在不涉及反应模型的情况下计算动力学参数。其公式为

$$\ln\beta \cong 常数 - 1.052\frac{E}{RT} \tag{4.2}$$

式中，R 为摩尔气体常量。可以看出，$\ln\beta$-$1/T$ 图的直线斜率为 $-1.052E/R$，由此可求出反应活化能 E。

到目前为止还没有一种公认的最好方法，因此也有不少文献用多种方程相结合的方法来考查所得动力学参数的可靠性。图 4.24 为聚乳酸/蒙脱土（PLA/OMMT）复合材料在不同升温速率时的 TG 曲线，可以看出相对同一失重率（如 40%）时，升温速率不同时对应的温度不相同。

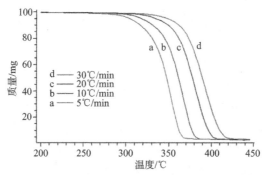

图 4.24 PLA/OMMT 不同升温速率时的 TG 曲线

由此利用式（4.2）即可求算动力学参数，研究反应机理。用 TG 法研究高热分解反应动力学，具有快速、简便、样品用量少等特点。

4.4.3 复合材料成分分析

许多聚合物材料都含有无机添加剂，它们的热失重温度往往高于聚合物材料，因此根据热失重曲线，可得到较为满意的成分分析结果。图 4.25 是轮胎用橡胶的 TG 曲线。可以看出，温度程序是真空中升温到 600℃，然后通氮气恒温 20 min，之后切换到空气气氛再升温到 900℃。由 TG 曲线可以看出，在 300℃以下小分子添加剂开始分解失重，其含量为 20.43%，400~550℃是橡胶的碳链断裂热分解，留下炭黑和 SiO_2，在 600℃时通入空气加速碳的氧化失重，最后残留物为 SiO_2。根据图上的热失重曲线，很容易定出橡胶质量分数为 42.57%，炭黑为 9.08%，而 SiO_2 为 28.03%。

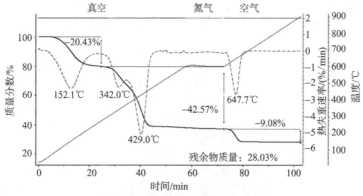

图 4.25 轮胎用橡胶的 TG 曲线

4.5　热分析仪器的新进展与热分析联用技术的发展

随着计算机在线分析反馈控制技术的发展以及多种联用分析技术的商品化，热分析技术也有了显著的进展。其总的发展趋势是新技术的进步和应用领域的延伸。同步热分析仪的出现可以将 TG 和 DSC 的测试一次完成联用分析仪，将热分析仪与其他功能仪器相结合，不仅扩大了仪器的应用范围，节省了实验成本和时间，更重要的是提高了分析测试的准确性和可靠性。

本节将简要介绍同步热分析仪 TG-DSC/DTA，温度调制式 DSC（TMDSC）、高压 DSC 以及目前已广泛应用的联用技术，包括 DSC 热台-显微镜系统、TG-FTIR 和 TG-MS 联用仪等。

4.5.1　热分析仪器的新进展

1. 同步热分析仪 STA（TG-DSC/DTA）

将热重分析仪 TG 与差热分析仪 DTA 或差示扫描量热仪 DSC 结合为一体，利用同一实验条件同步得到样品热重和差热信息，将大大减小由两次实验引起的系统误差。图 4.26 为同步热分析仪 NETZSCH STA449 的外观。与单独的 TG 或 DSC 测试相比，TG -DSC 联用具有如下显著特点。

（1）可消除称重、样品均匀性和温度对应性等因素的影响，因而 TG 与 DTA/DSC 曲线对应性更好。

（2）根据某一热效应是否对应质量变化，将有助于判别该热效应所对应的物化过程，以区分熔融峰、结晶峰、相变峰、分解峰和氧化峰等。

（3）在反应温度处知道样品的实际质量，有利于反应热熔的准确计算。

（4）可用 DSC 或 DTA 的标准参样来进行仪器温度标定。

图 4.26　同步热分析仪 NETZSCH STA449（TG/DSC）

图 4.27 是 $CuSO_4 \cdot 5H_2O$ 的 TG-DSC 联用曲线，图中可清楚地看到热失重过

程伴随的吸热效应，即样品在加热过程中，吸收外界能量之后分步失去了结晶水。从中可得到 5 个结晶水在分子中的结构信息：在 250℃之前，失去的结晶水是总量的 4/5，剩下的 1/5 水需要在较高的温度下方可失去，这说明有一份水比其他四份水结合得牢固。此外，键合环境基本相同的 4 个结晶水中的 1 个在分子中的键合情况与其他 3 个存在微小的差异。现代单晶 X 射线衍射仪从分子层面上也证实了这一点。

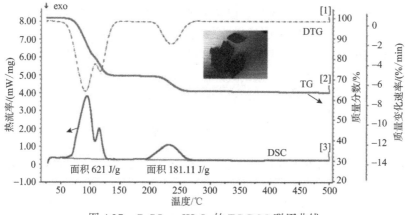

图 4.27　$CuSO_4 \cdot 5H_2O$ 的 TG-DSC 联用曲线

难熔合金 γ-TiAl 一般用于航空航天领域的涡轮充电器、燃气涡轮和发动机。图 4.28 中 DSC 曲线显示，在外推起始点温度 T_{onset}（1195℃）时有一吸热效应（T_p 为 1323.2℃），主要是 $\alpha2 \rightarrow \alpha$ 相转变过程。在 1475.8℃（峰值温度）时，α 相向 β 相转变。DSC 曲线上 1527.7℃时的吸热峰主要是样品的熔融过程（起始点温度：1490℃，熔融完全温度大约 1561.0℃）。在整个测试过程中，样品质量无明显变化。

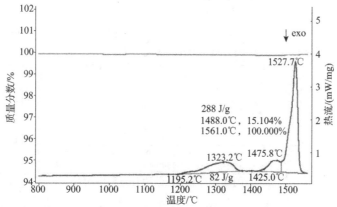

图 4.28　γ-TiAl 合金的 STA（DSC/TG）联用曲线

2. 温度调制式 DSC

温度调制式 DSC（TMDSC），不同的仪器生产商也称 DDSC、MDSC、ADSC 等，是在常规 DSC 的基础上进行改进的一项新技术。它克服了常规 DSC 的局限性，能够提供更多的常规 DSC 无法得到的独特信息。

常规 DSC 虽然具有分析速度快、操作简便、测量范围宽和定量程度好等优点，但其不足也很明显，主要包括基线的问题（倾斜和弯曲，使实际的灵敏度降低）、同时提高灵敏度和分辨率的矛盾，以及多种转变互相覆盖和无法在恒温或反应过程中测定热容等。调制式 DSC 的实验原理与普通 DSC 相类似，但两者的升温速率不同。TMDSC 的升温方式是在一般线性加热或冷却的基础上叠加了一个正弦的加热速率，再利用傅里叶变换的叠加法，从而得到总热流、调幅热量、可逆热流、不可逆热流及热容等更多的信息。MTDSC 的温度表达式为

$$T(t) = T_0 + \beta t + A_T \sin(\omega t) \tag{4.3}$$

式中，T_0 为起始温度；β 为线性升温速率；t 为时间；A_T 为温度调制幅度；$\omega = 2\pi/P$ 为调制频率，P 为周期。

图 4.29 为 TMDSC 的升温程序，可以看出温度的升高不是线性的，而是在线性基础上增加了周期性正弦温度微扰（调制项）。它以基础升温的慢速率来改善分辨率，并以瞬时快速升温速率提高灵敏度，从而使 TMDSC 将高分辨率与高灵敏度巧妙地结合在一起，实现了在同一个实验中既有高的灵敏度，又有高的分辨率，同时，TMDSC 将可逆和不可逆热效应区分开来，从而显著提高了检测微弱转变、多相转变、多组分的复杂转变以及定量测定结晶度等方面的可信度。

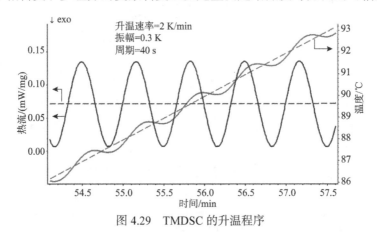

图 4.29　TMDSC 的升温程序

鉴于上述特点，TMDSC 可用于测量结晶聚合物的玻璃化转变以及其他温度相近的热转变。图 4.30 为样品 PET 的 TMDSC 曲线，从中看出 TMDSC 可通过同

时测量总热流量和热容，将玻璃化转变（与热容有关的现象）和热焓松弛（动力学效应）分开，从而改善对数据的解释，将复杂转变分离成更易解释的过程。TMDSC还可由单一实验直接测量热容和热流量，避免了用传统 DSC 需要进行多次实验才能测量热容 C_p 的烦琐过程。此外，TMDSC 还可进行相角测量、热导率测量等。

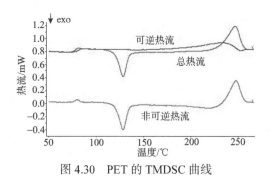

图 4.30　PET 的 TMDSC 曲线

3. 高压差示扫描量热仪（DSCHP）和高分辨热重分析仪

在材料测试、工艺开发或质量控制中有时需要在压力下进行 DSC 测试。加压将影响所有随有体积变化而发生改变的物理变化和化学反应。在高压下的测试扩展了 DSC 技术的应用范围。例如，图 4.31 所示，可燃冰是一种在低温、高压下形成的固态甲烷水合物，它大量存在于深海，在深海天然气钻井中会堵塞油气管道，损害钻井设备。其本身又是一种极有潜力的新能源。研究甲烷水合物需要在低温、高压和还原性气氛中进行，需用高压 DSC 来实现。

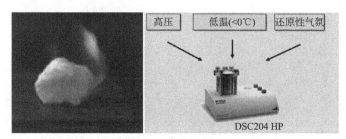

图 4.31　甲烷水合物和测试仪器 DSC204 HP

高分辨热重分析仪主要是根据样品裂解速率的变化，由计算机自动调整加热速率，从而提高了解析度。其中加热速率可采用三种不同的方法加以控制，即动态加热速率、步进恒温和定反应速率。利用高分辨热重分析仪，可更精确地对样品中各组分进行定量。针对 TG 曲线中两组分间无明显分界、难以准确定量地测试，采用高分辨热重分析仪，就可清楚地分辨出两个转折，对组分的定量分析具有重要意义。

4.5.2 热分析联用技术

1. DSC 热台-显微镜系统

DSC 热台-显微镜系统是用图像表征各种热转变过程的有力工具，它能够直接观察样品在加热或冷却过程中的晶态变化，还可以观察到结晶过程中形状、结构、颜色以及尺寸大小和数量的变化，用以表征相转变并提供有关收缩和膨胀行为的信息。其优点是可以在根据 DSC 原理测量热流的同时观察到样品形态和形貌的变化，同步得到定性和定量信息。图 4.32 为 DSC 热台-显微镜系统 DSCFP84 HT 的剖面示意图，仪器的工作温度范围为–60～375℃，遥控手持器可在观察研究中控制实验升温速率。图 4.33 为磺胺吡啶的 DSC 和光学观察，同步进行的显微成像与 DSC 测量提供了样品完整的热分析和晶态变化图像信息。

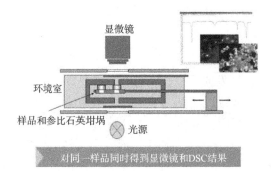

图 4.32　METTLER DSC 热台-显微镜系统剖面示意图

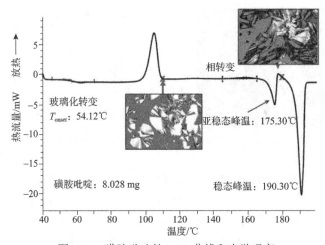

图 4.33　磺胺吡啶的 DSC 曲线和光学观察

2. TG-FTIR 联用

图 4.34 是 TG-FTIR 联用仪外观，两种仪器通过接口连接，可同时连续地记录和测定样品在受热过程中所发生的变化，以及在各个失重过程中所生成的分解产物或降解产物的化学成分，从而将 TG 的定量分析能力和 FTIR 的定性分析能力结合为一体，有效检出有机官能团，为聚合物材料在热性能和结构方面的综合分析提供更多的支持。

图 4.34   NETZSCH TG-FTIR 联用仪

图 4.35 是 TG-FTIR 联用仪的工作原理图和测试谱图。TG-FTIR 联用的关键之一是 TG 和 FTIR 传输管路的可加热连接，保证逸出气体不会在管路凝聚，又不会产生二次分解。另外，清洗气的流速也是保证实验准确性的重要因素。图中所示图谱为药物成分定性/定量分析的 TG-FTIR 三维图谱，实验温度范围为 240～320℃，升温速率为 10℃/min，横坐标为红外光谱中的波数（cm^{-1}），平面坐标为实验温度（T），也可换算成实时记录的时间（t）。对应温度坐标同时还有样品失重百分率。结合 TG 曲线的失重区间，从图中可选出升温到不同温度（或时间）时的红外光谱图进行对比，了解在不同温度（或时间）时分解气体红外光谱的变化。从而对分解产物进行分析，并推测可能的分解机理。

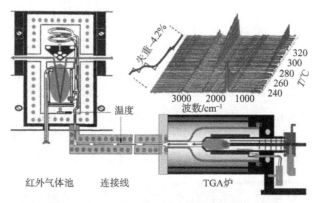

图 4.35   TG-FTIR 的工作原理图和测试谱图

3. TG-MS 联用

将 TG 和 MS 联用，可同时提供反应体系在受热过程中的产物组分信息，对研究热分解反应进程和解释反应机理具有重要意义。

图 4.36 是 NETZCSH TG-四极质谱 QMS 403 D Aëolos 联用仪的外观。图 4.37 是 TG-MS 联用仪的原理图。毛细管入口处有加热装置，可防止挥发气体的冷凝，可用于常规气体分析，也适合于热分析挥发性分解产物的分析。

图 4.36　NETZCSH TG-四极质谱 QMS 403 D Aëolos 联用仪

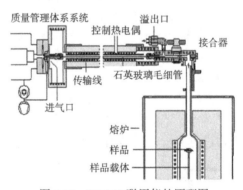

图 4.37　TG-MS 联用仪的原理图

无机化合物的热分解可以更加清晰地显示热质联用系统的优势，图 4.38 是 $Nd_2(SO_4)_3 \cdot 5H_2O$ 的热分解与逸出气体分析。29.53 mg 的 $Nd_2(SO_4)_3 \cdot 5H_2O$ 在氮气气氛下，以 10 K/min 升温速率加热至 1400℃。粒子流强度曲线显示出水、氧和二氧化硫三种气态产物的形成过程与对应温度，数据清楚地表明，水、氧和二氧化硫的挥发与 TG 曲线上的相应失重台阶有很好的对应关系。这对于相关物质热分解机理的研究很有帮助。

图 4.39 为高岭土 $Al_2Si_2O_5(OH)_4$ 的 STA-MS 曲线。陶瓷原材料的 STA 测试显示了三个失重台阶。在约 250℃以下，为吸附水的挥发。在 250～450℃之间，观察到了有机组分的烧失，释放了 156 J/g 的能量。高岭土的脱羟基发生在 450℃

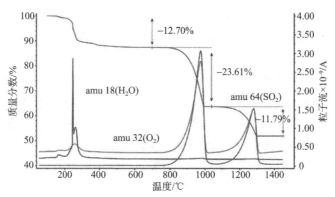

图 4.38 Nd$_2$(SO$_4$)$_3$·5H$_2$O 的 TG-MS 联用曲线

以上，吸热热焓为 262 J/g。质谱曲线上的 18 与 44 质量数对应于 H$_2$O 与 CO$_2$ 的逸出。1006℃的 DSC 放热峰（热焓-56 J/g）是固相转变形成 γ-Al$_2$O$_3$ 结晶所致。

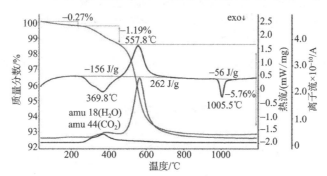

图 4.39 高岭土的 STA-MS 联用曲线

目前已有将 TG/STA-FTIR/MS 同时联用的系列仪器（图 4.40），为分解过程的剖析提供了强有力的分析手段。

图 4.40 NETZSCH TG/STA-FTIR/MS 联用系统

除上述联用系统外，应用较多的还有 TG-DTA-GC（气相色谱）联用、DSC-MS 联用、DSC-FTIR 联用等。

联用技术不仅可以分析样品热解过程的质量或热量变化特性，也能对热解过程中气体产物的形成和释放特性进行快速在线分析，并可与失重过程相互验证，推断反应机理，为低升温速率下样品的热解提供足够的动力学信息，方法快速、简便。

　　热分析联用技术在今后将会有更大的发展，可主要集中在下列两个方面：首先，联用仪器将配有更高级的计算机软件，解析各种重叠峰的问题，引入二次分离，对于分析混合物样品具有较大帮助；其次，热分析联用技术的应用和研究范围将更加宽广，将在材料的热化学和热物理研究以及环保科技、航天技术和信息技术等领域中发挥更大的作用，成为一类多学科通用的分析测试技术。

思　考　题

　　1. 热分析的定义是什么？

　　2. 简单列举 3 种以上热分析方法或仪器的名称和应用领域。

　　3. 什么是灵敏度？什么是分辨率？从样品量和升温速率等方面简述在实验中如何协调灵敏度和分辨率的关系。

　　4. 结合所属学科，查阅文献资料列举一种热分析技术的实际应用（可参考文献）。

参 考 文 献

何素芹, 窦红静, 朱诚身, 等. 2004. 间规聚苯乙烯的非等温结晶动力学. 高分子材料科学与工程, 20(6): 195-198.

胡荣祖, 史启祯. 2001. 热分析动力学. 北京: 科学出版社: 1-17.

胡小安, 管春平, 王浩华. 2005. 热分析的现状及进展. 楚雄师范学院学报, 120(13): 37-40.

刘振海, 畠山立子, 陈学思, 等. 2002. 聚合物量热测定. 北京: 化学工业出版社: 120.

刘振海. 1991. 热分析导论. 北京: 化学工业出版社: 41.

陆昌伟. 2015. 热分析-质谱联用的新进展. 中国科学: 化学, 45(1): 57-67.

汪昆华, 罗传秋, 周啸. 2000. 聚合物近代仪器分析. 2 版. 北京: 清华大学出版社: 175.

王晓春. 2010. 材料现代分析与测试技术. 北京: 国防工业出版社: 109.

吴人洁. 1987. 现代分析技术——在高聚物中的应用. 上海: 上海科学技术出版社: 626.

杨锐, 陈蕾, 唐国平, 等. 2012. 热分析联用技术在高分子材料热性能研究中的应用. 高分子通报, 12(12): 16-21.

殷敬华, 莫志深. 2001. 现代高分子物理学(下册). 北京: 科学出版社: 621.

于伯龄. 1982. 热分析讲座(四), 第七章热分析动力学. 化工技术, 4: 27-48.

朱诚身, 王经武, 蒲帅夭, 等. 1992. 尼龙 1010 球晶的熔融. 应用化学, 9(1): 32-36.

朱诚身, 王经武, 杨桂萍, 等. 1993. 尼龙 1010 结晶与熔融行为的研究. 高分子学报, (2): 165-171.

Cheng H F, Liu Q F, Liu J, et al. 2014. TG-MS-FTIR (evolved gas analysis) of kaolinite-urea intercalation complex. Journal of Thermal Analysis and Calorimetry, 116(1): 195-203.

Harnisch K, Muschik H. 1983. Determination of the Avrami exponent of partially crystallized polymers by DSC- (DTA-) analyses. Colloid and Polymer Science, 261: 908-913.

Kang X, He S Q, Zhu C S, et al. 2005. Studies on crystallization behaviors and crystal morphology of polyamide 66/clay nanocomposites. Journal of Applied Polymer Science, 95: 756-763.

Kuo S W and Chang F C. 2001. The study of miscibility and hydrogen bonding in blends of phenolics with poly(ε-caprolactone). Macromolecular Chemistry and Physics, 202: 3112-3119.

Liu T X, Mo Z S, Wang S, et al. 1997. Nonisothermal melt and cold crystallization kinetics of poly(aryl ether ether ketone ketone). Polymer Engineering and Science, 37: 568-575.

Maeda Y J, Yun Y K, Jin J I. 1998. Thermal behaviour of dimesogenic liquid crystal compounds under pressure. Thermochimica Acta, 322(2): 101-116.

Ozawa T. 1965. A new method of analyzing thermogravimetric data. Bulletin of the Chemical Society of Japan, 38: 1881-1889.

Ozawa T. 1971. Kinetics of non-isothermal crystallization. Polymer, 12(3): 150-158.

Plotnikov V V, Brandts J M, Lin L N, et al. 1997. A new ultrasensitive scanning calorimeter. Analytical Biochemistry, 250: 237-244.

Shen X Q, Qiao H B, Li Z J, et al. 2006. 3D coordination polymer of copper (II)-potassium (I): crystal structure and thermal decomposition kinetics. Inorganica Chimica Acta, 359(2): 642-648.

Shen X Q, Li Z J, Zhang H, et al. 2005. Mechanism and kinetics of thermal decomposition of 5-benzylsulfanyl-2-amino-1,3,4-thiadiazole. Thermochimica Acta, 428: 77-81.

Wang S, Shen X Q, Yao H C, et al. 2009. Synthesis and sintering of pre-mullite powders obtained via carbonate precipitation. Ceramics International, 6 (2): 761-766.

第5章 多晶X射线衍射仪

5.1 概　　述

1895年伦琴（W. K. Röntgen）发现了X射线，1912年劳厄证明了X射线对硫酸铜晶体具有衍射能力，解决了当时科学上的两大难题，证实了晶体的点阵结构具有周期性和X射线具有波动性，揭开了X射线衍射分析晶体结构的序幕。1913年，布拉格父子（W. L. Bragg和W.H.Bragg）建立X射线反射公式（布拉格方程），为晶体X射线衍射法奠定了物理基础。1916年，P. J. W. Debye和J. A. Scherrer发明X射线衍射法测定晶体结构，德拜-谢乐法为晶体粉末、多晶金属等粉末材料的研究铺平了道路，成为分析晶体结构的强有力工具。

20世纪50年代以前，出现照相式X射线衍射仪，50年代初，研制出目前最广泛使用的X射线衍射仪，60年代设计成功了四圆衍射仪，与此同时采用聚焦原理设计了多晶X射线衍射仪，并采用各种辐射探测器制成X射线衍射仪，继而又设计了旋转阳极靶X射线衍射仪，80年代研制了正比计数器（PSPC）探测器X射线衍射仪。近年来，粉末X射线衍射仪得到快速发展，其和电子显微镜成为目前使用量最大的大型分析仪器。

X射线衍射法具有不损伤样品、无污染、快捷、测量精度高、能得到有关晶体完整性的大量信息等优点，能用来直接观测物质内部原子的定向，将物质作为化合物进行分析，在区分物质的同素异构体时，X射线分析准确迅速，这是其他装置所没有的特点。X射线衍射技术已经成为人们研究材料尤其是晶体材料最方便、最重要的手段之一。因此，X射线衍射分析法作为材料结构和成分分析的一种现代科学方法，在冶金、机械、地质、化工、矿物、陶瓷、建材、耐火材料等诸多领域都得到了广泛应用。随着技术手段的不断创新和设备的不断完善升级，X射线衍射技术在材料分析领域必将拥有更广阔的应用前景。

5.2　多晶X射线衍射仪的工作原理及仪器构造

5.2.1　工作原理

1. X射线的衍射现象

晶体是由质点(原子、离子或分子)按周期性排列构成的固体物质。因原子的面间距与入射 X 射线波长数量级相当，故可视为衍射光栅。当晶体被 X 射线照射时，各原子中的电子受激而同步振动，振动着的电子作为新的辐射源向四周放射波长与原入射线相同的次生 X 射线，这个过程就是相干散射的过程。因原子核质量比电子质量大很多，所以可假设电子都集中在原子的中心，则相干散射可以看成是以原子为辐射源。按周期排列的原子所产生的次生 X 射线存在恒定的位相关系，所以它们之间会发生叠加。干涉加强就在某些方向上出现了衍射线。

若用照相法收集衍射线，则可使胶片感光，留下相应的衍射花样（衍射光斑、衍射光环或衍射线条）；若用衍射仪法收集衍射线，则所得到的衍射花样为一系列衍射峰（晶体结晶程度越高，衍射峰越明锐）；当 X 射线照射非晶体时，由于非晶体结构为长程无序、短程有序，不存在明显的衍射光栅，故不产生清晰明锐的衍射线条，如图 5.1 所示。衍射现象与晶体的有序结构有关，即衍射花样的规律性反映了晶体结构的规律性。衍射必须满足适当的几何条件才能产生。

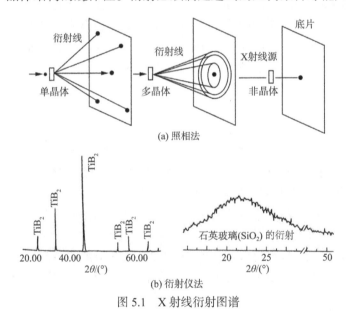

图 5.1　X 射线衍射图谱

2. 布拉格方程

如图 5.2 所示，面网 1、2、3 代表晶面符号为 (hkl) 的一组平行面网，面网间距为 d。入射 X 射线 S_1（波长为 λ）沿着与面网呈 θ 角（掠射角）的方向射入。与 S_2 方向上的散射线满足"光学镜面反射"条件时（散射线、入射线与原子面法线共面），各原子的散射波将具有相同的位相，干涉结果增强，相邻两原子 A 和 B 的散射波光程差为零，相邻面网的"反射线"光程差为入射波长 λ 的整数倍 $\delta = DB + BF = n\lambda$ ，即

$$2d \sin \theta = n\lambda \qquad\qquad (5.1)$$

式中，n 为整数；θ 角为布拉格角或掠射角，又称半衍射角，而实验中所测得的 2θ 角称为衍射角。

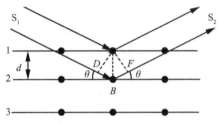

图 5.2　面网"反射"X 射线的条件

式（5.1）即为著名的布拉格方程，是 X 射线晶体学中最基本的公式之一，它与光学反射定律合称为布拉格定律，又称 X 射线"反射"定律。X 射线在晶体中产生衍射，其入射角 θ、晶面间距 d 及入射线波长 λ 必须满足布拉格方程。

布拉格方程中的整数 n 称为衍射级数。当 $n=1$ 时，相邻两晶面的"反射线"的光程差为 1 个波长，称为一级衍射；$n=2$ 时，相邻两晶面的"反射线"的光程差为 2λ，产生二级衍射。相邻两晶面的"反射线"光程差为 $n\lambda$ 时，产生 n 级衍射，即

$$\sin\theta_1 = \lambda/2d, \ \sin\theta_2 = 2\lambda/2d, \ \sin\theta_3 = 3\lambda/2d, \ \cdots, \ \sin\theta_n = n\lambda/2d$$

当 X 射线的波长 λ 和衍射面间距 d 选定后，晶体可能的衍射级数 n 也被确定。一组晶面只能在有限的几个方向"反射"X 射线，而且晶体中能产生衍射的晶面数也是有限的。在常规的衍射工作中，往往将晶面族（hkl）的 n 级衍射作为假想晶面族（nh, nk, nl）的一级衍射来考虑，那么布拉格方程可改写为 $2d_{hkl}/n=\lambda$。

根据晶面指数的定义，指数为（nh, nk, nl）的晶面与（hkl）面平行，且面间距为 d_{hkl}/n 的晶面族，故布拉格方程又可写作 $2d_{nh, nk, nl}\sin\theta=\lambda$。指数（$nh, nk, nl$）称为衍射指标，可用（$hkl$）来表示，所以应用衍射指标，布拉格方程可简化为

$$2d \sin \theta = \lambda \qquad\qquad (5.2)$$

X 射线在晶面上的所谓"反射"，实质上是所有受 X 射线照射的原子（包括表面和晶体内部）的散射线干涉加强而形成的。只有在满足布拉格方程的某些特殊角度下才能"反射"，是一种有选择的反射。对于一定面间距 d 的晶面，由于 $\sin \theta \leq 1$，因此，只有当 $\lambda \leq 2d$ 时才能产生衍射，但是，$\lambda/2d<1$ 时，由于 θ 太小而不易观察或探测到衍射信号，所以，实际衍射分析用的 X 射线波长与晶体的晶格常数较为接近。

3. 多晶 X 射线衍射原理

用特征 X 射线照射到多晶粉末（或块状）上获得衍射谱图或数据的方法称为多晶 X 射线衍射法或粉末 X 射线衍射法，简称多晶法或粉末法。单色 X 射线以固定方向射到多晶粉末或多晶块状样品上，靠多晶粉末中各晶粒取向不同的衍射面来满足布拉格方程。由于多晶含有无数的小晶粒，各晶粒中总有一些面网与入射线的夹角满足衍射条件，这相当于 θ 是变量，所以，多晶法是利用多晶样品中各晶粒在空间的无规则取向来满足布拉格方程而产生衍射的。只要是同一种晶体，它们所产生的衍射花样在本质上都应该相同。在 X 射线物相分析法中，一般用多晶法得出的衍射谱图或衍射数据作为对比和鉴定的依据。

当特征 X 射线照射到多晶样品上时，若其中一个晶粒的一组面网（*hkl*）取向和入射 X 射线夹角为 θ 满足衍射条件，则在衍射角 2θ（衍射线与入射 X 射线的延长线的夹角）处产生衍射，如图 5.3（a）所示。由于晶粒的取向机遇，与入射线夹角为 2θ 的衍射线不只一条，而是顶角为 $2\theta \times 2$ 的衍射圆锥面，如图 5.3（b）所示。晶体中有许多面网组，其衍射线相应地形成许多以样品为中心、入射线为轴、张角不同的衍射圆锥面，如图 5.4 所示，即多晶 X 射线衍射形成中心角不同的系列衍射锥。通常称这种同心圆为德拜环。如果使多晶衍射仪的探测器以一定的角度绕样品旋转，则可接收到多晶中不同面网、不同取向的全部衍射线，获得相应的衍射谱图。

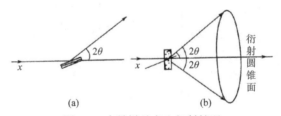

图 5.3　多晶样品产生衍射情况

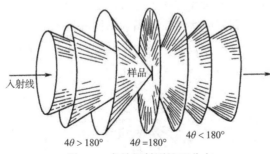

$4\theta > 180°$　　　$4\theta = 180°$　　　$4\theta < 180°$

图 5.4　多晶衍射圆锥面分布

4. X 射线衍射仪的衍射方法

为了获得晶体的衍射图谱及衍射数据，必须采用一定的衍射方法。不同的衍射方法，其测量和计算衍射数据的方法也不同。最基本的衍射方法有劳厄法、转晶法、多晶法（表 5.1）。

表 5.1　三种基本衍射方法比较

衍射方法	入射 X 射线	样品	λ	θ
劳厄法	连续	单晶	变	不变
转晶法	单色	单晶	不变	变
多晶法	单色	多晶粉末	不变	变

劳厄法（也称固定单晶法）用连续 X 射线谱作为入射光源，单晶体固定不动，入射线与各衍射面的夹角也固定不动，靠衍射面选择不同波长的 X 射线来满足布拉格方程。产生的衍射线表示了各衍射面的方位，故此法能够反映晶体的取向和对称性。衍射线以照相底片来记录，其上的斑点称为劳厄斑，其演示装置如图 5.5 所示。

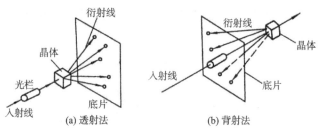

(a) 透射法　　　　　　(b) 背射法

图 5.5　劳厄法演示图

转晶法（也称旋转单晶法或周转法）。用单色 X 射线作为入射光源，单晶体绕一晶轴（通常是垂直于入射线方向）旋转，靠连续改变各衍射面与入射线的夹角来满足布拉格方程。利用此法可作单晶的结构分析和物相分析。衍射线以照相底片来记录，所得衍射斑点分布在一系列平行的直线上，如图 5.6 所示，这些平

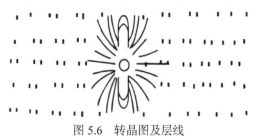

图 5.6　转晶图及层线

行线被称为层线，通过入射斑点的层线称为 0 层线，依次向外两侧则称为±1 层线，±2 层线，…，±n 层线。转晶法主要用来测定单晶试样的晶胞常数。

5.2.2　仪器构造

X 射线衍射仪分为单晶衍射仪和多晶衍射仪两种。单晶衍射仪的测试对象为单晶体材料，主要用于确定未知晶体材料的晶体结构。

多晶衍射仪也称粉末多晶衍射仪，是利用辐射探测器自动测量和记录衍射线的仪器，测试对象多为粉末、金属或高聚物等块体。利用衍射仪获取衍射方向和强度信息进行 X 射线分析的技术称为衍射仪技术或衍射仪法。在衍射仪法中，辐射探测器绕样品中心轴旋转，依先后次序测量各衍射线的 2θ 及强度值。由于衍射仪法具有快速、准确、自动化程度高等优点，所以，目前已成为多晶衍射分析的主要方法。图 5.7 分别为日本理学（Rigaku）株式会社和荷兰 PANalytical 公司生产的不同型号衍射仪。

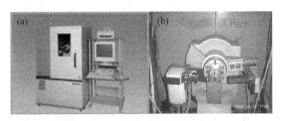

图 5.7　X 射线衍射仪照片

(a) Rigaku 公司的 MulTiFlex 型 X 射线衍射仪；(b) PANalytical 公司 X'Pert Pro 型 X 射线衍射仪

多晶衍射仪主要由以下 4 部分组成：①X 射线发生器——产生 X 射线的装置；②测角仪——测量角度 2θ 的装置；③X 射线探测器——测量 X 射线强度的计数装置；④X 射线控制装置和衍射数据采集分析系统。

1. X 射线发生器

多晶衍射仪的 X 射线发生器由 X 射线管、高压变压器、管压和电流调节稳定系统等构成，其主要电路如图 5.8 所示。为保证 X 射线发生器的稳定工作及其运行的安全性和可靠性，必须为其配置辅助设备，如冷却系统、安全防护系统、检测系统等。

X 射线管是 X 射线发生器最重要的部件之一。常见的 X 射线管均为封闭式电子 X 射线管，最大功率在 2.5 kW 以内，视靶材料的不同而异；大功率 X 射线发生器一般使用旋转阳极 X 射线管，功率一般在 10 kW 以上。

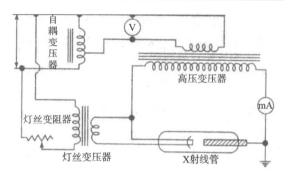

图 5.8　X 射线发生器的电路示意图

　　X 射线管实质上就是一个真空二极管，管壁用玻璃或透明陶瓷制成。图 5.9 为封闭式 X 射线管原理图和实物图。X 射线管主要由产生电子并将电子束聚焦的电子枪（阴极）和发射 X 射线的金属靶（阳极）两大部分组成。阳极靶通常由传热性能好、熔点高的金属材料（如 Cu、Co、Ni、Fe、Mo 等）制成。整个 X 射线管处于高真空状态。电子枪的灯丝用钨丝烧成螺旋状，通以电流后，钨丝发热释放出大量的自由电子，电子经聚焦，在数万伏的高电压作业下被加速射向阳极金属靶，经高速电子与阳极靶的碰撞，由阳极靶产生 X 射线，这些 X 射线通过用金属铍（厚度约为 0.2 mm）制成的窗口射出，即可供给实验用。

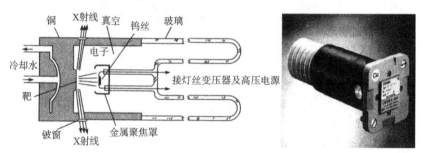

图 5.9　封闭式 X 射线管原理图和实物图

　　X 射线管工作时，高速电子轰击阳极靶，一部分能量转化为 X 射线，而大部分能量转化为热能，使阳极靶温度急剧升高，因此为防止阳极靶过热而使 X 射线管损坏，必须对阳极靶进行冷却，目前主要采用冷却水冷却。

1）X 射线的性质

　　X 射线是一种波长为 0.01～100 Å 的电磁波，介于紫外线和 γ 射线之间。X 射线与其他电磁波一样，具有波粒二象性，可看作具有一定能量 E、动量 P、质量 m 的 X 光子流。X 射线波长与 X 光子能量的关系为

$$E = h \cdot \frac{c}{\lambda} \approx 12.4 / \lambda \qquad (5.3)$$

式中，h 为普朗克常量（$h=6.625 \times 10^{-34}$ J·s）；c 为光速，$c=2.998 \times 10^{8}$ m/s；E、ν、λ 分别为 X 射线的能量、频率、波长。

　　X 射线因波长短、能量大，其性质与可见光相比有很大的区别，具体表现在：①X 射线具有很强的穿透能力，可以穿透黑纸及许多对于可见光不透明的物质，当穿过物质时，能被偏振化并被物质吸收而使强度减弱；②X 射线沿直线传播，即使存在电场和磁场，也不能使其传播方向发生偏转；③X 射线肉眼不能观察到，但可以使照相底片感光，在通过一些物质时，使物质原子中的外层电子发生跃迁产生可见光，通过气体时，X 射线能与气体原子发生碰撞，使气体电离；④X 射线能够杀死生物细胞和组织。人体组织在受到 X 射线的辐射时，生理上会产生一定的反应。

2）X 射线谱

　　由常规 X 射线管发出的 X 射线束并不是单一波长的辐射。用适当的方法将辐射展谱，可得到如图 5.10 所示的 X 射线随波长而变化的关系曲线，称为 X 射线谱。实际上，这种 X 射线谱由两部分叠加而成，即强度随波长连续变化的连续谱和波长一定、强度很大的特征谱。通常情况下，由 X 射线管产生的 X 射线包含各种连续的波长，构成连续谱。X 射线连续谱的强度随着 X 射线管的管电压增大而增大，而最大强度所对应的波长 λ_{max} 减小，最短波长界限 λ_0 减小。

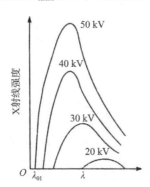

图 5.10　不同管电压下金属 W 的连续 X 射线图谱

　　在 X 射线管中，由阴极灯丝所发射的能量巨大的电子经电场加速后以极高的速度撞向阳极靶，加速电子的大部分能量转化为热量而损耗，而部分动能则以电磁辐射即 X 射线释放。由于阴极所产生的电子数量巨大，这些能量巨大的电子撞向阳极靶上的条件和碰撞时间不可能一致，因而所产生的电磁辐射也各不相同，从而形成了各种波长的连续 X 射线。

3）特征 X 射线

特征 X 射线为一线性光谱，由若干互相分离且具有特定波长的谱线组成，其强度大大超过连续谱线的强度并可叠加于连续谱线之上。这些谱线不随 X 射线管的工作条件而变，只取决于阳极靶材料。不同的阳极靶材料具有其特定的特征谱线，因此，又将此特征谱线称为标识谱，即可以来标识物质元素。

通常情况下，电子总是首先占满能量最低的壳层，如 K 壳层、L 壳层等。当具有足够高能量的高速电子撞击阳极靶时，会将阳极靶材料中原子 K 壳层电子撞出，在 K 壳层中形成空位，原子系统能量升高，使体系处于不稳定的激发态，按能量最低原理，L、M、N 壳层中的电子会跃入 K 壳层的空位，为保持体系能量平衡，在跃迁的同时，这些电子会将多余的能量以 X 射线光量子的形式释放。对于 L、M、N 壳层中的电子跃入 K 壳层空位时所释放的 X 射线，分别称为 K_α、K_β、K_γ 谱线，共同构成 K 系标识 X 射线。类似 K 壳层电子被激发，L 壳层、M 壳层电子被激发时，就会产生 L 系、M 系标识 X 射线，而 K 系、L 系、M 系标识 X 射线共同构成了原子的特征 X 射线。由于一般 L 系、M 系标识 X 射线波长较长，强度很弱，因此在衍射分析工作中，主要使用 K 系标识 X 射线。

1914 年莫塞莱发现物质发出的特征谱波长与它本身的原子序数存在以下关系：

$$\sqrt{\frac{1}{\lambda}} = K(Z - \sigma) \qquad (5.4)$$

式中，K、σ 为常数；Z 为原子序数；λ 为特征 X 射线的波长。

式（5.4）称为莫塞莱定律，它是 X 射线光谱分析的基本依据。根据莫塞莱定律，将实验结果所得到的未知元素的特征 X 射线谱线波长与已知元素的波长相比较，可以确定它是何种元素。

4）X 射线与物质的作用

X 射线与物质的相互作用十分复杂，作用过程包括物理、化学和生化过程，引起各种效应。X 射线与物质的相互作用实质上是 X 射线与原子的相互作用，其基本原理是原子中受束缚电子被 X 射线电磁波的振荡电场加速。短波长的 X 射线易穿过物体，长波长的 X 射线易被物体吸收。X 射线与物质之间的物理作用，可分为 X 射线散射和吸收。图 5.11 为 X 射线经过物质时与物质的相互作用。当一束 X 射线通过物质时，其能量可分为三部分：一部分被散射，一部分被吸收，而其余部分则透过物质继续沿原来的方向传播。X 射线透过物质后强度的减弱是 X 射线光子数的减少，而不是 X 射线能量的减弱，所以透射 X 射线能量和传播方向基本与入射线相同。X 射线被物质吸收时，能量向其他形式转变。X 射线的能量除了转变为热量之外，还可产生电子电离、荧光、俄歇电子等光电效应。

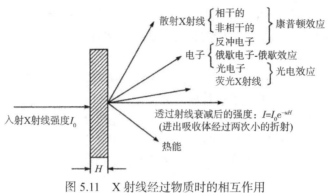

图 5.11　X 射线经过物质时的相互作用

u 代表物质的吸收系数

（1）光电效应：电离是指当入射光子能量大于物质中原子核对电子的束缚能时，电子将吸收光子的全部能量而脱离原子核的束缚，成为自由电子。被激发出的电子称为光电子，这种因为入射线光子的能量被吸收而产生光电子的现象称为光电效应。

（2）荧光效应：是指当高能 X 射线光子激发出被照射物质原子的内层电子后，较外层电子填其空穴而产生了次生特征 X 射线（或称二次特征辐射）的现象。因其本质上属于光致发光的荧光现象，即与短波射线激发物质产生次生辐射的荧光现象本质相同，故称为荧光效应，也称为荧光辐射。

荧光效应与 X 射线管产生特征 X 射线的过程相似，不同之处在于 X 射线管产生特征 X 射线时，入射线是高速运动的电子；荧光效应的入射线是高能 X 射线光子。相同之处在于均产生波长特定的 X 射线。

荧光 X 射线波长取决于原子的能级差。从荧光 X 射线的特征波长可以查明被激发原子是哪种元素，这就是 X 射线荧光光谱（XRF）技术。该技术可用于快速定性分析材料中所含的元素，即荧光 X 射线用于材料的成分分析。

荧光效应产生的次生特征 X 射线的波长与原射线不同，相位也与原射线无确定关系，因而不会产生衍射，但所产生的背底比非相干散射严重得多，因此应正确选择所使用的 X 射线波长，以尽可能避免产生明显的荧光辐射。

（3）俄歇效应：较外层电子填空穴时所释放的能量不产生次生 X 射线，而是转移给另一外层电子，并使之发射出来，这个次生电子称为俄歇电子，这个过程称为俄歇效应。产生俄歇电子除用 X 射线照射外，还可用电子束、离子束轰击。俄歇电子的能量分布曲线称为俄歇电子能谱。俄歇电子能谱反映了该电子从属的原子以及原子的结构状态特征，因此，俄歇电子能谱（AES）分析可以分析固体表面化学组成元素的分布，可用于精确测量包括价电子在内的化学键能，也可测量化学键之间微细的能量差。扫描俄歇电子能谱仪还可观测被测表面的形貌。

（4）X 射线散射：X 射线与物质相互作用时，除被物质吸收外，还可被物质散射。在散射现象中，当散射线波长与入射线相同时，相位滞后恒定，散射线之间能互相干涉，称为相干散射；相干散射波之间产生相互干涉，就可获得衍射，故相干散射是 X 射线衍射技术的基础。当入射 X 射线光子与原子中束缚较弱的电子（如外层电子）发生非弹性碰撞时，光子消耗一部分能量作为电子的动能，于是电子被撞出原子之外，同时发出波长变长、能量降低的非相干散射或康普顿（Compton）散射。因其分布在各个方向上，波长变长，相位与入射线之间也没有固定的关系，故不产生相互干涉，也就不能产生衍射，只会成为衍射谱的背底，给衍射分析工作带来干扰和不利的影响。

2. 测角仪

在衍射仪上配备不同功能的测角仪或硬附件，并与相应的控制和计算软件配合，便可执行各种特殊功能的衍射实验，如四圆单晶衍射仪、微区衍射测角仪、小角散射测角仪、织构测角仪、应力分析测角仪、薄膜衍射附件、高温衍射和低温衍射附件等。本章只以多晶衍射仪为例，介绍其工作原理。

1）测角仪的工作原理

测角仪是 X 射线衍射仪的核心组成部分。图 5.12 绘出的是测角仪的结构示意图。测角仪的中央是样品台，样品台上有一个作为放置样品平面定位的基准面，用以保证样品平面与样品台转轴重合，试样台的中心轴 ON 与测角仪的中心轴 O 垂直。在试样台上装好试样后，要求试样表面严格与测角仪中心轴重合。

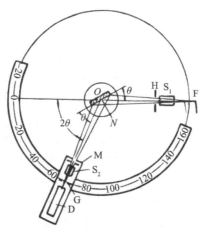

图 5.12　测角仪结构示意图

入射线从 X 射线管焦点 F 发出，经入射光阑系统 S_1、H 投射到试样表面产生衍射，衍射线经接收光阑系统 M、S_2、G 进入计数器 D。S_1 和 S_2 为梭拉（Soller）

狭缝，由一组等间距相互平行的金属薄片组成，分别用来限制入射线和衍射线垂直方向的发散度。H 为发散狭缝，用于限制 X 射线水平方向的发散度。M 为防散射狭缝，用于防止空气散射等非试样散射 X 射线进入计数器。G 为接收狭缝，用于控制进入辐射探测器的衍射线宽度。X 射线管、焦点 F 和接收光阑 G 位于同一圆周上，把这个圆周称为测角仪（或衍射仪）圆，由 F、O、G 三点所决定的圆称为聚焦圆，该圆所在的平面称为测角仪平面。

　　试样台和计数器分别固定在两个同轴的圆盘上，由两个步进电机驱动。在测量时，试样绕测角仪中心轴转动，不断地改变入射线与试样表面的夹角，计数器沿测角仪圆运动，接收各衍射角 2θ 所对应的衍射强度。根据需要，θ 角和 2θ 角可以单独驱动，也可以自动匹配，使 θ 角和 2θ 角以 $1:2$ 的角速度联合驱动。测角仪的扫描范围：正向（逆时针零度以上）2θ 角可达 165°；负向（顺时针零度以下）2θ 角可达 –100°。2θ 角测量的绝对精度为 0.02°，重复精度为 0.001°。

　　测角仪的衍射几何是按布拉格-布伦塔诺（Bragg-Brentano）聚焦原理设计的。如图 5.13 所示，X 射线管的焦点 F、计数器的接收狭缝 G 和试样表面位于同一个聚焦圆上，可使由 F 点射出的发散束经试样衍射后的衍射束在 G 点聚焦（图 5.12）。从图 5.13 可看出，除 X 射线管焦点 F 之外，聚焦圆与测角仪圆只能有一点相交。无论衍射条件如何改变，在一定条件下只能有一条衍射线在测角仪圆上聚焦。因此，沿测角仪圆移动的计数器只能逐个地对衍射线进行测量。当计数器沿测角仪圆扫测衍射花样时，聚焦圆半径将随之而变。

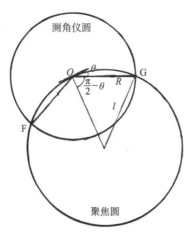

图 5.13　测角仪的衍射几何
R 为测角仪半径；l 为聚焦圆的半径

　　按聚焦条件的要求，试样表面应永远保持与聚焦圆有相同的曲面。但由于聚焦圆曲率半径在测量过程中不断变化，而试样表面却无法实现这一点。因此只能作近似处理，采用平板试样使试样表面始终保持与聚焦圆相切，即聚焦圆圆心永远位于试样表面的法线上。为了使计数器永远处于试样表面[即与试样表面平行的(*hkl*)衍射面]的衍射方向，必须让试样表面与计数器同时绕测角仪中心轴向同一方向转动，并保持 1 : 2 的角速度关系。因此，多晶衍射仪所探测的始终是与试样表面平行的那些衍射面。

2）狭缝系统

测角仪要求与 X 射线管的线焦斑连接使用，线焦斑的长边与测角仪中心轴平行，使用线焦斑可使较多的入射线能量投射到试样。如果只采用通常的狭缝光阑便无法控制沿狭缝长边方向的发散度，从而会造成衍射环宽度的不均匀性。为了排除这种现象，在测角仪光路中采用由狭缝光阑和梭拉光阑组成的联合光阑系统。

测角仪光路上配有一套狭缝系统，狭缝布置如图 5.14 所示。梭拉光阑由一组互相平行、间隔很小的重金属（Ta 或 Mo）薄片组成。安装时要使薄片与测角仪平面平行，这样可将垂直测角仪平面方向的 X 射线发散度控制在 2° 左右。狭缝光阑 H 的作用是控制入射线的能量和发散度，限定入射线在试样上的照射面积。随 2θ 角增大，被照射的宽度（或面积）减小。如果只测量高衍射角的衍射线时，可选用较大的发散狭缝光阑，以便得到较大的入射线能量。狭缝光阑 M 的作用是挡住衍射线以外的寄生散射，它的宽度应稍大于衍射线束的宽度。狭缝光阑 G 用来控制衍射线进入计数器的能量，它的大小可根据实验测量的具体要求选定。

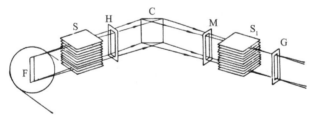

图 5.14　测角仪的狭缝系统布置示意图

F 为 X 射线源；H、M、G 为狭缝光阑；S、S_1 为重金属薄片；C 为样品

3）滤波系统

X 射线管发出的 X 射线束是多种波长混合的复杂光源，包括连续谱和特征谱（如 K_α、K_β 等）。波长的 X 射线都参与衍射时，会得到非常复杂的衍射信息。另外，当一单色 X 射线照射到样品上时，有可能激发样品本身的特征射线（荧光 X 射线）。为了获得单一波长的衍射信息，通常采用插入滤波片或者加装单色器的方法来去除 K_β 辐射和荧光辐射，滤波片和单色器一般设置在样品与接收狭缝之间。对滤波片材料的选择就要利用 K_β 吸收限的特性。选择一种物质作滤波片，它

的 K 吸收限刚好位于辐射源的 K_α 辐射和 K_β 辐射之间，并尽量靠近 K_α 辐射，这时滤波片对 K_β 的吸收很强烈，而对 K_α 的吸收却很小，经过滤波后的 X 射线几乎只剩下纯的 K_α 辐射（图 5.15）。

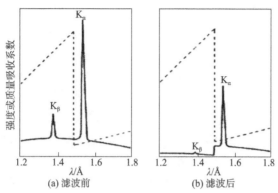

图 5.15　滤波片的作用（虚线为镍的质量吸收系数）

多晶 X 射线衍射应使用严格的单色光源，特别是作物相定量分析及薄膜、有机化合物等样品的小角散射时，更是如此，以尽可能减小背底。使用滤波片可把连续谱双峰的强度降低，消除衍射花样的背底最有效的方法是使用晶体单色器。晶体单色器是一种 X 射线单色化装置，主要由一块单晶体构成。把单色器按一定取向位置放在入射 X 射线或衍射线光路中，当它的一组晶面满足布拉格方程时，只有一种波长发生衍射，从而得到单色光。晶体单色器既能消除 K_β 辐射，又能消除由连续 X 射线和荧光 X 射线产生的背底。

单色器前置可提高入射线波长的可分辨性，但从消除来自 X 射线管的杂波及消除来自样品的各种荧光 X 射线来看，单色器后置比前置好。因为后置可大大降低连续谱引起的背底，使衍射线清晰，可进行弱峰的分析及衍射绝对强度的测量。单色器在微量相分析、晶体缺陷的研究及小角散射测量中都广泛应用，但加入单色器会使强度降低。

3. X 射线探测器

探测器的作用是将 X 射线光子的能量转换成电脉冲信号，然后产生与辐射强度成正比的电信号。用于 X 射线衍射仪的探测器有正比计数器、闪烁计数器、位敏探测器和阵列探测器。

（1）正比计数器：用气体作为工作物质，输出脉冲幅度与初始电离成正比。玻璃外壳，内充惰性气体。X 射线光电子使惰性气体电离，产生电子。电子向阳极运动，有电流产生，计数器有电压脉冲输出。脉冲峰大小与吸收的光电子成比例，分辨率可达 $10^6\,\text{s}^{-1}$。优点是性能稳定，分辨率高，背底脉冲低，光子计数效率高。缺点是对温度较敏感，对电压稳定性要求高，并需要较强大的电压放大设备。

（2）闪烁计数器：衍射仪中常用的探测器是闪烁计数器，它是利用 X 射线能在某些晶体（如 NaI）中产生波长在可见光范围内的荧光，这种荧光再转换为能够测量的电流。由于输出的电流和计数器吸收的 X 射线能量成正比，因此可以用来测量衍射线的强度。主要特点是使用寿命长、稳定性好和分辨时间短，但晶体容易受潮分解。

（3）位敏探测器：在 X 射线衍射仪上一般使用一维丝状位敏探测器，它是在一般正比计数器的中心轴上安装一根细长的高电阻丝制成的。利用相应的电子测量系统可以同时记录下输入的 X 射线光子数目和能量以及它们在计数器被吸收的位置。位敏探测器是一种高速测量的计数器。它适用于高速记录衍射花样，如测量瞬时变化的研究对象（如相变）、易于随时间而变的不稳定试样、容易因受 X 射线照射而损伤的试样、微量试样和强度弱的衍射信息（如漫散射）。

（4）阵列探测器：现代衍射仪通常配置一维或二维阵列探测器，在任何时刻可同时接收多个 2θ 角的衍射，其探测强度相对于点探测器可提高 100 倍以上，如理学株式会社 D/Texultra 一维阵列探测器、布鲁克公司的 VanTec-1 探测器以及帕纳科公司的 X' Celerator 超能探测器和 Pixcel^{3D} 矩阵探测器。使用这些探测器后，通常需要测量一个小时的样品只需要几分钟就可完成，图谱质量不仅不降低，而且有提高。

4．X 射线控制装置和衍射数据采集分析系统

X 射线衍射仪的运行控制、衍射数据的采集分析等过程都可以用计算机系统以在线方式完成，计算机配有一套衍射仪专用的控制和分析操作系统。

5.3　样品制备和测试技术

5.3.1　多晶衍射样品的制备方法

在多晶衍射仪法中，衍射仪只能用于测试粉末压制成的样品或块状多晶样品，不能用于单晶体的测试（原因是对于固定波长的 X 射线，样品为单晶体时，一个布拉格角只有一个晶面参与衍射，这样衍射强度会很小，以至于无法检测出来）。在多晶衍射仪法中，样品可以是多晶的块、片或粉末，但以粉末最为适宜。因为只有晶粒中的（hkl）晶面平行于试样表面时，才对（hkl）衍射起作用。如果晶粒粒度不够小，就不能保证有足够的晶粒参与衍射，所以粉末试样可增加参与衍射

的晶粒数目。样品制作上的差异，对衍射结果影响很大，通常要求样品无择优取向（晶粒不沿某一特定的晶向规则地排列），而且在任何方向都应有足够数量的可供测量的结晶颗粒。

1. 粉末样品的制备

实验时样品是不动的，为了增加样品中晶粒取向的随机性，要求样品的粒度足够细，只有使试样在受光照的体积内有足够多数目的晶粒，才能保证用衍射仪法测得的衍射强度有很好的重复性。X 射线衍射测试的粉末样品制备过程如下。

（1）取样。为了保证样品的代表性，首先要多取一些样品。

（2）研磨与过筛。在含有多种材料的样品的研磨过程中，有些材料较易达到要求的粒度，而有些则很难达到要求的粒度。在粉末的研磨中要分步研磨、筛分，不可一磨到底。脆性物质宜用玛瑙研钵研细，粉末粒度均匀，一般要求约 45 μm，样品量不少于 0.5 g。在精确测定衍射强度时（如相定量分析），对粉体粒度要求更高，一般小于 5 μm。对延展性好的金属及合金，可将其挫成细粉；有内应力时宜采用真空退火来消除。将粉末装填在铝或玻璃制的特定样品板的窗孔或凹槽内，如图 5.16 所示，用量一般为 1~2 g，粉粒密度不同，用量稍有变化，以填满样品板窗孔或凹槽为准。

图 5.16　衍射仪法用样品板及粉末样品制样

（3）装填制样片。装填粉末样品时用力不可太大，以免形成粉粒的定向排列。用平整光滑的玻璃板适当压紧，然后将高出样品板表面的多余粉末刮去，如此重复一两次即可，使样品表面平整。若使用窗式样品板，则应先使窗式样品板正面朝下，放置在一块表面平滑的厚玻璃板上，然后再填粉、压平。在取出样品板时，应使样品板沿所垫玻璃板的水平方向移动，而不能沿垂直方向拿起，否则，垫置的玻璃板与粉末样品表面间的吸引力会使粉末剥落。测量时应使样品表面对着入射 X 射线。

2. 块体样品的制备

块体样品制备和应用时应注意以下几个方面。

（1）取样：使用块体样品时，要注意样品应当具有表征的代表性，一些边角余料是不具有代表性的。另外，也要注意取样的方向应当一致。虽然，一般材料都是多晶材料，会存在择优取向。特别是一些经过加工的金属板材、丝材，存在严重的择优取向，同方向取样才具有可比性。

（2）样品大小：块体样品只需要一个测量面，不同衍射仪使用的样品框大小不同。为获得最大衍射强度，样品大小应与样品框大小一致。

（3）研磨：样品的测量面须是一个平板，在研磨过程中不得有弧面形成。研磨时先用粗砂纸粗磨，然后再用细砂纸研磨，最后再抛光。

（4）块体样品的固定：将铝空心样品架的正面倒扣在玻璃板上，将块体样品放入样品框的中间位置，测量面朝下倒扣在玻璃板上，再用"真空胶泥"粘住样品架和样品。如果样品很薄而且很小时，要特别注意胶泥不能露出测量面，否则胶泥也会参与衍射。尤其需要保证样品测量面与样品架在同一平面上。

（5）块体样品的应用范围：块体样品由于存在各向异性，因此，一般只适用于物相鉴定，而不适用于物相定量分析。但残余应力测量、织构测量和薄膜样品测量则必须使用块体样。

3. 特殊样品的制备

对于一些不宜研碎的样品，可先将其锯成与窗孔大小相一致，磨平一面，再用橡皮泥或石蜡将其固定在窗孔内。对于片状、纤维状或薄膜样品也可类似地直接固定在窗孔内，应注意使固定在窗孔内的样品表面与样品板平齐。

5.3.2　测试技术

1. 衍射仪的计数测量方法

粉末多晶衍射仪的计数测量方法有连续扫描和步进扫描两种。

1）连续扫描

这种测量方法是将计数器与计数率计连接，让测角仪的 $\theta / 2\theta$ 角以 1∶2 的角速度联合驱动，以一定的扫描速率扫测各衍射角对应的衍射强度，测量结果自动地存入计算机，然后输出测量结果或绘出衍射花样。连续扫描时，为了防止原射线直接进入计数器而损坏仪器，工作前必须事先将 2θ 从零位转过一个小角度（3°～4°），然后才能开始扫描，这一角度范围是测角仪的扫描禁区。衍射绝对强度以计数率 CPS（计数管在单位时间内产生的脉冲数称为计数率，它与衍射强度成正比）表示。连续扫描时可进行正反向扫描，所得 X 射线衍射图是衍射绝对强度 I 与衍射角 2θ 关系曲线。

连续扫描的主要优点是扫描速率快，工作效率高。例如，利用 4°/min 的扫描速率，测量一个 2θ 角 20°～100°的衍射花样，只要 20 min 就可完成（常规衍射仪）。所以，当需要对衍射花样进行全扫描测量时（定性相分析），一般选用连续扫描测量方法。连续扫描的测量精度受扫描速率和时间常数的影响，因此在测量前要合理地选定这两个参数。

2）步进扫描

步进扫描有固定时间和固定计数两种方式记录衍射强度。固定时间阶梯扫描法是在所要收集强度的衍射峰前后按一定的步宽步进，每一步的步宽选择取决于实验精度的要求，如每步取 0.01°、0.02°、0.05°等，也可以在衍射峰值位置取小步宽，在背底位置取大步宽。在每一步固定位置收集一定时间，如 1s、2s、5s 等，取决于衍射线的强度和实验精度的要求。步进扫描常用于需要准确测定峰形、峰位和累积强度的情况，如定量分析、晶粒大小测定、微观应力测定、未知结构分析及点阵参数精确测定等。

2. 测量参数的选择

选择合理的测量参数是计数测量中的重要问题，这是每个实验者在测量前必须做的一项工作。测量参数的选定是否合理，直接影响着衍射信息的质量和测量结果。在选择测量参数时，要针对具体任务的具体要求，综合考虑精度、质量和效率，恰如其分地选定合理的测量参数。

1）狭缝光阑的宽度

在测角仪光路（图 5.12）中，要由实验者选择宽度的狭缝光阑有：发散狭缝光阑 H、接收狭缝光阑 G 和防寄生散射光阑 M。

发散狭缝光阑宽度的选择应以入射线的投射面积不超出试样的工作表面为原则。在光阑尺寸不变的情况下，2θ 角越小，入射线对试样的照射宽度越大，所以发散狭缝光阑的宽度应以测量范围内 2θ 角最小的衍射峰为依据来选定。

接收狭缝光阑 G 的宽度对衍射峰的强度、峰背比和分辨率都有明显的影响。增大接收狭缝光阑时，可以增加衍射强度，但同时也降低了峰背比和分辨率，这对测量弱峰和分辨相邻的衍射峰都是不利的。在一般情况下，只要衍射强度足够时应尽可能地选用较小的接收狭缝。如果选用过小的接收狭缝，虽然提高了分辨率、降低了峰背比，但由于衍射强度太弱，会使一些本来有的衍射信息反而探测不到。所以，接收狭缝要根据测试任务的主要要求进行选择。

防寄生散射光阑 M 对衍射线本身没有影响，只影响峰背比，一般选用与发散狭缝相同的光阑。

2）扫描速率

采用连续扫描测量时，扫描速率对测量精度有较大的影响。扫描速率的加快会导致滞后效应的加剧，由此而引起衍射峰高下降、线形向扫描方向拉宽使峰形不对称、峰位向扫描方向偏移。为了保持一定的测量精度，不宜选用过高的扫描速率。

3）时间常数

时间常数对测量精度的影响和扫描速率类似，随时间常数的增加，滞后效应加剧，导致衍射峰高下降、峰形向扫描方向拉宽而不对称、峰位向扫描方向偏移。当选用较快扫描速率时，应适当地选用较小的时间常数，以平衡对滞后效应的影响。

4）步进宽度和步进时间

在步进扫描测量时，必须事先设定步进宽度和步进时间。选择步进宽度时，主要考虑两个因素：①步进宽度一般不应大于接收狭缝宽度；②对于衍射线形变化剧烈的情况，要选用较小的步进宽度，以免漏掉衍射细节。选取的步进时间越长，统计误差越小，因此可提高准确度和灵敏度，但是会延长测量时间，降低工作效率。步进扫描测量是相当费时间的，应考虑工作效率，在满足测试任务要求的前提下，应选用过大的步进宽度和短的步进时间。

5.3.3　多晶 X 射线衍射仪的操作

多晶 X 射线衍射仪的操作过程基本类似，本部分以帕纳科公司 X'Pert Pro 型号衍射仪为例介绍设备的操作过程。

1. 设备操作步骤

1）开机

（1）打开计算机电源和稳压器电源；

（2）打开仪器电源和操作软件；

（3）开启水冷却系统，调节水压使流量超过 4.2 L/min；

（4）开启主机电源，此时主机上的"Standby"灯亮，按下"Light"按钮可开启机内照明灯；

（5）关好门，将钥匙开关（HT）转动 90° 至水平位置，按下"Power On"

按钮启动主机，高压显示 15 kV，5 mA，接着面板上显示 30 kV，10 mA，此时仪器已经可以正常使用。

2）设备的老化

（1）双击"X'Pert Data Collector"，出现 X'Pert Data Collector 界面；

（2）点击下拉菜单"Instrument→ Connect"进行仪器连接；

（3）在 X'Pert Data Collector 程序中选择 Generator Tension 模块进行光管老化。

本次测试与上次测试时间间隔在 100 h 以上应选择正常老化，间隔 24～100 h 之间的应选择快速老化。老化后面板上显示 40 kV，10 mA，此时应将电流每间隔 5 mA 升至 40 mA，即工作电压 40 kV，工作电流 40 mA，即可进行样品的测量。

3）测试

（1）点击"File→Program"；

（2）选择需要的程序类型，如 Pixcel phase 等；

（3）设定测量程序参数，如扫描角度范围、扫描速率、时间常数、步长、扫描方式等，具体如图 5.17 所示。

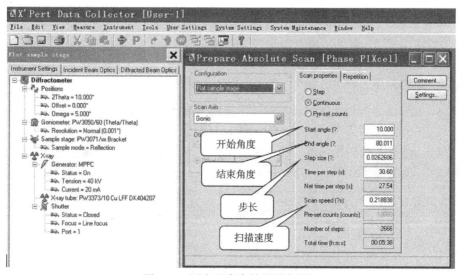

图 5.17　测定程序参数的设定界面

（4）点击"Measure→Progame"选择测量程序、键入文件名并开始执行测量程序，开始测试，如图 5.18 所示。

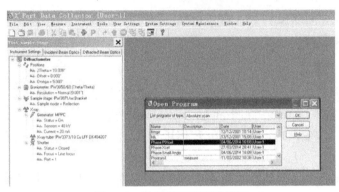

图 5.18　选择测量程序的界面

（5）将扫描程序存盘。

4）关机

（1）将电压和电流降至 15 kV，5 mA（先降电流，后降电压，间隔 5 kV，5 mA），然后将钥匙转动 90°关闭高压；

（2）按下"Standby"，关闭主机；

（3）关闭水冷却系统；

（4）关闭控制软件和计算机，最后关闭总电源。

2．数据处理与图谱解析

1）数据处理

（1）双击"X'Pert Data viewer"，出现 Data viewer 窗口；

（2）点击下拉菜单"File→ Open"，打开需要处理的数据；

（3）进行数据转换，点击 File 菜单中的 Convert，选择数据保存类型为 rd 和 csv 格式，如图 5.19 所示。

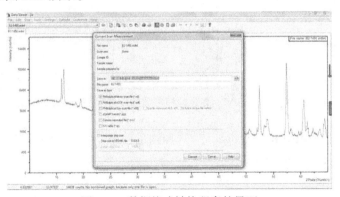

图 5.19　数据格式转换程序的界面

2）图谱解析

（1）双击"Highscore Plus"，出现 Highscore Plus 窗口；

（2）点击下拉菜单"File→ Open"，打开需要处理的数据、分析数据，如图 5.20 与图 5.21 所示。

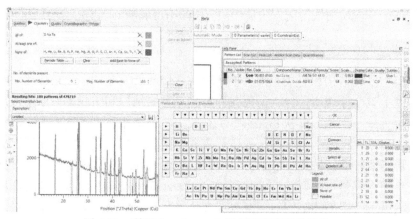

图 5.20　利用 Search-match 进行元素限定的操作

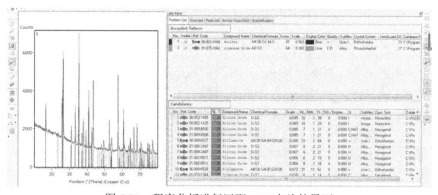

图 5.21　程序分析进行匹配 PDF 卡片的界面

（3）保存结果。

5.4　X 射线衍射物相分析

物相分析的任务是利用 X 射线衍射方法，对试样中由各种元素形成的具有固定结构的化合物（也包括单质元素和固溶体），进行相定性和定量分析。X 射线物相分析给出的结果，不是试样的化学成分，而是由各种元素组成的具有固定结构的化合物的组成和含量。

5.4.1 定性相分析

X射线定性分析可以确定组成物体是晶体还是非晶体，单相还是多相，原子间如何结合，化学式或结构式是什么，有无同素异构物相存在等问题。这些信息对工艺的控制和物质使用性能颇为重要，且X射线定性分析所用试样量少，不改变物体化学性质，因而X射线衍射方法是经常应用的不可或缺的重要综合分析手段之一。

1. 定性相分析的理论基础

多晶物质其结构和组成元素各不相同，它们的衍射花样在线条数目、角度位置、强度上就会显现出差异，衍射花样与多晶体的结构和组成（如原子或离子的种类和位置分布，晶胞形状和大小等）有关。一种物相有自己独特的一组衍射线条（衍射谱）；反之，不同的衍射谱代表着不同的物相。若多种物相混合成一个试样，则其衍射谱就是其中各个物相衍射谱叠加而成的复合衍射谱。物相的X射线衍射谱中，总是将衍射线的 2θ 角按 $2d\sin\theta=\lambda$ 转换成 d 值，而 d 值与相应晶面指数 hkl 可用已知晶体结构的标准数据文片关联起来。强度 I 也总是转换成百分强度，即衍射谱线中最强线的强度 $I_1=100$，其他线条强度则为 $(I/I_1)\times100$，这样，d 值及 $(I/I_1)\times100$ 便成为定性相分析中常用的两个主要参数。

2. 粉末衍射文件卡片

粉末衍射文件（PDF）卡片，是用X射线衍射法准确测定晶体结构已知物相的 d 值和 I 值，将 d 值和 $(I/I_1)\times100$ 及其他有关资料汇集成该物相的标准数据卡片。X射线定性相分析就是将所测得的未知物相的衍射谱与PDF中的已知晶体结构物相的标准数据相比较（这可通过计算机自动检索或人工检索来进行），运用各种判据以确定所测试样中含哪些物相、各相的化学式、晶体结构类型、晶胞参数等信息。图5.22为碳化钼（Mo_2C）的PDF卡片格式。

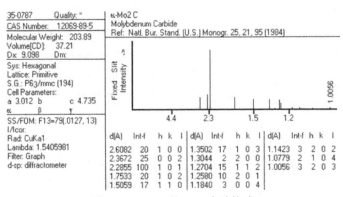

图 5.22 Mo_2C 的 PDF 卡片格式

3. 索引和检索手册

为了从大量卡片中迅速查出所需 PDF 卡片号,需要利用索引和载有索引的工具书——检索手册。一本检索手册同时载有多种索引,有化学名索引、哈纳瓦特数值索引、芬克数值索引和矿物名索引等,其中哈纳瓦特数值索引和芬克数值索引属数值索引,而化学名索引和矿物名索引则属字母索引。此外,有机化合物采用化学名索引,它按 C 和 H 的个数从少到多排列,后面跟着按字母顺序排列的其他元素符号。

当可以确定所测试样是有机化合物相或无机化合物相或矿物时,可分别使用该种物相的检索手册。若知道所测试样所含一种或数种化学元素时,可先用字母索引来按元素查找 PDF 卡片;也可用八强线从数值索引中先确定所属的哈纳瓦特组或芬克组,然后再按化学元素检索。若所测试样是完全未知的,则可用哈纳瓦特数值索引或芬克数值索引进行检索。对强度差别大的多相混合物,也可先用芬克索引检索。若知道试样的一种或数种化学元素,运用字母索引进行检索,可加快检索速度。

4. 多相物质分析

多相混合物质的衍射图谱是由构成试样各相的衍射图谱叠加而成的,某一相的衍射线位置不因其他相的存在而改变。如果各相的吸收系数类似,则相对强度也不受其他相存在的影响。固溶体的衍射图谱则是以主晶相的衍射谱图为主,即与主晶相谱图相似。

由于索引或卡片列出的是同一物相的标准数据,因此查对的数据必须在同一物相的数据之间进行,而从多相试样实测数据中选出的数据未必是同一物相,因此,若试图从复合物相实测数据的组合、编排入手,进行查对,将具有很大的盲目性。应当设法从复相数据中先查出一相,再对余下的数据进行查对,每查出一相就减少一个难度。直至剩下最后一相,则用单相分析的方法处理。为了能快速鉴定复合物相中的各物相,可以根据不同的情况,以先易后难的原则,逐一查出各物相。

若对样品有所了解,或能估计可能存在的物相,可先试查名称索引,找出第一相。然后再查其他相。若从实测数据中看出某相的特征线,则可用名称索引找出该相的数据进行查对。

若对样品不甚了解,可先了解样品的来源,再用光谱分析、化学分析或 X 射线荧光法测定待分析物相的化学成分,估计可能存在的物相,以便进行有效的检索。当使用数字索引时,可用二强组合试探法进行探查,只有当两强线同属一相时,才可能再找出该相其他的数据进一步核对。依次一相一相地检出,直至全部实测数据都得到解释为止。

5. 多相物质鉴定的一般方法

1）衍射强度归一化

计算全部衍射数据的相对强度。由于多相试样实测数据包含了各物相的衍射数据，所以在多相物质鉴定前计算全部衍射数据相对强度值，并不是某一物相的相对强度值，故称为"衍射数据归一化"，其容易分辨所有衍射数据的强度分布情况，且有利于对重叠线的分析。

2）鉴定第一物相

了解所测样品的化学元素、组成，先用试探法查字母序索引，或用二强组合试探法查数据索引，找出第一种物相。

3）妥善处理余下数据

当确定第一种物相后，标记其数据，将余下的数据重新归一化，再按单相的方法确定剩余数据对应的物相。依次确定所有的物相。在开始进行第二相、第三相等的鉴定时，应注意重叠线的问题。即若第一相与其他相的某一衍射线重叠时，则当确定了第一相后，此重叠线对应的衍射数据不可剔除，应继续留用。

6. 物相分析应注意的问题

1）d 值比 I/I_1 值重要

在衍射数据中，d 值通常可以测得很准，多数卡片的 d 值可测准到小数点后四位，索引取到二位，但相对强度则受试样状态和实验条件的影响很大。同一物相影响其衍射强度的因素有样品结晶程度（影响衍射峰形）、纯度（影响分辨率）、粉末试样细度（在 θ 值相同时，吸收不同）、辐射波长［在 d 值相同时，角因子 φ（θ）不同］、粉末样品制备条件（存在择优取向）。不同的测试方法（照相法或衍射仪法），由于它们的测角仪半径 $R(\theta)$ 不同，衍射强度不同。所以，试样的强度数据不一定与卡片的强度数据完全一致。在进行数据核对时，要求 d 值相符合（误差范围一般在 ±1%），而 I/I_1 值就不一定要求数值相符，通常要求其变化趋势相符即可。因此，在进行物相定性分析时，要求试样的 d 值要测准。

2）低角度区的数据比高角度区的数据重要

对于不同物相，低角度区 d 值相同的机会很少，即出现重叠线的机会很少。但对高角度区的线（d 值小的线），不同物相之间相互近似的机会就增多。此外，使用波长较长的 X 射线会使一些高角度区线消失，但低角度区线则总是存在；样品粒度过小或结晶不良也会导致高角度区线的缺失。所以，在对比衍射数据时，尤其对于无机材料应重视低角度区的线。

3）强线比弱线重要

强线代表了主成分的衍射易被测定，且出现的情况比较稳定。弱线则可能由于其物相在样品中的含量低而缺失或难以分辨。所以，在核对衍射数据时应对强线给以足够的重视，特别是低角度区的强线。在做出鉴定后，可能还余下几条弱线得不到解释，这可能是样品引入的杂质或外部环境对衍射仪测定时的影响导致的。通常 I/I_1 值在 1%~5% 的弱线，可靠性较差，可以不予理睬。

4）部分线缺失

实测数据有时出现个别衍射线缺失的情况，原因可能是测量角度范围过小，只有测试范围内的线；样品有明显的择优取向，造成某些面网衍射概率小，使部分衍射线缺失；衍射仪灵敏度低，测不出样品结晶度低或物相含量低的弱线。

在混合物中，含量较低的物相，其最强线的强度相对而言不是很大，且属于此物相的衍射线很可能仅有一两条或两三条。另外，对含量较低的物相，核对数据时不可能将标准数据全部对上，必须根据多方面的信息综合进行分析，从而做出正确的判断。

5）重视特征线

对一个物相来说，只有当某几条衍射线同时存在时，才能肯定这个物相的存在。在低角度区内，属于某物相而不与其他物相衍射线重叠的几条强线称为该物相的特征线或特征峰。对于结构相似的物相，如某些黏土矿物及类质同晶的晶体，它们的衍射数据大同小异，对于这些物相的鉴定，必须重视特征线，以便快速准确地做出判断。通常，在小角度区内选择几条强度较大且不与其他物相衍射线重叠的衍射线作为该物相的特征线。

6）重叠线的处理

在鉴定混合物相时，必须充分考虑到个别不同物相衍射线发生重叠的可能性。如果在鉴定第一相时，发现某条线的实测 I/I_1 值比标准 I/I_1 值高很多，此时就必须特别注意该线是否有重叠的可能。在鉴定出第一相后，对重叠线中属于第一相的 I/I_1 值剔除，即减去标准卡中对应线条的强度后，与其他未用过的线条一起，再次挑选强线，继续查索引。目前，全自动衍射仪已配备了分峰程序，可以对实测的衍射图进行分峰处理，从而降低了物相鉴定的难度。

7）同一物相对应多种标准衍射数据

由于试样的来源、成因、纯度、测试方法、仪器及条件等的差异，一种物相常常对应几种略有出入的标准数据，甚至有的差异很大，尤其是难以得到纯品及固溶体的数据。因此，在将实测数据与标准数据对比时，应注意这些标准数据所附的说明，或把同种物相的所有卡片进行对比，总结它们的差异及特点，再与实测数据核对。

8）注意鉴定结果的合理性

在物相鉴定前，应了解样品的来源、化学成分、处理过程、可能存在的物相及物理性质等，这有利于用字母索引快速检索物相，也有利于对物相做出准确的鉴定。对物相做出最后鉴定时，要注意鉴定结果是否合理，即是否与光谱分析、化学分析等结果相符；是否与样品的形态特征、物理性质、成因产状等相符。对矿物则应考虑所鉴定出的几种矿物是否可能共生或伴生。

5.4.2　定量相分析

X 射线定量相分析是用 X 射线衍射技术，准确测定混合物中各相衍射强度，从而求出多相物质中各相含量。X 射线定量相分析的理论基础是物质参与衍射的体积或质量与其所产生的衍射强度成正比。因而，可通过衍射强度的大小求出混合物中某相参与衍射的体积分数或质量分数。

当不存在消光及微吸收时，均匀、无织构、无限厚、晶粒足够小的单相多晶物质所产生的均匀衍射环单位长度上的积分强度（并考虑原子热振动及吸收的影响）为

$$I = \frac{1}{32\pi R} I_0 \frac{e^4}{m^2 c^4} \frac{\lambda^3}{V_0^2} F_{hkl}^2 P_{hkl} V \frac{1+\cos^2 2\theta}{\sin^2 \theta \cos \theta} e^{-2M} A(\theta) \tag{5.5}$$

式中，R 为试样至衍射环的距离；I_0 为入射光束强度；e、m 分别为电子电量、质量；c 为光速；λ 为 X 射线波长；V_0 为晶胞体积；V 为试样被 X 射线照射体积；F_{hkl} 为结构因子；P_{hkl} 为多重性因子；$\frac{1+\cos^2 2\theta}{\sin^2 \theta \cos \theta}$ 为角因子；e^{-2M} 为温度因子；$A(\theta)$ 为吸收因子。使用衍射仪测量时，R 为测角仪半径；$A(\theta)=1/2\mu$（μ 为试样的线吸收系数）。

对多相物质而言，参加衍射物质的各个相对 X 射线的吸收各异，每个相的含量发生变化时，都会改变总体吸收系数值。因此，混合物中不同相结构的物质，其参与衍射的体积与其衍射强度的正比关系，就不能严格保持，必须考虑吸收影响，才能得到定量结果。

定量相分析的方法主要有：比强度法、无标法和全谱拟合法等。

1）比强度法

比强度是衍射分析中物质衍射性质的一个重要参数，被测物相的比强度一般

需要用它的纯态样品由实验测定。以各物相的衍射峰比强度数据为前提进行分析的方法包括内标法、外标法、K 值法和绝热法。内标法、K 值法等操作程序较复杂，结果误差较大，不便在实际操作中推广应用；绝热法是实际应用中较便捷、误差较小的定量分析方法，然而应用绝热法进行定量分析时，要减小实验误差就必须获得待测物相准确的参比强度值（即 K 值），因此定性分析是其关键步骤。

2）无标法

无标法不需任何待测物相的纯物质，也不必加入任何参考物质。若各物相或各试样质量吸收系数已知，则可分析粉末样或块状样；若质量吸收系数均为未知，则可分析粉末试样。但无标法要求制备与待测相数目 n 相等个数的试样，并要求各待测相在各试样中含量不同，以避免方程简并和误差放大，且含量差越大，结果越准确（含量越靠近，相对误差公式中分母越趋近 0，误差迅速增大）。一般，无标法对 2~3 个物相的试样可得较好结果，超过 3 个物相时，误差会较大。另外，无标法不能应用于含非晶物质的试样。

3）全谱拟合法——Rietveld 法

Rietveld 法物相定量分析对于晶态物质无须应用内标或标定工作曲线。它应用包括重叠的衍射线的全部衍射数据，全部衍射线的应用减少了分析结果的不可靠性。由于应用的是全部衍射线，不仅仅是最强的衍射线，因而降低了初级消光效应。择优取向在 Rietveld 法拟合中有可能修正，同时全谱拟合有平均作用，可在很大程度上减少择优取向、初级消光以及其他系统误差的影响，因而 Rietveld 法可提高定量相分析结果的准确度。

韩海波等（2011）用 X 射线粉末衍射技术 Rietveld 全谱拟合的方法对 TiO_2 中锐钛矿和金红石进行了定量相分析。通过对计算结果的分析得知，误差小于 3%，表明该方法在钛白粉无标定量分析中具有非常良好的准确性、稳定性和普适性，且该方法操作简单，便于复制，尤其适合批量工业化生产中的应用。

5.5　X 射线衍射技术的应用实例

5.5.1　物相的定性分析实例

XRD 常用来跟踪制备过程，检测中间产品及最终产品的状况，从而选择适当的制备条件。为获得更优异的性能，需要对已有的材料进行改性，XRD 也常作为改性过程的检测手段，以获得最佳改性条件。物相的种类及含量对材料的性能有显著的影响，甚至是决定性的影响。通常被测样品中含有多个物相，采用 XRD 可以快速和准确地分析物相组成。

　　Sialon 具有高温强度高、抗热震性好以及难以被金属润湿等优点，将其作为结合相引入刚玉相内制成的 Sialon 结合刚玉复合材料，有效地提高了刚玉材料的高温强度、抗热震性、抗钢水及熔渣的侵蚀和渗透能力。Sialon 含量的变化对材料的性能有显著的影响，图 5.23 为 1500℃下 5 h 氮化烧后不同 Sialon 含量试样的 XRD 图谱。从图 5.23 可以看出，材料的主晶相为刚玉，次晶相为 β-Sialon 和少量 O'-Sialon，无残余单质 Si 的衍射峰，表明 Si 粉全部氮化。随配料中 Sialon 理论加入量的增加，氮化烧后 β-Sialon 的衍射峰明显增加，表明其含量逐渐增加。

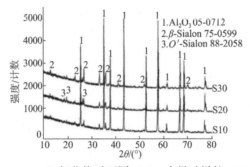

图 5.23　　1500℃氮化烧后不同 Sialon 含量试样的 XRD 图谱

5.5.2　物相的定量分析

　　通常被测样品中含有多个物相，欲通过物相检索的方法对物相进行鉴定，需要知道混合物中各物相的相对含量。X 射线定量相分析的任务是用 X 射线衍射技术准确测定混合物中各相衍射强度，从而求出多相物质中各相含量。X 射线定量相分析的理论基础是物质参与衍射的体积或质量与其所产生的衍射强度成正比。因而，可通过衍射强度的大小求出混合物中某相参与衍射的体积分数或质量分数。

　　图 5.24 为反应温度 80℃时制备 $CaCO_3$ 晶须试样的 XRD 图谱。由于 $CaCO_3$ 是同质多晶体，须鉴定出各物相的百分含量。由图 5.24 可知主要物相是文石，含少量方解石。分别计算出文石和方解石最强衍射峰的积分强度。结果表明文石质量分数为 97.7%，方解石为 2.3%。

$$y = 1 - \frac{1}{1 + 3.9 I_a / I_c} \tag{5.6}$$

式中，I_a、I_c 分别为文石、方解石相的最强衍射峰的积分强度；文石含量用质量分数 y 表示；3.9 为修正系数。

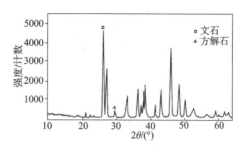

图 5.24　CaCO₃ 晶须试样的 XRD 图谱

5.5.3　晶体点阵参数的测量

X 射线粉末衍射所提供的是与晶态物质衍射线的位置、峰形和强度等有关的晶体结构信息，由准确的衍射线位置可求得晶体精确的点阵常数。用 X 射线衍射法测定点阵常数的依据是衍射线的位置，即 2θ 角。在衍射花样已经指数化的基础上通过布拉格方程和晶面间距公式计算点阵常数。式（5.7）～式（5.12）为不同晶系的晶面间距计算公式。式中的 d_{hkl} 表示晶面簇（hkl）之间的距离，a、b、c、α、β、γ 为晶胞参数。

各晶系的晶面间距表达式如下。

（1）单斜晶系，$\alpha=\gamma=90°$：

$$\frac{1}{d_{hkl}^2}=\frac{1}{\sin^2\beta}\left(\frac{h^2}{a^2}+\frac{k^2\sin^2\beta}{b^2}+\frac{l^2}{c^2}-\frac{2hl\cos\beta}{ac}\right)\tag{5.7}$$

（2）六方晶系，$a=b$，$\alpha=\beta=90°$，$\gamma=120°$：

$$\frac{1}{d_{hkl}^2}=\frac{4}{3}\left(\frac{h^2+hk+k^2}{a^2}\right)+\frac{l^2}{c^2}\tag{5.8}$$

（3）菱形晶系，$a=b=c$，$\alpha=\beta=\gamma\neq90°$：

$$\frac{1}{d_{hkl}^2}=\frac{\left(h^2+k^2+l^2\right)\sin^2\alpha+2\left(hk+kl+lh\right)\left(\cos^2\alpha-\cos\alpha\right)}{a^2\left(1+2\cos^3\alpha-3\cos^2\alpha\right)}\tag{5.9}$$

（4）正交晶系，$a\neq b\neq c$，$\alpha=\beta=\gamma=90°$：

$$\frac{1}{d_{hkl}^2}=\frac{h^2}{a^2}+\frac{k^2}{b^2}+\frac{l^2}{c^2}\tag{5.10}$$

（5）四方晶系，$a=b\neq c$，$\alpha=\beta=\gamma=90°$：

$$\frac{1}{d_{hkl}^2} = \frac{h^2 + k^2}{a^2} + \frac{l^2}{c^2} \tag{5.11}$$

（6）立方晶系，$a=b=c$，$\alpha=\beta=\gamma=90°$：

$$\frac{1}{d_{hkl}^2} = \frac{h^2 + k^2 + l^2}{a^2} \tag{5.12}$$

从原理上看，在衍射图谱中通过任何一条或几条衍射线的衍射角都可以计算出一个点阵常数值。但每个晶体的点阵常数只能有一种固定值，每条衍射线的计算结果之间都会有微小的差别，这是由测量误差所造成的。点阵常数测量的精确度主要取决于 $\sin\theta$ 值。高 θ 角所对应的误差要比低 θ 角对应的误差小得多。当测量误差 $\Delta\theta$ 一定时，θ 角越靠近 90° 的衍射线，计算的点阵常数精度越高。因此，精确测量点阵常数时尽量选用高衍射角的衍射线进行计算。

对于非立方晶系，由于 a/c、a/b 一般均不为整数，所以其特征比例数列不为整数比例数列。据此可鉴别晶体是否属于立方晶系，然后再按不同的方法进行指标化。

当衍射指数指标化之后，即可确定其晶系，并可按一定的公式计算点阵参数。以下仅以立方晶系为例加以说明，其他晶系的有关内容参见有关文献。

以立方晶系为例，点阵常数的计算公式为

$$a = \frac{\lambda}{2\sin\theta}\sqrt{h^2 + k^2 + l^2} \tag{5.13}$$

对立方晶系，因为 $(\lambda/2d)^2$ 及 $(\lambda/2a)^2$ 为常数，所以有特征比例数列为

$$\sin^2\theta_1 : \sin^2\theta_2 : \cdots : \sin^2\theta_i : \cdots = \frac{1}{d_1^2} : \frac{1}{d_2^2} : \cdots : \frac{1}{d_i^2} : \cdots$$
$$= (h_1^2 + k_1^2 + l_1^2) : (h_2^2 + k_2^2 + l_2^2) : \cdots$$
$$: (h_i^2 + k_i^2 + l_i^2) : \cdots$$

又因为 $h^2+k^2+l^2 \neq 7$、15、23、28、31、39、47、55、…，即因它们不能为三个整数的平方和，所以，立方晶系的特征比例数列是一个缺某些数的连续整数比数列，如立方简单格子的 $h^2+k^2+l^2=1:2:3:4:5:6:8:9:10:11:12:13:14:16:\cdots$。

表 5.2 为立方晶系不消光衍射指数平方和数列与点阵类型关系。实际上只要观察前四个数的分布规律，就可简便地判断立方晶系的点阵类型。

表 5.2　立方晶系不消光衍射指数平方和数列与点阵类型关系

点阵类型	$h^2+k^2+l^2$	规律
立方简单点阵(P)	$1:2:3:4:5:6:8:9:10:11:12:$ $13:14:16:\cdots$	缺 7、15 等数
立方体心点阵(I)	$2:4:6:8:10:12:14:16:18:\cdots$	全为偶数，平方和为 2 时才有衍射
立方面心点阵(F)	$3:4:8:11:12:16:19:20:24:\cdots$	平方和为 3 和 4 时才有衍射

5.5.4　结晶度的计算

矿物的结晶度即结晶的程度。一般以晶态总量占矿物总量的百分率为代表，其计算公式为

$$X_c = \frac{g_c}{g_c + g_a} \times 100\% \tag{5.14}$$

式中，X_c 为结晶度；g_c 为晶态总量；g_a 为非晶态总量。

根据如上表述可以看出，测量结晶度要知道晶相占整个物相的量值，即可用衍射曲线的积分面积来实现这一目的。因为任何物相无论处于何种状态，都有其相应状态下的衍射特征曲线。求出其中晶相的积分面积，再测出整个物相的全部积分面积，便可立即得出该矿物的结晶度。

采用五指峰法测定石英的结晶度，是一种十分便捷的测定方法。只有结晶情况比较理想的石英样品才能十分完美地展现出其特有的五指峰形。当然，五指峰的形状也受所用 XRD 分析仪器本身调试精度和分辨率的影响。但是，对于一台具有足够精度的衍射仪来说。五指峰的形状主要由石英样品本身的结晶度来决定。结晶度不同，五指峰的形状就不同，所测得的 (21$\bar{3}$2) 峰的 a、b 值也就不同。对石英 2θ 值为 67°～69° 范围内的五指峰进行 XRD 扫描，并测定其 (21$\bar{3}$2) 峰的 a、b 值，由此算得石英的结晶度指数。图 5.25 为典型石英样品的五指峰。

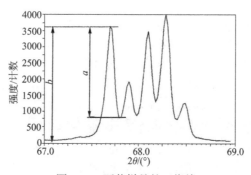

图 5.25　石英样品的五指峰

根据所测 $(21\bar{3}2)$ 峰的 a、b 值，代入公式 CI = $10F(a/b)$，其中，CI 为结晶度指数；F 为比例因子；a 为 $(21\bar{3}2)$ 敏锐峰高；b 为 $(21\bar{3}2)$ 总峰高。算得结晶度指数 CI。比例因子 F 值对不同衍射仪来说是不一致的，必须逐一标定。标定一般需采用标准样品，将以其标定的结晶度指数 CI 定为 10。为求标定的准确性，样品最好经 3~5 次扫描，取其平均值，作为该衍射仪的比例因子 F。样品的结晶度越好，所得五指峰峰形越完整、敏锐，a、b 值也就相应增高；反之，则峰形低矮、扁平，a、b 值难以测量，甚至连五指峰形也无法看出。

5.5.5　纳米材料晶体粒度大小测定

当以 X 射线照相法对粉末样品进行探测时，发现当晶粒 $<10^{-5}$cm 以后，由于晶体结构完整性的下降，无序度的增加，衍射峰变宽，衍射角也发生 $2\theta \sim (2\theta+\delta)$ 的转变；而且晶粒越小，宽化越明显，直至转变为漫散峰。Scherrer（谢乐）于 1918 年从理论上推导了晶粒大小与衍射峰宽化之间的关系，表达式为

$$D = \frac{k\lambda}{\beta \cos\theta} \tag{5.15}$$

式中，D 为垂直于反射晶面（hkl）的晶粒平均粒度；β 为衍射峰值半高宽的宽化程度，单位为 rad；θ 为布拉格角；λ 为入射 X 射线波长，Å；k 为 Scherrer 常数，与晶粒形状、β、D 的定义有关，k=0.89 或 0.94。

计算微晶尺寸时，一般采用低角度区的衍射线，如果微晶尺寸较大，可用较高角度区的衍射线来代替。晶粒尺寸在 30 nm 左右时，计算结果较为准确。式（5.15）的适用晶粒范围为 1~100 nm，超过 100 nm 的晶体尺寸不能使用式（5.15）来计算。

思　考　题

1. 简述特征 X 射线的定义、产生机理及特征谱线的标识。
2. 什么是吸收限？如何选择滤波片和靶材？
3. 布拉格方程 $2d\sin\theta = \lambda$ 中的 d、θ、λ 分别表示什么？布拉格方程有何用途？
4. 多晶 X 射线衍射的基本原理是什么？衍射方法有哪些，各有什么区别？
5. 测角仪的工作原理是什么？为什么在一定条件下只能有一条衍射线在测角仪圆上聚焦？
6. 什么是物相？物相定性和定量分析的理论基础分别是什么？
7. 物相定性分析的步骤有哪些？定性分析中需要注意什么问题？
8. 多晶 X 射线衍射仪的制样方法及注意事项有哪些？

9. 立方晶系的点阵的确认原则有哪些？

10. 某材料属于立方晶系，用 XRD 测得其各衍射峰对应的衍射角 θ 分别为 13.75°、15.93°、22.84°、27.08°、28.39°、33.30°、36.75°、37.87°、42.25°。试计算该物相的晶胞常数，标定各衍射线的晶面指数，确定其属于哪种点阵形式（$\lambda=0.1542$ nm）。

参 考 文 献

房俊卓, 徐崇福. 2010. 三种 X 射线物相定量分析方法对比研究. 煤炭转化, 33(2): 88-91.

韩海波, 陈虹锦, 钱雪峰, 等. 2011. TiO_2 粉末多晶 X 射线衍射 Rietveld 全谱拟合定量相分析. 实验室研究与探索, 30(12): 34-37.

黄继武, 李周. 2012. 多晶材料 X 射线衍射——实验原理、方法与应用. 北京: 冶金工业出版社.

贾全利, 叶方保. 2010. 原位氮化生成 Sialon 结合刚玉浇注料的性能. 北京科技大学学报, 32(2): 234-238.

姜传海, 杨传铮. 2010. X 射线衍射技术及其应用. 上海: 华东理工大学出版社.

李树棠. 1990. 晶体 X 射线衍射学基础. 北京: 冶金工业出版社.

梁敬魁. 2003. 粉末衍射法测定晶体结构(上册). 北京: 科学出版社.

梁敬魁. 2003. 粉末衍射法测定晶体结构(下册). 北京: 科学出版社.

刘粤惠, 刘平安. 2003. X 射线衍射分析原理与应用. 北京: 化学工业出版社.

马礼敦. 2004. 近代 X 射线多晶体衍射: 试验技术与数据分析. 北京: 化学工业出版社.

麦振洪. 2013. X 射线衍射的发现及其历史意义. 科学, 65(1): 52-55.

祁景玉. 2006. 现代分析测试技术. 上海: 同济大学出版社.

丘利, 胡玉和. 2001. X 射线衍射技术及设备. 北京: 冶金工业出版社.

滕凤恩, 王煜明, 姜小龙. 1997. X 射线结构分析与材料性能表征. 北京: 科学出版社.

王晓春, 张希艳. 2009. 材料现代分析与测试技术. 北京: 国防工业出版社.

杨新萍. 2007. X 射线衍射技术的发展和应用. 山西师范大学学报(自然科学版), 21(1): 72-76.

叶大年, 金成伟. 1984. X 射线粉末法及其在岩石学中的应用. 北京: 科学出版社.

张海军, 贾全利, 董林. 2010. 粉末多晶 X 射线衍射原理及应用. 郑州: 郑州大学出版社.

张锐. 2007. 现代材料分析方法. 北京: 化学工业出版社.

Bischoff J L, Fyfe W S. 1968. Catalysis, inhibition, and the aragonite problem I: the aragonite calcite transformation. American Journal of Science, 266(2): 65-79.

Jenkins R, Snyder R L. 1996. Introduction to X-ray Powder Diffractometry. New York: John Wiley & Sons, Inc.

第6章 扫描电子显微镜

人们在探索微观世界的过程中，一个目标和方向就是如何突破技术极限来更加生动、高效、直观地观测它。光学显微镜使人类对微观世界的认识有了第一次飞跃，它使人类看到了肉眼看不到的细菌和细胞，揭开了许多生物界的"谜"。但是因为光学显微镜的分辨率受可见光波长的限制，其最高分辨率只能停留在200 nm左右的水平，这极大限制了人们对更加微小世界的探索。特别是当人们发现了微纳米材料并了解到微观结构和性能有着密切联系的时候，光学显微镜已经无法满足人们对材料微观结构研究的需求。于是，有着更高分辨率的电子显微镜得到了飞速的发展。电子显微镜通常可分为扫描电子显微镜（简称扫描电镜）、透射电子显微镜和扫描透射电子显微镜。就扫描电子显微镜的概念而言，其最早是由德国人Knoll在1935年提出来的。直到1965年，第一台商业制造的扫描电子显微镜才在Cambridge Scientific Instruments公司诞生。至今，世界上比较著名的扫描电子显微镜厂商主要有美国的FEI公司、德国的ZEISS公司以及日本的JEOL公司和HITACHI公司，它们基本垄断了当下电子显微镜的全球市场。目前，电子显微镜已被广泛应用于材料、化学、物理、医学、生物学以及工程力学等多个自然科学领域，被誉为"科学之眼"。可以说，电子显微镜使人类对微观世界的认识有了第二次飞跃。

6.1 扫描电子显微镜的工作原理

6.1.1 工作原理及仪器结构

1. 工作原理

扫描电子显微镜的工作原理是利用高能电子束去轰击样品表面。此时，由于电子束和样品的相互作用，如图6.1所示，会产生各种电子信号，如二次电子、背散射电子、阴极荧光、吸收电子、透射电子以及特征X射线等。然后利用各种探头对相应的信号进行收集，从而实现对样品表面形貌和微区成分的分析。就扫描电镜而言，二次电子探头和背散射电子探头在样品上方，可收集样品上方相应的电子，从而得到样品表面形貌甚至成分信息。而不导电样品内的吸收电子由于不能够及时被导线导走，从而会在样品表面富集，产生荷电效应。荷电效应会影响入射电子、二次电子以及背散射电子的运行轨迹，从而影响扫描电镜的成像。

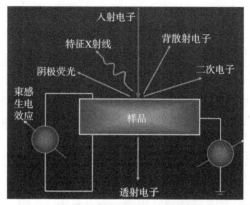

图 6.1　入射电子和样品的相互作用

2. 仪器结构

扫描电镜结构复杂，就其基本结构来说，可以分为真空系统、电子光学系统以及成像系统等。图 6.2 为日本电子公司 JEOL JSM-7500F 型冷场发射扫描电镜的外观图片。

图 6.2　日本电子公司 JEOL JSM-7500F 型冷场发射扫描电镜

1）真空系统

真空系统的主要作用是排除电子枪、镜筒以及样品室内部的空气，保证这些区域清洁，不被污染。否则，这些气体可能会吸附到电子枪或发射体尖端处，或者在高压电子束的轰击下发生电离，从而影响测试。扫描电镜种类的不同，对真空度的要求也不同。分辨率越高的扫描电镜，对真空度的要求也就越高。由于空气等其他气体在扫描电镜的不同区域对其影响程度不同，因此为了实现对扫描电镜不同区域真空度的控制，扫描电镜设计时会采取分级真空度的控制策略。通常情况下，样品室的真空度要求较低，常采用机械泵、油扩散泵以及涡轮分子泵来逐步提高该区域的真空度。对于场发射扫描电镜而言，由于发射体周围的真空度要求通常要比样品室高 1000 倍左右，进而需要用离子泵来解决该区域的真空度问题。

对 JSM-7500F 型冷场发射扫描电镜而言，真空部分主要集中在镜筒和样品室以及样品交换室等区域，如图 6.3 所示，发射体位于镜筒的顶端，和高压电缆相连。由于发射体周围对真空度的要求极高，通常是 $10^{-8}\sim10^{-9}$Pa，因此需要如图 6.3 所示的离子泵来实现对真空度的控制。通常情况下，这个区域的真空度不能有大的变化，因此离子泵除了在更换发射体的时候会停机，其他无论测试与否都要保证其正常运转。在镜筒内部上方有气动阀门，在不测试时会关闭，从而在发射体周围形成一个相对狭小的空间，以降低停机时离子泵的负荷。

图 6.3　日本电子公司冷场发射扫描电镜外部主要部件名称及位置

2）电子光学系统

在光学显微镜中要实现对样品的观察，必须要有光源，并且能够通过透镜对光路的精密调节来实现对放大倍率的准确控制。和光学显微镜类似，扫描电镜的电子光学系统用来产生扫描电子束，从而激发样品产生各种物理信号。如图 6.4 所示，扫描电镜的电子光学系统主要包括电子枪、阳极、电磁聚光镜、光阑、物镜以及样品室等。

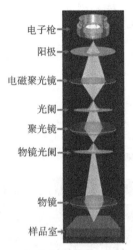

电子枪
阳极
电磁聚光镜
光阑
聚光镜
物镜光阑

物镜

样品室

图 6.4　扫描电镜的电子光学系统

（1）电子枪。电子枪类似于光学显微镜中的光源，主要作用是产生电子束。电子枪产生的电子束在阳极的协同作用下具有一定的能量。扫描电镜的电子枪有热阴极电子枪和场发射电子枪两种。热阴极电子枪产生电子束的原理是通过加热使阴极原子表面的绕核旋转电子获得足够的动能，以脱离原子核的引力场束缚，从而产生自由电子。然后通过人为在阴极附近设置一个正高压电场，吸引自由电子产生高速的定向运动。普通热阴极电子枪产生的电子束直径为 20～50 μm；六硼化镧热阴极电子枪产生的电子束直径为 1～10 μm。场发射电子枪则是以极高的加速电场吸引阴极表面的电子，使之产生高速定向运动，发射出电子束。场发射电子枪产生的电子束直径可达 0.01～0.1 μm。电子束的直径越小，电镜的分辨率通常就越高。

（2）阳极。从电子枪产生的电子束其能量通常较小，这样的电子束由于能量很低，一方面很容易受到镜筒或周围环境的影响而改变轨迹，另一方面无法有效地和样品相互作用从而产生足量的信号。因此，阳极就起到了对电子束加速的作用，从而提高电子束入射到样品时的能量并降低电子的能量分布。

（3）电磁聚光镜。经过阳极加速的电子束，还需要通过电磁聚光镜对其进行聚焦控制。电磁聚光镜的主要作用是产生一束能量分布极窄的、电子能量确定的电子束用以扫描成像。在扫描电镜中，通常通过多组电磁聚光镜来实现对电子束直径的调控，从而实现对电镜放大倍数的调节。电磁聚光镜主要用于汇聚电子束，与成像时电子束在样品表面的聚焦位置无关。

（4）光阑。尽管通过了聚光镜的聚焦作用，但在电子束中仍然还会存在一部分运动轨迹和能量仍然不符合要求的电子。这些电子称为无用电子。如果这些电子留在镜筒中不加处理，就有可能会引起放电或其他副作用，从而干扰电子束的运行轨迹或者影响探头对产生的二次电子或背散射电子的收集，最终影响测试结果。因此在镜筒中安装有多组光阑，滤掉一些无用的电子，从而提高电镜的分辨率。

（5）物镜。物镜位于镜筒底端，其作用是调节电子束焦点的位置，使其能够根据要求聚焦到样品的表面。

（6）样品室。样品室的作用主要是固定测试的样品以及安装移动样品的装置，安装二次电子探头、背散射电子探头以及 X 射线探头等部件，如图 6.5 所示。

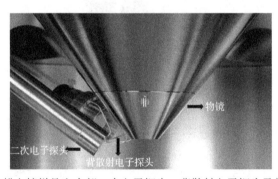

图 6.5　扫描电镜样品室内部二次电子探头、背散射电子探头及物镜的照片

3）成像系统

经过电子光学系统产生的电子束在扫描线圈的控制下在样品的表面进行扫描，电子束与样品相互作用，会产生二次电子、背散射电子以及 X 射线等一系列信号。相应的探测器对这些信号进行收集和处理，最终转换成相应的图像。大体而言，扫描电镜的成像系统包括扫描系统、信号检测放大系统和图像记录系统。

（1）扫描系统。扫描系统的作用是提供入射电子束在样品表面上以及阴极射线管电子束在荧光屏上的同步扫描信号。它由扫描信号发生器、放大控制器等电子线路和相应的扫描线圈所组成。

（2）信号检测放大系统。信号检测放大系统的作用是检测样品在入射电子作用下产生的各种物理信号，然后经视频放大，作为显像系统的调制信号。不同的物理信号要用不同类型的检测系统。扫描电镜成像所用的是电子检测器，主要分为二次电子检测器和背散射电子检测器。

（3）图像记录系统。图像记录系统可以把信号检测放大系统输出的调制信号转换为在阴极射线管荧光屏上显示的样品表面某种特征的扫描图像，供观察或照相记录。

6.1.2　基本工作模式

扫描电镜在对样品进行分析时，根据其接收电子信号探头的不同以及电镜装配的附件的多少，主要有如下五种基本工作模式：二次电子（SE）模式、背散射电子（BSE）模式、能谱（EDS）模式、波谱（WDS）模式以及电子背散射衍射（EBSD）模式。

1．二次电子模式

入射电子在轰击到样品表面和样品相互作用后，会产生如图 6.6 所示的二次电子、背散射电子等信号。无论哪种信号，在相同的条件下，对于轻元素样品而言，其作用区域较大，分辨率较低[图 6.6（a）]。而对于重元素样品而言，其作用区域较小，分辨率较高[图 6.6（b）]。如果成像时利用的是二次电子信号，则称这种工作模式为二次电子模式。

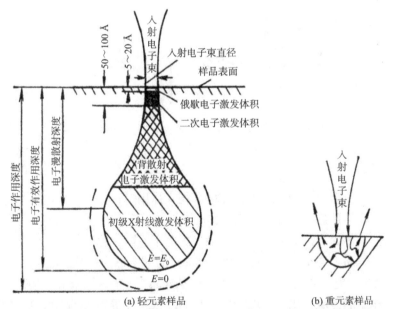

图 6.6　入射电子和不同样品相互作用后产生的各种电子信号的深度及作用体积

原子的价电子结合能较低，对于金属来说大致在 10 eV 左右。当原子的核外电子受到入射电子的轰击并从入射电子获得了大于其结合能的能量后，便可离开原子变成自由电子。如果这种过程发生在比较接近样品的表层，那么能量尚大于材料逸出功的自由电子可能从样品表面逸出，变成真空中的自由电子，即二次电子。而内层电子结合能则高得多（有的甚至高达 10 keV 以上），相对于价电子来说，内层电子电离概率很小，因此在样品上方检测到的 90%以上的电离出来的电子为二次电子。

二次电子的特点是能量较低，一般小于 50 eV，大部分在 2~3 eV 之间。这样在样品深处产生的电离的价电子，很难从样品表面溢出变成二次电子。所以在样品上方检测到的二次电子主要来源于样品表面 10 nm 深度以内的电子，并且其直径很小。二次电子信号的强度与原子序数没有明确的关系，但对微区平面法线相对于入射电子束的角度却十分敏感，其规律是二次电子的产率随着样品表面法线与入射电子束轴线之间夹角的增大而增大。对于比较平整的样品，由于样品表面法线与入射电子束轴线之间夹角是 0°，其二次电子图像的衬度通常较低。对于这类样品，可以通过对样品进行倾斜以增大样品表面法线与入射电子束轴线之间的角度，从而增大二次电子的产率。如图 6.7 所示，在样品表面的尖棱（A）、小粒子（B）、坑穴边缘（C 和 D）等部位，其表面法线与入射电子束轴线之间夹角较大，因此在电子束作用下会产生高得多的二次电子信号强度，所以在扫描图像上这些部位就显得异常亮。

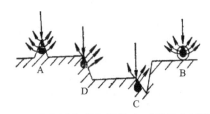

图 6.7　二次电子产率和样品表面形貌之间的关系

2. 背散射电子模式

从电子枪发射出来的电子束在和样品相互作用后，经过多次的弹性散射或非弹性散射，如果最后又从样品表面溢出，这类电子称为背散射电子，接收此类电子成像的模式称为背散射电子模式。和二次电子不同，背散射电子能量较高，因此通常将在样品上方接收到的能量大于 50eV 的电子称为背散射电子。

由于背散射电子能量较高，因此其可以从样品较深的区域溢出。因此，如图 6.6 所示，其作用的区域也比二次电子大，从而导致其分辨率相对二次电子模式有所降低。和二次电子模式不同，当入射电子能量在 10~40 keV 范围时，因为大角度弹性散射随原子序数 Z 的增大而增加，所以，样品的背散射系数随元素原子序数的增大而增大。特别是在 $Z=20$ 附近，原子序数每变化 1，引起的背散射系数变化约为 5%。由于背散射电子信号强度随原子序数 Z 增大而增大，因此样品表面上平均原子序数较高的区域，产生较强的背散射信号，在背散射电子像上较为明亮。因此可以根据背散射电子像亮暗衬度来判断相应区域原子序数的相对高低，从而对金属及其合金进行显微组织的分析。

3．能谱模式和波谱模式

如果在扫描电镜上加上能谱仪和波谱仪等附件，则可以利用扫描电镜电子束和样品相互作用产生的 X 射线对样品进行元素的定性、定量以及微区分布分析，如图 6.8 所示。

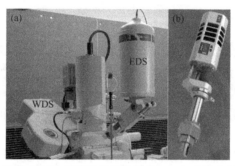

图 6.8　（a）牛津液氮制冷型能谱仪和波谱仪；（b）牛津电子制冷型能谱仪

如图 6.1 所示，在入射电子和样品相互作用后，除了产生二次电子和背散射电子外，还会产生特征 X 射线。特征 X 射线是原子的内层电子受到激发以后，在能级跃迁过程中直接释放的具有特征能量和波长的一种电磁波辐射。对于确定的元素，电子在不同能级间进行跃迁时，其释放的 X 射线能量都有确定的特征值，也对应着特定的 X 射线波长。根据特征 X 射线能量进行分析的仪器称为能谱仪，而根据特征波长进行分析的仪器则为波谱仪。

尽管能谱仪和波谱仪都是利用入射电子束和样品相互作用后被激发的内层电子跃迁时释放出来的特征 X 射线，来对样品的成分进行定性和定量分析，但是由于仪器原理的不同，它们各自的特点和优势也有所区别，见表 6.1。

表 6.1　能谱仪和波谱仪性能和指标对比

性能	能谱仪	波谱仪	备注
对元素的分析时间	几分钟	几十分钟	
检测效率	接近 100%	小于 20%	能谱仪优于波谱仪
对 X 射线谱的解释	简单	较复杂	

续表

性能	能谱仪	波谱仪	备注
试样几何位置对 X 射线强度的影响	较小	严重	能谱仪优于波谱仪
对 X 射线谱的分辨率/eV	150	10	波谱仪优于能谱仪
探测极限/ppm	750	100	
定量分析精度/%	$\pm(5\sim10)$	±2	
分析元素范围	分析 B($Z=5$)以上元素	从 Be($Z=4$)到 U($Z=92$)	

4．电子背散射衍射模式

如果在扫描电镜上加上电子背散射衍射探测器，利用高能电子在撞击晶体中的原子时产生的散射以及这些散射电子由于撞击的晶面类型（指数、原子密度）不同在某些特定角度产生的衍射效应，可在空间产生衍射圆锥。几乎所有晶面都会形成各自的衍射圆锥，并向空间无限发散。用荧光屏平面去截取这样一个个无限发散的衍射圆锥，就得到了一系列的菊池带。而截取菊池带的数量和宽度与荧光屏大小和荧光屏距样品（衍射源）的远近有关。荧光屏获取的电子信号被后面的高灵敏度电感耦合器件（CCD）相机采集并转换，然后通过菊池带和样品晶形的对应关系，可以反推出样品的晶形，进而对样品进行结构分析，如图 6.9 所示。

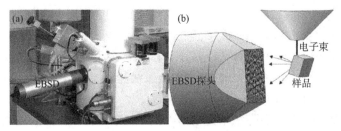

图 6.9　EBSD 在扫描电镜中的实际安装位置(a)和 EBSD 成像示意图(b)

6.1.3　扫描电子显微镜的分辨率和衬度

扫描电镜根据电子枪类型的不同,可分为热阴极电子枪和场发射电子枪两种。普通热阴极电子枪产生的电子束直径为 $20\sim50\ \mu m$；六硼化镧热阴极电子枪产生的电子束直径为 $1\sim10\ \mu m$;而场发射电子枪产生的电子束直径可达 $0.01\sim0.1\ \mu m$。通常情况下电子束直径越小，相应电镜的分辨率就越高。因此，相对于普通的热阴极电子枪，场发射扫描电镜的分辨率就高得多。在电镜类型确定的情况下，电镜的成像模式对其分辨率也有影响。如图 6.6 所示，二次电子由于和样品的作用体积小，因此二次电子模式的分辨率通常要比背散射电子模式的分辨率高一些。在相同的成像模式下，加速电压越高，图像的分辨率也越高。

在扫描电镜测试过程中，除了电镜的分辨率，还有一个非常重要的指标为图像衬度。衬度指的是图像上不同区域间存在的明暗程度的差异。不同模式下，影响衬度的因素也不同。

在二次电子成像模式下，影响扫描电镜衬度的主要因素是二次电子的产率。如图 6.7 所示，二次电子的产率和样品表面形貌关系密切。因此，样品表面具有凹坑、突起、棱角处二次电子的产率较高，相应的区域比较明亮，和周围就有很好的衬度。相反，如果样品是比较平整的膜，其二次电子的产率较低，整个样品明暗对比较弱。

在背散射电子成像模式下，图像的衬度和样品的表面形貌关系较小，而和样品的背散射系数有关。样品的背散射系数又与样品中原子的原子序数紧密关联，在一定范围内随原子序数的增加而明显增大。因此，图像中原子序数高的区域表现得比较明亮，而原子序数较低的区域就比较暗，从而形成了由原子序数不同所引起的衬度。

6.2　样品制备及基本测试步骤

扫描电镜可广泛应用于材料、生物、物理、化学、医学、建筑和力学等多个领域，因此针对这些领域的特点和要求，设备厂家开发出了不同的扫描电镜。例如，对于普通样品，热阴极电子枪扫描电镜由于价格便宜，维护简单而成为首选。对于生物样品或医学类样品，为了减小真空度对样品观察时的影响，有专门的环境扫描电镜。而对于纳米材料研究领域，场发射扫描电镜由于亮度高、分辨率高而成为该领域的首选。

与透射电子显微镜（简称透射电镜）相比，扫描电镜在样品制备、测试操作方面都要简单一些。为了更详尽地介绍扫描电镜的样品制备和测试操作，以日本电子公司 JEOL JSM-7500F 型冷场发射扫描电镜为例来介绍样品的制备和操作。

6.2.1　扫描电子显微镜样品的制备

和透射电镜样品相比，由于扫描电镜成像时利用的是位于样品上方的二次电子和背散射电子，因此不需要电子束穿透样品，所以对样品的厚度基本没有要求。扫描电镜样品的制备过程和需要注意的事项如下。

（1）根据扫描电镜的类型预先判断所测样品是否适合在该类型的扫描电镜上进行测试。以 JSM-7500F 型冷场发射扫描电镜为例，由于其样品台为 ϕ=2.5cm 的圆柱，所以测试样品尺寸一般不能大于样品台的尺寸。同时该电镜也不适合测试磁性样品。

（2）图 6.10（a）和（b）是最常用的两种扫描电镜样品台。无论对于平面样品台还是断面样品台，都要选择合适的方法将样品固定在样品台上。在将样品固定到样品台表面时，通常采用导电胶带、银胶或金胶来固定样品。对于块状样品，通常要求样品要有一个平整的平面，否则较难将样品固定在样品台上。对于粉末状的样品，可以将样品直接涂在导电胶带表面。如果是要观察块状样品的断面，则需要通过选用断面样品台将样品固定，使样品的断面朝上正对电子束。

(a)　　　　　　　(b)

图 6.10　　JSM-7500F 型冷场发射扫描电镜样品台

(a) 平面样品台；(b) 断面样品台

（3）对于多个样品在同一个样品台上测试的情况，要尽量保证每个样品的高度一致。否则，由于在测试时只能以最高的样品作为参照，其他样品的工作距离较难确定。

（4）样品固定到样品台上后，要判断样品的导电性，对于不导电的样品，要通过离子溅射仪对样品进行镀金处理。图 6.11 为 JEOL 公司的 JFC-1600 型磁控离子溅射仪的照片。使用离子溅射仪给不导电样品镀金时，可根据溅射时间和溅射电流来调节蒸镀在样品表面金膜层的厚度和颗粒尺寸。通常情况下，增大电流和时间都可以增大蒸镀膜层的厚度。低电流长时间可以在增加蒸镀膜层厚度的同时不增加样品表面金颗粒的大小。

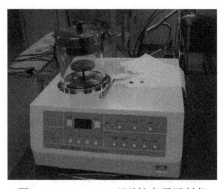

图 6.11　　JFC-1600 型磁控离子溅射仪

（5）对于较厚的不导电样品，则需要对样品侧面进行喷金处理或搭导线，从而避免测试过程中的荷电效应。

（6）将样品台固定在样品台底座上，拧紧固定螺丝，这样样品就基本制备完毕了。

6.2.2　扫描电子显微镜的基本操作步骤

1．进样操作

（1）点击工具栏上的样品台更换按钮"Stage Exchange"，在弹出的窗口中点击"Exchange"。

（2）按充气按钮"VENT"，向样品交换室充气至橙色指示灯长亮。

（3）打开舱门，把样品台平面向内沿轨道推到底，检查密封圈是否脱落后关闭舱门。

（4）按抽气按钮"EVAC"，对样品交换室抽真空至橙色指示灯长亮。

（5）将进样杆拉到水平状态后缓缓送入仪器内部，推到底后，确认样品台就位灯 HLDR 点亮即可抽出进样杆（一定要全部拉出后，才可向上复位）。

（6）点击工具栏上"PVG"按钮显示真空计窗口，当真空度值小于 5×10^{-4} Pa 时开始加高压，设定好高压值后点击"HT"按钮，使其由蓝转绿。

（7）当电流值达到 10 μA 时，打开截止阀 GUN VALVE CLOSE ，按钮灯熄灭后开始测试。

2．样品观察

（1）通过操作面板上的"Low Magnification"按钮选择低倍探头寻找样品。找到样品后，在增大放大倍数的同时调整焦距。选择好合适的放大倍数和区域后，点击操作面板上的"Fine"和"Photo"按钮，等扫描结束后保存图像。

（2）如果放大倍数超过 5000 倍，则通过"High Magnification"按钮切换到高倍探头并选择"SEI"模式。

（3）初步调整焦距及放大倍数得到图像后按"Align"按钮。

（4）调节像散"OL Stigmator"（调整前最好进行"Lens Clear"）。把目标物放在中间，调整焦距，观察是否出现正交的方向性边缘模糊，调整焦距到看不出方向性的状态，然后分别调整 X、Y 旋钮直到目标物边缘清楚。

（5）调节物镜光栏"OL Aperture"，启动后如果小窗口中图像摆动，则需要使用 X、Y 旋钮调整至原位缩放。

（6）调整到合适的放大倍数和区域后，点击"Fine"和"Photo"按钮，等扫描结束后保存图像。

3．取样操作

（1）关闭截止阀 GUN VALVE CLOSE ，按钮灯亮。

（2）关闭高压"HT"，按钮颜色由绿转蓝。

（3）点击工具栏上的样品台更换按钮"Stage Exchange"，在弹出的窗口中点击"Exchange"，等待样品台中置灯 EXCH POSN 点亮。

（4）把进样杆拉到水平状态，缓缓送入仪器内部。推到头后再缓缓抽出进样杆（一定要拉到底，方可向上复位），此时样品台就位灯 HLDR 应该熄灭。

（5）按充气按钮"VENT"为样品交换室充气至橙色指示灯长亮。

（6）打开舱门，把样品台沿轨道取出后关闭舱门（检查密封圈是否脱落）。

6.3　扫描电子显微镜的应用

由于扫描电镜制样简单、放大倍数涵盖光学显微镜到透射电镜的绝大部分范围，并同时可对样品的形貌、组分、晶形等进行分析，因此其被广泛应用于材料、化学、物理、生物、医学、工程力学等众多领域。

6.3.1　二次电子像

二次电子像是扫描电镜中最重要的成像方式，它焦点深度大，图像富有立体感，特别适合于表面形貌的研究。

1．二次电子像用于研究不平整的物体

扫描电镜的二次电子像景深是光学显微镜的 300～600 倍,因此即使对于表面不平整的样品，二次电子像依然可以比较全面地反映样品的整个形貌信息，这就是为什么有时在放大倍数仅需要几百甚至几十倍的情况下，依然需要用扫描电镜对样品进行表征。

图 6.12 是一只蚂蚁的扫描电镜照片。图中蚂蚁从头部到脚部所有的细节都可以得到很好的展现。不仅可以看到蚂蚁头上的触角、蚂蚁的腿，甚至连蚂蚁腿上的腿毛都可以被清晰地看见，这正是二次电子像较深的景深优势的具体体现。而如果通过光学显微镜来观察，则其只能聚焦到蚂蚁身体的某个部位。例如，如果看到了蚂蚁的头部，就无法同时看到蚂蚁的尾部和腿部，这样就无法在一张图片中得到较为全面的蚂蚁的形貌信息。

图 6.12　蚂蚁的扫描电镜照片

2. 二次电子像用于观察无机材料

二次电子像除了在较低放大倍数时有景深较深的优点外，当需要较高的放大倍数时，二次电子像依然具有很好的立体感。图 6.13（a）为模仿生物矿化而得到的碳酸钙样品的 SEM 照片。从图中可以看出，矿化成盐的碳酸钙形貌呈现疏松的海绵状。在形态上，这些疏松的碳酸盐又形成了球状或带状形态。球状颗粒的大小在 5～12 μm 之间，而带状形态的碳酸盐直径在 7 μm 左右，长度在几十微米。图 6.13（b）为镀镍金刚石的 SEM 照片。从图片中可以看出这些金刚石的尺寸在 10 μm 左右，呈现出不规则的石子状。在金刚石表面包覆着一些颗粒状的物质，颗粒物质对金刚石包覆较好。但是在某些区域，依然存在着没有被包覆的情况。

图 6.13　（a）碳酸钙的 SEM 照片；（b）金刚石的 SEM 照片

3. 二次电子像用于观察纳米材料

二次电子像除了景深较深、成像立体感强的特点之外，其还具有较高的分辨率。图 6.14（a）为通过模板法制备的表面带有介孔的中空微球的 SEM 照片。在 10 万倍的放大倍数下，可以看到微球尺寸比较均匀，表面呈现出一定的粗糙度。另外，在微球表面有一些球状的凸起，这凸起的尺寸大约在 30 nm。在球状凸起附近，存在着尺寸大约为 10 nm 的介孔。图 6.14（b）为采用尺寸为 300 nm 的微球形成的胶体晶体为模板制备的有序大孔膜的 SEM 照片。在 10 万倍的放大倍数下，大孔膜结构清晰可见。孔的尺寸在 300 nm 左右，同时在大孔膜的壁上还存在着一些小孔。在大孔的下方，存在着一些相互贯通的孔，这些孔的尺寸在 60～90 nm 之间。这说明在炭化过程中，不仅形成了有序大孔膜，同时在膜中也产生了多级的孔分布结构。

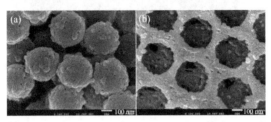

图 6.14　表面具有孔洞的中空微球（a）和有序大孔膜（b）的 SEM 照片

6.3.2　背散射电子像

　　和二次电子像一样，背散射电子像也是扫描电镜中非常重要的一种成像模式。由于背散射电子能量较高，因此其和样品的作用区域和深度较二次电子像大，分辨率低于二次电子像。但是当被测样品内所含原子的原子序数大于 20 以后，每增加一个原子序数，背散射电子系数增大得更加显著，因此背散射电子像在测定已知金属材料的组分时可以清晰地获得各个已知组分在微区内的分布情况。

　　1. 背散射电子像用于观察金刚石表面金属涂层的包覆情况

　　金刚石硬度很高，常用于材料的切割、磨削等领域。由于人造金刚石通常以微粉的形式存在，因此在使用前通常要将金刚石包埋在特定的基底内，然后制备成各种金刚石磨具来使用。固定金刚石常用的基底有高分子树脂、金属以及陶瓷等。如果选择金属作为基底，为了增加基底和金刚石的结合力，通常要在金刚石表面包覆上一层金属涂层，然后再将金刚石微粉和基底结合。因此，金刚石表面包覆的金属涂层的效果对于最终的金刚石磨具的质量有着很大的影响。

　　为了对金刚石表面包覆的金属涂层的效果进行评估，扫描电镜的背散射电子像是一种非常直观、简便且高效的评估手段。其利用的主要原理就是金属材料的背散射系数明显大于金刚石的背散射系数，这样有金属包覆的区域在背散射电子像中亮度就较高，而没有包覆金属的区域亮度就较低。

　　图 6.15 为金刚石镀镍后在 5000 倍下的二次电子像和背散射电子像。从二次电子像可以看出金刚石颗粒尺寸大约为 6 μm，在金刚石的表面，存在着明显的颗

粒包覆物。这些颗粒的尺寸大约在 200 μm。同时包覆涂层内会有一些裂纹和空洞。由于二次电子的成像主要是基于形貌，因此很难判断裂纹和空洞处是否还存在着镍包覆层或者是裸露的金刚石。图 6.15（b）为（a）图像的背散射电子像，从中可以看出，在二次电子像的裂纹和空洞处，这些位置在背散射电子像中变得更暗，而金属涂层此时变得更亮，从而使它们间的衬度变得更加明显。特别是在空洞处，由于此呈现黑色，说明此处背散射电子发射极少，因此可以比较肯定在空洞处是没有镍包覆的。同时，通过对比图 6.15（a）和（b），发现二次电子像的形貌立体感和清晰度都要强于背散射电子像。

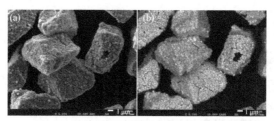

图 6.15　镀镍金刚石的扫描电镜二次电子像（a）和背散射电子像（b）

2.背散射电子像用于观察金属合金中各组分的成分分布

在日常使用的各种金属制品中，无论是价格因素还是出于对性能的要求，往往采用金属合金代替纯金属来加工各种部件或制品。在影响合金性能的因素中，不仅各种金属的含量很重要，各组分在合金中的分布也影响着合金的最终性能。因此，对冶炼或加工成的合金制品进行成分以及元素分布的研究，确定这些因素和合金性能之间的关系就显得尤为重要。

图 6.16 为添加少量石墨烯的黄铜样品的扫描电镜二次电子像（a）和背散射电子像（b）。由于黄铜的成分主要是铜和锌，再加上添加了石墨烯，因此该合金的元素是已知的。图 6.16（a）是该合金的二次电子像。从图像中我们能够看到这是一个粗糙的金属表面。在金属的表面上有一些团簇结构和类似层状的结构。至于合金中铜、锌以及碳元素是如何分布的不得而知。作为对比，图 6.16（b）为（a）所对应的背散射电子像。在背散射电子像中，最亮的区域为原子序数最高的元素，因此在该微区中锌元素主要分布在图的右上方和右下方。对比度居于中间的是铜元素，因此在合金中铜的含量较高。而最暗的为碳元素，可见碳元素主要分布于铜元素内部，在右上角的锌元素中也有少量分布。而且发现，在二次电子像中最亮的区域，在背散射电子像中却最暗。这主要是因为石墨烯卷曲了，其在金属合金表面呈现凸起的状态，因此就较为明亮。而在背散射电子像中，明暗是由元素的原子序数决定的。石墨的原子序数最低，因此其在背散射电子像中最暗。可见，

通过背散射电子像不仅可以确定该微区含有的元素，同时还可以确定这些元素在这些微区的分布情况。

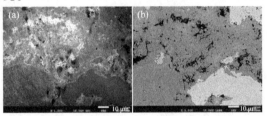

图 6.16　添加石墨烯的黄铜样品的扫描电镜二次电子像（a）和背散射电子像（b）

6.3.3　背散射电子衍射分析

尽管利用背散射电子像可以得到样品微区的成分信息，但是依然无法获得样品的结构信息。然而，材料的性能不仅与其所含物质的成分、含量有关，而且与各种成分的结构也关系密切。如果在 SEM 上安装上 EBSD 探头，利用背散射电子衍射，即 EBSD 花样，可以得到样品中物质的结构信息，弥补在利用 SEM 对材料进行表征时信息不足的缺陷。

EBSD 的检测对样品的要求如下：①固体样品，具有一定的外观结构特征（晶体）；②电子束下无损坏变质；③试样表面平整，无在制备样品的过程中引起的应变层。

对一个样品进行 EBSD 测试的大致步骤如图 6.17 所示。首先在 SEM 照片中选取需要分析的位置，对该位置进行采集花样处理。得到采集花样后，对得到的菊池花样进行图像处理和菊池带识别。将得到的菊池带和数据库进行相及取向对比，对比后给出标定结果。根据标定结果，给出测试区域物质的相及取向信息。

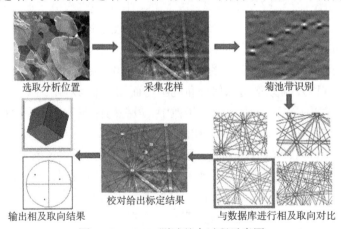

图 6.17　EBSD 测试基本过程示意图

即使在菊池花样类似的情况下，通过测量菊池带宽以及菊池带之间的夹角，仍然可以区分出这种细微的差别。图 6.18 为立方面心铁和立方体心铁在 EBSD 下得到的菊池花样图片。它们的图案非常相似，好像无法加以区别。但是通过仔细地测量菊池带以及菊池带之间的夹角，可以发现它们之间的细微差别。然后通过和数据库对比，就可以区分出立方面心铁和立方体心铁。

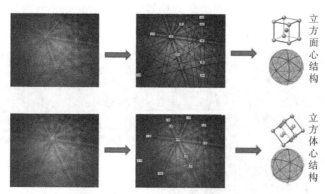

图 6.18　菊池花样相似的立方面心铁和立方体心铁的鉴别

6.4　扫描电子显微镜的成分分析技术——X 射线能谱

能谱仪能记录电子束轰击样品时产生的所有 X 射线谱，是一种测量 X 射线强度与 X 射线能量函数关系的设备。X 射线能谱仪（EDS）通过测量固体材料被激发的 X 射线光子的能量进行元素定性分析，测量 X 射线强度进行元素定量分析，是电子探针仪、扫描电镜及透射电镜成分分析的重要附件。EDS 除了成分分析外，还有非常强大的图像分析和处理功能，能快速、准确、全面地对各种颗粒、夹杂物进行表征，已成为微区成分分析最基本、最方便、最快速的分析手段。

6.4.1　EDS 用于对材料中所含元素的定性和定量分析

尽管通过化学分析的方法也可对材料中所含元素进行定性和定量分析，但当被分析的目标是样品中的一个很小的微区时，化学分析法就不再适用了。

EDS 可将电子束聚集在一个很小的区域并仅在该区域进行电子束扫描，从而激发出该区域所含元素的特征 X 射线。通过对该区域特征 X 射线的能量和强度进行采集和分析，进而对微区的元素进行定性和定量分析。

图 6.19 为 C/SiO₂ 复合材料微区元素定性及定量分析的 EDS 图。图 6.19（a）为该区域样品的二次电子像，从图中可以看出该块状材料表面较为粗糙，有一些

条纹状的形貌分布在样品之上。在样品的下方有一个类似球状的块状体，球状体的直径大约为 18 μm。在球状体上方，有一个高约 12 μm 的条状物，不太规则，直径大约为 3 μm。为了分析该条状物的元素成分及含量，在条带上选择一点进行 EDS 分析。图 6.19（b）上方为该点的 EDS 图，EDS 根据接收到的 X 射线的能量，通过和数据库比对，在图上定性地标出了 C、O 和 Si 三种元素。然后根据 X 射线峰的强度，通过积分的方法自动换算出各元素的原子分数和质量分数，从而完成了对微区元素的定量分析。

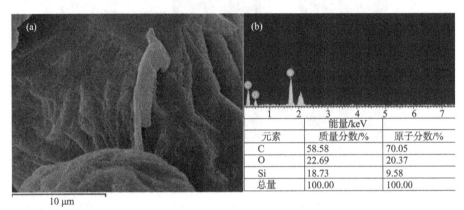

图 6.19　C/SiO$_2$复合材料微区元素定性及定量分析的 EDS 图

6.4.2　EDS 用于对材料中所含元素的定性、定量和元素分布分析

在对材料的微区进行定性和定量分析后，尽管可以得到该区域元素的种类和平均含量，但是各个元素在微区中是如何分布的、分布得是否均匀等也是研究者非常关心的一个问题。此时，如果能增加元素分布图像，则可以进一步丰富该区域的成分信息。

图 6.20 为 C/SiO$_2$复合材料通过 EDS 获得的微区元素定性、定量分析及元素面分布图。图 6.20（a）为所需测试区域的二次电子像。图像的总宽度为 25 μm。从图中可以看出，在样品表面有一些颗粒物，同时有一个直径约为 5 μm 的球形颗粒嵌于样品的右方。图 6.20（f）为对二次电子像进行选区后得到的 EDS 图，从中可以看出所选微区含有 C、O、Si 以及 Cl 四种元素。图 6.20（b）～（e）为上述四种元素的分布。从中可以看出，球形的颗粒上主要集中了 Si 和 O 元素，其可能是 SiO$_2$，而剩余的 C 和 Cl 分布得较为均匀。因此，通过增加各种元素的面分布信息，不仅可以对样品微区内的元素进行定性和定量分析，同时还可获得各元素在所选微区内的分布情况。

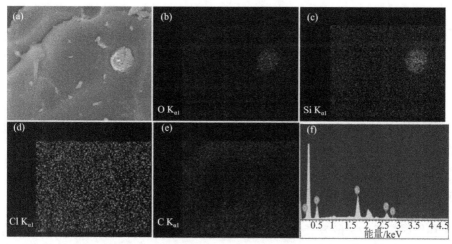

图 6.20　C/SiO₂ 复合材料通过 EDS 获得的微区元素面分布图

6.5　扫描电子显微镜技术发展

扫描电镜在最近十几年得到了迅猛的发展，特别是场发射扫描电镜的出现，已经使人们可以清晰地观察到形态各异的纳米世界，使扫描电镜的观察极限进一步和透射电镜重叠。尽管如此，人们发现在扫描电镜的使用中，仍然存在这样或那样的不足和问题。针对这些问题，电子显微镜厂商也在最新型号的扫描电镜上进行着改进或改良，推动了扫描电镜的发展。

6.5.1　扫描电子显微镜的小型化

扫描电镜由于通常需要多级真空系统，因此往往包含真空油泵、涡轮分子泵等真空设备，加上电子枪、样品室等，结构复杂，体积庞大。这样不仅需要占据较大的空间，价格也较为昂贵。同时，电镜一旦安装，没有工程师的辅助很难实现电镜的搬迁和移动，这在一定程度上限制了扫描电镜的应用。因此如何在保证一定性能的同时缩小扫描电镜的体积，增强其可移动性，降低其价格也是扫描电镜发展的一个方向。

针对该问题，扫描电镜制造商 FEI 公司推出了 Phenom Pro 系列桌面扫描电镜，如图 6.21 所示。第四代 Phenom Pro 放大倍数已达到 130000 倍，分辨率优于 14 nm，可在 30 s 内快速得到表面细节丰富的高质量图像。该电镜价格介于光学显微镜和传统的扫描电镜之间，同时可车载便携，在一定程度上拓宽了扫描电镜的应用范围。

图 6.21　Phenom Pro 系列桌面扫描电镜

6.5.2　低电压下的高分辨和不导电样品的直接观察

场发射扫描电镜的发展使扫描电镜的分辨率达到了前所未有的水平。目前很多厂家推出的场发射扫描电镜的分辨率甚至达到了 1 nm 以下。高的分辨率也带来了一些问题，例如，对于不导电样品，在测试前通常需要对样品进行镀金处理以降低样品在测试过程中的荷电效应。但是，即使通过离子溅射法蒸镀上的铂金膜层，其颗粒在高的放大倍数下也会变得明显。另外，对于一些介孔材料和表面具有极细微结构的材料，蒸镀的铂金膜层有可能会掩盖样品的真实形貌，从而不能真实反映样品的应有状态。因此，如何在低电压下获得较高的分辨率以及实现对不导电样品的直接观察，也是扫描电镜发展的一个重要方向。图 6.22 为纳米 Y_2O_3 粉体在 1.0 kV 下的扫描电镜照片。该样品没有经过镀金处理，经过降低加速电压，不导电的纳米 Y_2O_3 粉体在 10 万倍的放大倍率下成功地消除了荷电现象，得到了表面细节非常丰富的图像。图中的粉体由直径在 20 nm 左右的颗粒物聚集而成。在粉体颗粒上还存在着直径在 10 nm 左右的介孔。如果该样品经过镀金处理，金颗粒很可能会影响粉体表面的颗粒和介孔的形貌，从而不能正确反映样品的原有形貌。

图 6.22　纳米 Y_2O_3 粉体在 1.0 kV 下的扫描电镜照片

6.5.3　冷场发射扫描电子显微镜电子枪束流不稳定、束流小的解决方案

冷场发射扫描电镜具有极高的分辨率，因此纳米材料需要表征时会首先考虑冷场发射扫描电镜。但是冷场发射扫描电镜存在电子枪束流不稳定、束流小、不适合做能谱分析的缺陷，并且冷场发射扫描电镜每天要进行一次 Flash（瞬间加热）以去除针尖所吸附的气体原子，而且在 Flash 后通常需要等待 1 h 才能操作，这些都给用户带来了不便。

2011 年日立推出的 SU9000 作为一款冷场发射扫描电镜甚至不需要传统意义上的 Flash 操作。2013 年日立推出了 SU8200 系列冷场发射扫描电镜，其在完全秉承以往冷场发射扫描电镜全部优点的同时，将探针电流大幅提高，电流稳定性得到了极大增强，同时避免了灯丝 Flash 后的等待时间。

冷场发射扫描电镜的电子枪束流不稳定、束流小的问题还会影响能谱仪的测试效率。特别是当冷场发射扫描电镜在低电压的使用条件下，能谱仪采集的计数率就会降低。为了改善这种情况，提高能谱仪的效率，牛津仪器推出了最大晶体面积可达 150 mm^2 的能谱仪，并且用户还可以选择在一台电镜上安装多台能谱仪，其晶体面积最大可以达到 600 mm^2，通过扩大晶体面积提高了能谱仪的计数效率。

6.5.4　高分辨率的热场发射扫描电子显微镜

热场发射扫描电镜具有束流大、稳定性好、可扩展性好、分析效率高的特点，与能谱仪联用能够获得较好的定量分析结果。然而与冷场发射扫描电镜相比，它的分辨率却稍逊一筹。近年来，电镜厂家不断改进技术，一些高端的热场发射扫描电镜在保持原有技术优势的同时，分辨率也有了很大的提升。

日本电子 2013 年推出的 JSM-7610F 型热场发射扫描电镜在 15 kV 的加速电压下二次电子像分辨率为 1.0 nm；1 kV 加速电压下，采用柔和电子束模式，二次电子像分辨率可达 1.3 nm。同时，它依然保持了热场发射扫描电镜大束流的优势，15 kV 加速电压下电子束流可达 200 nA。蔡司集团于 2015 年 3 月推出了 Gemini 500 型热场发射扫描电镜，它提供了更低的加速电压来成像，这有效解决了一些特别软的材料在 1 kV 的加速电压下成像仍然有荷电损伤的问题。同时，Gemini 500 特别注重提高了不导电样品在低电压下的分辨率。Gemini 500 在 500 V 的加速电压下，二次电子像分辨率就可以达到 1.2 nm。另外，蔡司集团即将推出样品台减速技术，在 1 kV 加速电压下，二次电子像的分辨率可达到 0.9 nm。

除了上述问题外，如何降低扫描电镜的操作难度，减少扫描电镜的维修与维护成本，提高电镜的自动化分析程度，降低操作人员的劳动强度以及如何实现在低真空情况下获得较高的分辨率等问题，都是今后扫描电镜发展的方向。

思 考 题

1. 电子束和样品相互作用后会产生哪些信号？这些信号有哪些特点？在扫描电镜的几种工作模式中分别采用到了哪几种信号？

2. 扫描电镜根据电子枪可分为哪些类型？这些类型的扫描电镜各有什么特点？

3. 扫描电镜如何制样？制样过程中应该注意哪些事项？

4. 对于不导电样品，为什么在用扫描电镜测试前需要对样品镀金处理？镀金的要求和原则是什么？这些金膜层除了增加导电性外，还有没有其他作用？

5. 什么是二次电子？二次电子像的特点是什么？

6. 二次电子像对哪些因素比较敏感？对于平面样品，如何提高样品二次电子像的衬度？

7. 什么是背散射电子？背散射电子像的特点是什么？

8. EDS 的工作原理是什么？它可以获取样品的哪些信息？

9. EBSD 的工作原理是什么？它可以获取样品的哪些信息？

参 考 文 献

焦汇胜, 李香庭. 2011. 扫描电镜能谱仪及波谱仪分析技术. 长春: 东北师范大学出版社.

施明哲. 2015. 扫描电镜和能谱仪的原理与实用分析技术. 北京: 电子工业出版社.

第7章 透射电子显微镜

TEM 是以波长极短的电子作为照明光源,以电磁透镜聚焦透过样品的电子而成像的电子光学仪器。TEM 不仅具有高的分辨率,可以在原子尺度直接观察材料的内部结构,而且能同时进行材料晶体结构的电子衍射分析,可以获得材料的物相及晶体结构信息。再加上 TEM 可配置 EDS、电子能损谱(EELS)等测定微区成分的附件,TEM 已成为兼有形貌观察、物相分析、成分测定以及结构鉴定等多功能于一体的大型精密分析仪器。近年来 TEM 广泛应用在多个学科领域和技术部门,对于材料科学和工程领域,它已经成为联系和沟通材料性能和内在结构的一座最重要的"桥梁"。

7.1 TEM 基本原理与构造

7.1.1 显微镜的分辨率

显微镜的功能是帮助人眼识别相距很近的两点或两条平行直线。能辨识的两点或两线间的距离是衡量显微镜功能的一个重要标准,称为分辨率。分辨率越高,能分辨的两点或两线之间的距离就越小。根据阿贝(Abbe)衍射成像原理,显微镜的分辨率可由式(7.1)表示:

$$d = \frac{0.61\lambda}{n\sin\alpha} \tag{7.1}$$

式中,d 为两个物点间的距离;λ 为光的波长;n 为折射系数;α 为孔径半角,光学系统中也把 $n\sin\alpha$ 统称为数值孔径。可见,显微镜的分辨与波长成正比,与数值孔径成反比。对光学显微镜而言,最短的可见光波长为 390 nm,数值孔径近似为 1,因此其分辨率极限约为 200 nm,一般人眼的分辨率约为 0.2 mm,光学显微镜比人眼的分辨率提高了约 1000 倍,但这对于研究材料原子尺度微观结构是远远不够的。

电子波长比可见光波长短得多,且电子波长与其加速电压平方根成反比,加速电压越高,电子波长越短,见表 7.1。电子显微镜以波长短的电子代替可见光作照明源，使用电磁透镜代替玻璃透镜聚焦成像（电磁透镜具有使电子束聚焦的能力），可以获得更高的分辨率。提高加速电压，缩短电子波长，可提高显微镜的分辨率；加速电子速度越高，对试样穿透的能力也越大，这样可放宽对试样减薄的要求。

表 7.1　不同加速电压下的电子波长

加速电压 U/kV	电子波长 λ/nm	加速电压 U/kV	电子波长 λ/nm
20	0.00859	120	0.00334
40	0.00601	160	0.00258
60	0.00487	200	0.00251
80	0.00418	500	0.00142
100	0.00371	1000	0.00087

TEM 常用的加速电压在 100～1000 kV 之间，对应的电子波长范围是 0.00371～0.00087 nm，这比可见光的波长低了约 5 个数量级。按照式（7.1），TEM 的分辨率应该比可见光高很多，但目前传统 TEM 的最高分辨率仅为 0.1 nm，仅比可见光高出 3 个数量级，主要原因在于除了电子波长外，电磁透镜的像差对 TEM 的分辨率也有影响。

7.1.2　电磁透镜

在光学显微镜中，旋转对称的玻璃透镜使可见光聚焦成像；电子显微镜中，特殊分布的电场或磁场可使电子束聚焦成像。用静电场制成的透镜称为静电透镜（如电子枪中三极静电透镜）；用电磁场制成的透镜称为电磁透镜，TEM 中的聚光镜、物镜、中间镜和投影镜均是电磁透镜。这种电磁透镜是具有轴对称非均匀磁场的短磁透镜，通常由圆柱壳子、短线圈和极靴组件三个部分组成。圆柱壳子由软磁材料组成，内有环形间隙，短线圈由铜制成，装在软磁壳子里，极靴组件由具有同轴圆孔的上下极靴和连接筒组成，套在软磁壳内环形间隙两端。图 7.1（a）是一个典型的电磁透镜的剖面图。当铜线圈通电时，在极靴圆孔内产生一个非均匀的轴对称磁场，穿过线圈的电子在磁场的作用下将做圆锥螺旋近轴运动，而一束平行于主轴的入射电子通过电磁透镜时将被聚焦在主轴的某一点，如图 7.1（b）所示。

电磁透镜与玻璃透镜一个显著不同的特点是它的焦距 f 可变，只要调节线圈激磁电流就可方便地改变电磁透镜的焦距，而透镜的放大倍数是由焦距决定的，故电镜中的聚焦与放大都是通过改变透镜线圈电流实现的。且电磁透镜焦距 f 总为正值，表明电磁透镜只有凸透镜，不存在凹透镜。

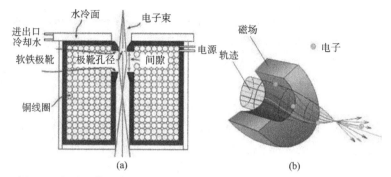

图 7.1　电磁透镜示意图（a）和电磁透镜中电子运行轨迹示意图（b）

电磁透镜像玻璃透镜一样，也要产生像差；即使不考虑电子衍射效应对成像的影响，电磁透镜也不能把一个理想的物点聚焦为一个理想的像点。电磁透镜的像差也分为两类，一类是因透镜磁场的几何缺陷产生的，称为几何像差，它包括球面像差（球差）、像散等；另一类是由电子波波长或能量的非单一性引起的色差。

球差是电磁透镜的近轴区域和远轴区域磁场对电子束的折射能力不同而产生的一种像差。远轴区域的电子通过透镜时，一般比近轴的折射程度严重，使得会聚点延伸在一定长度上，而不是会聚在一点上，从而影响了点在显微镜上的分辨率，如图 7.2（a）所示。式（7.2）给出了 TEM 的理论点分辨率与电磁透镜球差系数之间的关系。

$$\delta = K_1 C_s^{1/4} \lambda^{3/4} \qquad (7.2)$$

式中，δ 为考虑球差的理论分辨本领；C_s 为球差系数；K_1 为常数，值为 0.6～0.8。从式（7.2）可知，设计电镜时应尽量减少球差系数 C_s，并提高加速电压以缩短波长（λ）来提高分辨率。

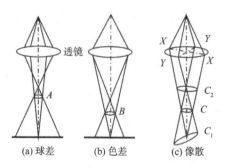

图 7.2　电磁透镜的像差

不同波长的电子线通过电磁透镜后有不同的折射能力，因而聚焦能力不同而使图像模糊，这是透镜的色差。这犹如白光通过玻璃棱镜时，其中不同的波长走不同角度的路线，而被分成 7 种颜色的光一样。电子线通过电磁透镜时，受两个因素影响：一是加速电压微小波动而导致电子速度变化，产生了"杂色光"；二是透镜本身的线圈存在激磁电流的微小波动，也导致聚焦能力的变化，如图 7.2（b）所示。

　　像散是由电磁透镜磁场的非旋转对称性引起的像差，如图 7.2（c）所示。在 XX 方向上电子聚焦的能力弱，而在 YY 方向上的聚焦能力强。在 C_1 处 XX 方向上的电子聚成一点，而在 YY 方向电子却散开形成狭长的光斑。同样，在 YY 聚焦的 C_2 截面上也形成狭长的光斑。透镜制造精度差和极靴、光阑的污染都能导致像散。

　　在上述像差中，球差对分辨率影响最大且最难消除，其他像差通过采取适当的措施，基本可以消除，例如，一般 TEM 装有消像散器，在操作中可随时按需要来校正像散。

7.1.3　TEM 的构造和工作原理

　　了解 TEM 的基本构造和工作原理，有利于学习 TEM 的操作和简单维护，同时也是获得高质量电子图像以及正确分析和解释所获图像的重要基础。虽然 TEM 有不同的生产厂家和品牌，但从整体构造看，基本上都由镜筒部分、真空系统、电源系统、气动系统和水冷却系统组成，如图 7.3 所示。

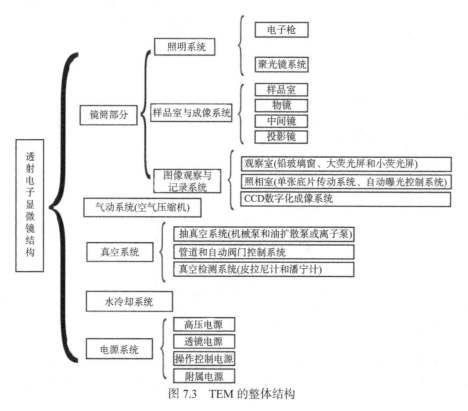

图 7.3　TEM 的整体结构

1. 镜筒（电子光学系统）

镜筒是透射电镜的主体部分，其内部的电子光学系统自上而下顺序地排列着电子枪、聚光镜系统、样品室、物镜、中间镜、投影镜、荧光屏和照相机等装置。根据它们的功能不同又可将电子光学系统分为照明系统、样品室与成像系统和图像观察与记录系统。

1）照明系统

照明系统由电子枪、聚光镜和相应的平移对中、倾斜调节装置组成，其作用是提供一束亮度高、相干性好和束流稳定的照明源。

电子枪是发射电子的场所，也是电镜的照明源，它决定了电子穿透样品的能力、图像的亮度和稳定性。要求发射的电子束亮度高、电子束斑的尺寸小，发射稳定度高。电子枪的种类与性能见表 7.2，主要分为发射式热阴极三极电子枪和场发射电子枪（field emission gun，FEG）两种，表 7.2 中 1 和 2 属于前者。显然，从亮度等来说，场发射的优点是十分突出的，但它要求的真空环境比较苛刻。

表 7.2　电子枪的种类和性能

序号	电子枪类型	亮度/ $[A/(cm^2 \cdot s)]$	电子束斑大小	工作温度/K	电子束流/μA	真空度/ Torr[①]	寿命/h
1	W	$\sim 10^5$	25 μm	2800	100	10^{-6}	50
2	LaB$_6$	$\sim 10^6$	10 μm	1800	50	10^{-7}	100~500
3	热场发射	$\sim 10^8$	20 nm	1800	50~100	10^{-9}	500~1000
4	冷场发射	$\sim 10^9$	5 nm	300	5~20	10^{-10}	1000

① 1Torr=133.32Pa。

发射式热阴极三极电子枪由阴极、阳极和栅极组成，阴极为钨丝或六硼化镧（LaB$_6$）材质的灯丝，当加热至一定温度时灯丝产生热发射电子现象。阴极与阳极之间有高电压，电子在高电压的作用下加速从电子枪中射出，形成电子束。在阴极和阳极之间有一栅极（又称控制极），它是比阴极还负几百至几千伏的偏压，起着对阴极电子束流发射和稳定控制的作用。同时，由阴极、栅极、阳极所组成的三极静电透镜系统对阴极发射的电子束起着聚焦的作用。

场发射电子枪在强电场作用下产生电子，冷场发射不需要加热，阴极为有一尖端（亚微米尺度）的 W 单晶，阴极中的电子在大电场作用下可直接克服势垒离开阴极（称为隧穿效应），冷场发射的电子能量发散度很小，仅为 0.3~0.5 eV。但这种枪对于阴极外形、外场稳定性、表面吸附等都十分敏感，从而给操作带来一定的复杂性。

热阴极 FEG 可克服冷阴极 FEG 的上述缺点，在施加电场的同时加热发射极（1600～1800 K），电子的能量发散度为 0.6～0.8 eV，较冷阴极稍大，但发射不产生粒子吸附，发射噪声大大降低，而且不需要闪光处理，可以得到稳定的发射电流，现用于大部分的场发射 TEM。

聚光镜的作用是会聚从电子枪发射出来的电子束，控制束斑尺寸和照明孔径角。高性能 TEM 都采用双聚光镜系统。第一聚光镜为一个短焦距强磁透镜，其作用是缩小束斑，通过分级固定电流，使束斑缩小为 0.2～0.75 μm；第二聚光镜是一个长聚焦弱磁透镜，以使它和物镜之间有足够的工作距离，用以放置样品室和各种探测器附件。第二束斑尺寸为 0.4～1.5 μm。在第二聚光镜下方，常有不同孔径的活动光阑，用来选择不同照明孔径角。为了消除聚光镜的像散，在第二聚光镜下方装有消像散器。另外，为了能方便地调整电子束的照明位置，在聚光镜与样品之间设有一个电子束对中装置，实施电子束平移和倾斜调整。它是通过电磁激励的偏转线圈来实现调节的。

2）样品室

样品室位于聚光镜和物镜之间。它的主要作用是通过样品台承载样品，并使样品能平移、倾斜、旋转，以选择感兴趣的样品区域或位向进行观察分析。在特殊情况下，样品室内还可分别装有加热、冷却或拉伸等各种功能的样品座，以满足相变、形变等过程的动态观察（即原位 TEM）。TEM 的样品放置在物镜的上下极靴之间，由于这里的空间很小，所以 TEM 的样品也很小，通常是直径 3 mm 的薄片。

3）成像系统

成像系统由物镜、中间镜和投影镜组成。照明系统提供的电子束穿越样品后便携带样品的结构信息，沿各自不同的方向传播。物镜将来自样品不同部位、传播方向相同的电子在其背焦面上会聚为一个斑点，沿不同方向传播的电子相应地形成不同的斑点，其中散射角为零的直线束被会聚于物镜的焦点，形成中心斑点。当样品存在满足布拉格方程的晶面组时，可能在与入射束交成 2θ 的方向上产生衍射束。这样，在物镜的背焦面上便形成了衍射花样。而在物镜的像平面上，这些电子束重新组合相干成像。通过调整中间镜的透镜电流，使中间镜的物平面与物镜的背焦面重合，并进一步放大，将在荧光屏上得到电子衍射花样，如图 7.4（a）所示，这是 TEM 当中的衍射操作；若使中间镜的物平面与物镜的像平面重合，并将图像进一步放大，可在荧光屏上得到显微像，这是 TEM 当中的成像操作，如图 7.4（b）所示。

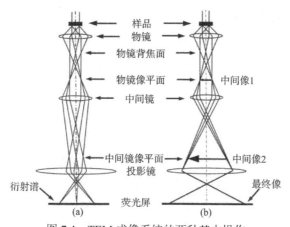

图 7.4　TEM 成像系统的两种基本操作

（a）将衍射谱投影到荧光屏；（b）将显微镜投影到荧光屏

　　物镜是成像系统的第一级透镜，是 TEM 的关键部分，它形成样品第一幅衍射花样或形貌像，成像系统中其他透镜只是对衍射花样或形貌像进行进一步放大。物镜的分辨本领决定了 TEM 的分辨率，因此，为了获得高分辨、高质量的图像，物镜采用强激磁、短焦距透镜以减少像差。现代高端 TEM 添加物镜球差校正器以提高分辨率，本章 7.5.2 小节"球差校正透射电子显微镜"对此有介绍。样品与物镜之间的距离固定不变，通过改变物镜的焦距和像距来改变放大倍率。并且在物镜的背焦面上安装物镜光阑，在背焦面处除了有近似平行于轴的透射电子束外，还有更多的从样品散射的电子也在此汇聚。在此处加入物镜光阑有利于：①挡掉大角度散射的非弹性电子，使球差和色差减少及提高衬度，得到样品更多的信息；②可选择背焦面上的晶体样品衍射束成像，获得明、暗场像。在物镜的像平面上装有选区光阑，该光阑是实现选区衍射功能的关键部件。

　　在 TEM 操作过程中，主要是利用中间镜的可变倍率来控制电镜的总放大倍数。通过调节中间镜的电流，可选择物体的像或电子衍射图来进行放大。中间镜是一个弱激磁的长焦距变倍透镜，可在 0～20 倍范围调节。当放大倍数大于 1 时，用来进一步放大物镜像，当放大倍数小于 1 时，用来缩小物镜像。

　　投影镜的作用是把经中间镜放大或缩小的像或电子衍射花样放大，并投影到荧光屏上，它和物镜一样，是一个短焦距的强磁透镜，投影镜一般固定放大倍数。投影镜的内孔径较小，电子束进入投影镜孔径角很小（约 10^{-5} rad）。小的孔径角带来两个重要的特点：第一，景深大，景深是指在保持清晰度的情况下，试样沿镜轴可以移动的距离范围；第二，焦深长，焦深是指在保持清晰度前提下，像平面沿镜轴可以移动的距离范围。长的焦深可以放宽电镜荧光屏和底片平面严格要求的位置，使仪器的制造和使用都很方便。

4）图像观察与记录系统

该系统由荧光屏、照相机和数据显示器等组成。投影镜给出的最终像显示在荧光屏上以被观察，当荧光屏被竖起时，就被记录在其下方的照相底片上或 CCD 相机上。

2. 真空系统

真空系统是为了保证电子在镜筒内整个狭长的通道中不与空气分子碰撞而改变电子原有的轨迹，同时为了保证高压稳定度和防止样品污染。不同的电子枪要求不同的真空度。一般常用机械泵加上油扩散泵及离子泵抽真空，为了降低真空室内残余油蒸气含量或提高真空度，可采用双扩散泵或改用无油的涡轮分子泵。真空阀是用于启闭真空通道各部分的关卡，使各部分能独立放气、抽真空而不影响整个系统的真空度。

真空规用于镜筒各部位真空度的检测，向真空表和真空控制电路提供信号，根据检测目标的真空度不同，真空规分为"皮拉尼计"（Pirani gauge）和"潘宁计"（Penning gauge）两种。前者用于低真空检测，后者用于高真空检测，二者被安装在镜体的不同部位。

3. 电源系统

TEM 镜筒和辅助系统中的各种电路都需要工作电源，且因性质和用途不同，对电源的电压、电流和稳压度也有不同的要求。例如，电子枪的阳极需要数十至数百千伏的高电压，它的稳定度应在每分钟不漂移 10^{-5} 以上（每分钟的偏离量低于十万分之一），这由高压发生器和高压稳定电路（埋于油箱内）来提供。在物镜电源中则要求电流的稳定度优于 $10^{-5} \sim 10^{-6}$。其他透镜电源、操纵控制等电路则要求工作电压从几伏到几百伏，电流从几毫安到几安不等，全部由相应的电源电路变换配给，其中包括变换电路、稳压电路、恒流电路等。

4. 气动系统（空气压缩机）

TEM 中的真空阀多为气动式，动力源自空气压缩机，这是因为如采用电磁动力的真空阀门，易产生干扰电磁场，影响 TEM 工作。TEM 外部专配的空气压缩机能经常、自动地保持在 4 atm[①]以上，以提供足够的气体压力。由空气压缩机输出的高压气体经多根软塑细管送出，先经过在计算机程序控制下动作的"总操纵集合电磁阀"，然后连接到镜体内各部位安装的气动阀门处。这样，就可以通过固定程序或人工来操纵控制镜体外部的集合电磁阀，切断或连通任一路软塑细管，间接地启闭镜体内部的任一气动阀。

---

① 1 atm=101.325 kPa。

5. 水冷却系统

水冷却系统是由许多曲折迂回、密布在镜筒中的各级电磁透镜、扩散泵、电路中大功率发热元件之中的管道组成。外接水制冷循环装置，为保证水冷、充足可靠，在冷却水管道的出口装有水压探测器，在水压不足时既能报警，又能通过控制电路切断镜体电源，以保证电镜在正常工作时不因为过热而发生故障。水冷却系统的工作要开始于电镜开启之前，结束于电镜关闭 20 min 以后。

7.2　选区电子衍射和 TEM 像衬度

7.2.1　选区电子衍射

TEM 的最大特点是既可以得到电子显微像又可以得到电子衍射花样。晶体样品的微观组织特征和微区晶体学性质可以在同一台仪器中得到反映。TEM 中的电子衍射几何与 X 射线完全相同，都遵循布拉格方程所规定的衍射条件和几何关系，衍射方向可以由埃瓦尔德衍射球作图求出。因此，许多问题可用与 X 射线衍射相类似的方法处理。但与 X 射线衍射相比，电子衍射可与物相的形貌观察同步结合，能在高倍下选择微区进行晶体结构分析，弄清微区的物相组成，另外，电子衍射强度大，所需曝光时间短，摄取衍射花样时仅需几秒钟。

实际操作中往往需要对样品指定区域进行电子衍射分析，因此，TEM 经常采用所谓的"选区电子衍射"方法。在 TEM 成像过程中，如果在物镜像平面处插入一个孔径可变的选区光阑，让光阑孔只套住感兴趣的微区，则光阑孔以外的成像电子束将被挡住，只有该微区的成像电子才能通过光阑孔进入中间镜和投影镜参与成像，这时，成像模式就变为衍射模式，如图 7.5 所示，荧光屏上将显示出该微区的晶体产生的衍射花样。

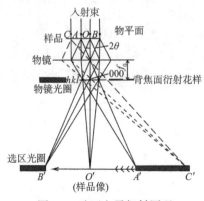

图 7.5　选区电子衍射原理

f_0 为焦距

　　由于选区衍射所选的区域很小，因此能在晶粒十分细小的多晶样品中选取单个晶粒进行分析，从而为研究材料的单晶结构提供了有利的条件。选区光阑的直径在 20～300 μm 之间，若物镜放大倍数为 50 倍，那么在物镜的像平面上放置直径为 50 μm 的选区光阑就相当于在物平面上放置 1 μm 的光阑，可以套取样品上任何直径 1 μm 的结构细节，实现对 1 μm 范围的微区作选区衍射。由于选区的尺寸可以很小，很容易得到单晶的电子衍射图，可把晶体的像和衍射对照进行分析，从而得出有用的晶体学数据。

　　值得注意的是，由于在电镜中成像和形成电子衍射的过程中，使用的透镜电流强度不同，图像在镜体中旋转的角度不同，使用旧型号的电镜时，会产生图像与衍射方向的旋转（磁转角），但新型号的电镜在仪器设计上已经克服了这种角度的旋转，图像和电子衍射谱具有完全对应的关系。

7.2.2　电子衍射花样

　　材料的晶体结构不同，其电子衍射图存在明显的差异。

1．单晶体衍射花样

　　当一电子束照射在单晶体薄膜或微区上时，透射束穿过薄膜到达荧光屏上形成中间亮斑，衍射束则偏离透射束形成有规则的衍射斑点，如图 7.6 所示。与电子束入射方向平行的晶体取向不同，衍射花样也不同。

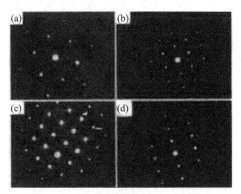

图 7.6　不同入射方向的立方相 ZrO_2 衍射斑点
（a）[111]；（b）[011]；（c）[001]；（d）[112]

2．多晶材料的电子衍射

　　如果晶粒尺度很小，且晶粒的结晶学取向在三维空间是随机分布的，无论电子束沿任何方向入射，（hkl）倒易球面与反射球面相交的轨迹都是一个圆环形，由此产生的衍射束为圆形环线。所以多晶的衍射花样是一系列同心环，环半径正比于相应的晶面间距的倒数。当晶粒尺寸较大时，参与衍射的晶粒数目减少，使得这些倒易球面不再连续，衍射花样为同心圆弧线或衍射斑点，如图 7.7 所示。

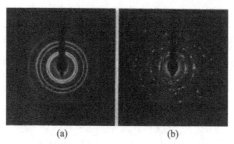

图 7.7　NiFe 多晶纳米薄膜的电子衍射

（a）晶粒细小的薄膜；（b）晶粒较大的薄膜

3．非晶态物质衍射

非晶态结构物质的特点是短程有序、长程无序，即每个原子的近邻原子的排列仍具有一定的规律，但非晶的结构不再具有平移周期性，因此也不再有点阵和单胞。非晶态材料的电子衍射图只含有一个或两个非常弥散的衍射环，如图 7.8 所示。

图 7.8　典型的非晶衍射花样

7.2.3　TEM 的像衬度

衬度是指在荧光屏或照相底片上，眼睛能观察到的光强度或感光度的差别。由于图像上不同区域间存在明暗程度的差别即衬度，因此才能观察到各种具体的图像。只有了解 TEM 像衬度的形成机理，才能对各种具体的图像给予正确解释，这是进行材料电子显微分析的前提。TEM 衬度有三种基本类型：质厚衬度、衍射衬度、相位衬度。

1. 质厚衬度

试样不同微区之间原子序数或厚度存在差异造成的显微像上的明暗差别称为质厚衬度。复型和非晶态物质试样的衬度是质厚衬度。

电子在试样中与原子相碰撞的次数越多，散射量就越大。散射的概率与试样厚度成正比。另外，原子核越大，试样的密度也越大，所带的正电荷及价电子数就越多，散射越多。因此总散射量正比于试样的密度和厚度的乘积，即试样的"质量厚度"。试样中各个部位质量厚度不同，引起不同的散射，一般在物镜的背焦面上放置小孔径光阑（物镜光阑），挡掉散射角较大的电子，来提高电镜的衬度。被物镜光阑挡住的电子不能参与成像时，则样品中散射强的部分在像中显得较暗。而样品中散射较弱的部分在像中显得较亮。试样中质量厚度小的地方，由于散射电子少，透射电子多而显得亮些；反之，质量厚度大的区域则暗些。图 7.9 所示为质厚衬度光路图。

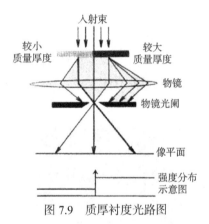

图 7.9　质厚衬度光路图

2. 衍射衬度

在观察结晶性试样时，假定有 2 个晶粒 A 和 B，如果在入射电子束的照射下，B 晶粒的某一晶面组（hkl）与入射方向相交正好成布拉格角，其余晶面与布拉格角条件有较大的偏差，因此 B 晶粒（hkl）晶面组产生的衍射电子束聚焦在物镜的背焦面上。如果在这个平面上加上一个光阑，把 B 晶粒的（hkl）衍射束挡掉，而只让透射束通过并到达图像平面，那么透射束就被减弱了。这样一来，在图像中 B 晶粒较暗而 A 晶粒较亮。这种由晶体试样内各部分满足衍射条件情况的差异而造成的衬度称为衍射衬度，以衍射衬度机制为主而形成的图像称为衍衬像。

挡掉衍射束后由透射束形成的图像称为明场像，明场像的强衍射区暗，无/弱衍射区（背景）亮。如果移动物镜光阑只让衍射束通过而挡住透射束，那么所形成的图像称为暗场像。暗场像的衍射特征与明场像相反，强衍射区亮，无/弱衍射区（背景）暗。有关明场和暗场成像的光路原理如图 7.10 所示。

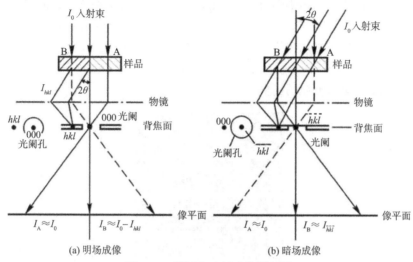

图 7.10　明场和暗场成像原理图

I_A 为入射光束通过 A 晶粒后在像平面上光的强度（也可以理解为在荧光屏上）；I_B 为入射光束通过 B 晶粒后在像平面上的强度；I_0 为入射光束的光强；$I_{\overline{hkl}}$ 为晶粒（hkl）晶面的衍射束光强

　　多晶样品由于取向不一致，成像明暗不同。暗场像的衬度要明显高于明场像，可通过明场和暗场图像对比进行物相鉴定和缺陷分析。衍射衬度仅对于结晶材料存在，对非晶试样是不存在的。

　　影响衍射强度的主要因素有晶体取向和结构振幅。常见的衍射衬度如下：

　　（1）衍射明场像中两个晶粒一明一暗，说明前者不处于布拉格位置，而后者处于布拉格位置；

　　（2）晶体中的位错或其他缺陷的存在，致使局部晶格发生畸变，改变了这些部位的衍射条件，正常的周期性遭到破坏，使其与周围有不同的成像电子束强度而显示衬度；

　　（3）基体中微区元素的富集，使正常的晶面间距发生变化，也会改变局部区域的衍射条件，提供新的衬度；

　　（4）两种不同物相，组成不同，对电子散射本领不同，结构振幅不同，引起衬度差别；

　　（5）电子波长短，衍射角小，位错、层错、空位等的缺陷也会引起衍射条件的改变而显示衬度。

　　3. 相位衬度

　　入射电子束中的电子在与试样中原子碰撞过程中产生散射，相位衬度的本质是由试样的各个原子散射的次波干涉效应引起的，散射电子波与入射电子波产生相位差，在像平面上干涉而形成的衬度称为相位衬度图。需要在物镜的背焦面上插入大的物镜光阑，使两个以上的波干涉成像，仅适于很薄的晶体试样（约 10 nm），这是高分辨电子显微像的衬度。随着场发射电子枪的普及，高分辨透射电子显微镜（high-resolution transmission electron microscopy, HRTEM）已得到广泛应用。图 7.11 是 MoS_2 纳米颗粒的高分辨图像。

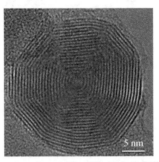

图 7.11　MoS_2 纳米颗粒的高分辨图像

在电子显微像中，对于大尺寸的结构，质厚衬度和衍射衬度是主要的；对于微小尺寸的结构，相位衬度的重要性增加，而当观察轻元素的极小细节（10 Å 以下）时，相位衬度就几乎成为唯一的反差来源。

7.3　TEM 样品制备技术

TEM 的样品制备是一项较复杂的技术，它对能否得到好的 TEM 像或衍射花样是至关重要的。TEM 是利用样品对入射电子的散射能力的差异而形成衬度的，这要求制备出对电子束"透明"的样品。电子束穿透固体样品的能力主要取决于加速电压、样品的厚度以及物质的原子序数。一般来说，加速电压越高，原子序数越小，电子束可穿透的样品厚度就越大。对于 100～200 kV 的 TEM，要求样品的厚度为 50～100 nm；TEM 高分辨率像要求样品厚度约为 15 nm 及以下。

在介绍样品制备方法之前，有必要了解传统 TEM 的样品架，也称样品杆。样品架的作用是承载样品，并使样品能平移、倾斜、旋转，以选择不同样品区域进行观察分析。TEM 的样品是放置在物镜的上下极靴之间，这里的空间很小，因此 TEM 的样品也很小，通常是直径 3 mm 的薄片。普通 TEM 样品架如图 7.12 所示，直径 3 mm 的薄膜样品或载网（上面分散有样品）被固定在顶端，样品架再插入 TEM 样品室。

直径3 mm的样品孔

图 7.12　普通 TEM 样品架

可供 TEM 观察的样品很多，有成型金属材料和非金属材料，也有小到几十纳米的粉末颗粒，也有几纳米厚的薄膜，还有生物等有机材料。传统 TEM 测试对样品的要求如下：

（1）样品要足够薄，粉末样品尺寸小于 0.2 μm，薄膜样品厚度小于 0.1 μm；

（2）在高真空中能保持稳定；

（3）不含有水分或其他易挥发物，含有水分或其他易挥发物的样品应先烘干；

（4）避免磁性颗粒，或者对磁性样品预先去磁，以免观察时电子束受到磁场的影响。

7.3.1　粉末状材料

1. 制样方法

各种粉末状材料或者脆性可研磨成粉末的材料，需要根据具体情况采用合适的溶剂分散并超声一段时间后，将适量溶液转移到载网上，去除溶剂后可上镜观察。溶剂一般选择乙醇等易挥发类物质，也可用水作为溶剂，但其表面张力太大，不容易在载网表面铺展，制样时可适当加热或者通风以加速溶剂挥发。溶液转移方法有捞取法和滴液法。捞取法用精密镊子夹取载网放置于分散好的溶液中，适当晃动，取出载网晾干即可；滴液法是将载网正面朝上放置在滤纸中央，用滴管取液滴加到载网上。值得注意的是，无论哪种方法，溶液浓度都要适中，否则测试时要么很难发现样品，要么样品叠加在一起，甚至会成膜，不利于观察。如果溶液浓度很稀，可以多次滴加，但是每次滴加需间隔一定时间以保证前一滴溶剂挥发完全。

2. 载网的选择

根据测试和样品需求不同，载网的选择也不尽相同，常用的有以下三种。

1）普通碳支持膜

普通碳支持膜是最常用的载网，俗称铜网或碳支持膜，具体组成如图 7.13 所示，最下层是有一定目数（一般在 200～400 目）的金属网，可以是铜网、镍网、金网等。金属网上面为有机层，其化学成分为聚乙烯醇缩甲醛，又称方华膜，最上面一层为碳膜。碳层的引入能够增强载网的导电性和导热性，其厚度一般为 7～10 nm，从制作成本和使用效果看，这种碳支持膜最经济实用，是最常用的粉末样品载网，膜总厚度通常为 10～20 nm，其中 230 目的多被选用。

图 7.13　普通碳支持膜组成

2）微栅支持膜

微栅支持膜也是 TEM 制样中常用的载网。它是在制作支持膜时，特意在膜上制作出微孔，微孔 0.25～8 μm 不等，如图 7.14 所示。采用微栅支持膜的主要目的是为了能够使样品搭载在支持膜微孔的边缘，以便使样品实现"无膜"观察，无膜的目的主要是为了提高图像衬度。观察管状、棒状、片状及纳米团聚物等样品，特别是这些样品的高分辨像时，常用微栅支持膜。

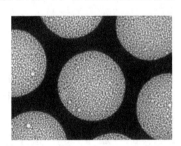

图 7.14　微栅支持膜局部放大图

3）纯碳支持膜

纯碳支持膜仅由金属网和碳层组成。这种支持膜适用于有机溶剂体系（如在有机溶剂中分散性好的纳米颗粒）的表征。因为普通的载网都有一层有机膜，有机溶剂常会将膜溶解，导致样品脱落。如果在 TEM 表征时，发现载网内没有样品，或者样品量极少，很有可能是有机膜被溶解所致。

常见载网主要分为以上几类。如何选择合适的载网，要考虑样品的性质和溶剂的类别。如果是有机溶剂体系分散的纳米粒子，可以选择纯碳支持膜。但若是有机溶剂挥发速率够快，如乙醇、甲醇及四氢呋喃等，普通的碳支持膜也可满足要求。另外，粉末制样中，常把有碳膜的一面称为正面，这是样品所在的面，可通过对比载网边缘与中间区域亮度区分，载网边缘与中间区域亮度相同的是正面，载网边缘的亮度高于中间区域的是反面。

7.3.2　块状样品制样方法

1. 金属/无机非金属样品

金属/无机非金属样品的块状样品可用机械切割→平面磨→预减薄→最终减薄的工艺制样，具体步骤如下。

1）机械切割

可用手锯、砂轮切割机、超声切割机或其他方法将样品切成直径为 3 mm 的圆片或小块，无论正方形还是长方形，对角线不超过 3 mm，长边 2.5 mm 即可。把切好的样品在加热炉上粘到磨具上，自然冷却。

2）平面磨

可采用机械磨或手工磨的方法，把经机械切割的样品磨到 80 μm 以下。手工平磨时，应采用不断变换样品角度，或者沿 "8" 字轨迹的手法，以避免过早出现样品边缘倾角。磨到原始厚度的一半时，用粒度 P1500～P200 微米金刚石抛光膏抛光，每更换一次砂纸用水彻底清洗样品，再用无水乙醇棉球擦干，就可以翻面磨另一面，最终得到样品的厚度在 80 μm 以内。

3）预减薄

用凹坑减薄仪进行钉薄，使薄圆片样品出现一个碗状凹坑，在碗底部样品最薄，其他部分较厚，保证样品不易碎。

4）最终减薄

一般采用电解双喷或者离子减薄方法。

（1）电解双喷：主要用于金属和合金等导电样品。双喷时要选择好电解液，还要控制水流、电压、电流和温度。例如，若水流太小，腐蚀产物冲不走；若水流太大，又会把薄区冲掉。这种方法的优点是减薄速率快，没有机械损伤，但是可能会引起非晶的晶化、污染、氧化等。

（2）离子减薄：对于陶瓷、金属等样品都可以使用，是一种普适的减薄方法。但如果长时间进行离子减薄，样品表面成分可能发生变化，而且离子辐照损伤可能使样品表面非晶化，所以选择合适的减薄条件（电压和角度）和控制试样温度是非常重要的。离子减薄还可以用于去除样品表面的污染层。

2. 高分子样品

针对高分子和生物等有机块状材料，必须把样品切成厚度小于 100 nm 的薄片，一般采用超薄切片机进行切片。

材料的超薄切片分为两大类：一类是常温超薄切片，主要应用于较硬的高分子材料，如 PP、PS、PMMA 和工程塑料等；另一类是冷冻超薄切片，主要应用于软材料如软塑料和橡胶等，在低于其玻璃转变温度时进行切片（温度越低，块状材料越硬）。

超薄切片机的工作原理如图 7.15 所示，采用机械推进式，即刀固定，样品每上下运动一次时向前推进一小段距离，进行切片，可在设定的切削行程区间内使样品以可控速率切片。

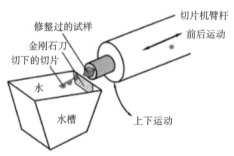

图 7.15　超薄切片机机械推进式工作原理

以下以美国 RMC 公司 Powertome-XL 超薄切片机为例介绍常温切片的方法，常温切片的一般操作流程为：包埋→修样→制刀→装样品→装刀→注水→定位→设定参数→切片→捞取样品→复位→关机。

1）包埋或切割样品

包埋主要用于不适合在切片机夹具上固定的样品，如高分子薄膜、纤维以及生物材料等。用包埋剂支撑整个样品结构，以便于切片，一般选用特定的环氧树脂进行包埋。如果是块状高分子材料，如已成型好的试条，可直接用手锯或刀具切割出圆柱形或长方体形状的样品，只要能固定在夹具上即可，一般长不超过 20 mm，宽/厚 4～6 mm。

2）修样

包埋完成后或切割好的样品须先经过修整，将样品块尖端修整成适当大小及形状，并将要观察的部分露出。首先削去表面的包埋剂，露出样品；用双面刀片在样品的四周削去包埋剂，将样品块修成金字塔形（从侧面观察），顶面修成梯形或长方形，每边长度大小应小于 0.5 mm（一般 0.2～0.3 mm），金字塔高度不宜超过 0.2 mm，如图 7.16 所示。注意，样品顶部不管修成哪种形状，其顶边和底边必须平行，否则不能形成连续切片带。将样品块修成平顶的金字塔型，是为了让样品在切片过程中得到最佳的支持力。样品高度不宜过高，否则切片时容易发生震动，在切片上留下深浅交替的平行条纹，或导致样品块前端断裂。

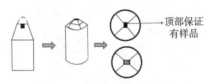

图 7.16　修样示意图

3）制刀

切片一般用玻璃刀，也可用钻石刀。钻石刀可以切较硬的样品，但其价格昂贵。一般选用玻璃刀，玻璃刀由 5～7 mm 厚的硬质玻璃制成，用专门的制刀机制刀。适宜的刀刃应该是平整光滑，无锯齿状波纹。如图 7.17 所示，整把刀最适合切片的部分为 Z 区，约占 1/3；S 区不用于切片；而 E 区的使用须视刀口的品质而定。超薄切片只有漂浮在水面上或其他合适的液面上才便于收集、伸展和捞取，为此在刀口背部装上一个小的水容器，通常称为"水槽"。水槽可用塑料水槽（可以采购）围成，刀与塑料水槽接触处要用熔化的石蜡封固接口，以防漏水。

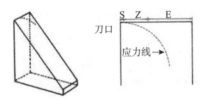

图 7.17　玻璃刀口的使用部位

4）装样品

把已修好的样品夹入样品架内，把样品架装在样品臂上。

5）装刀

如图 7.18 所示，把刀槽装在刀座上，固定。把上刀架放到下刀架上，移动上刀架，在刀口离样品 1 mm 时，固定下刀架。并根据样品软硬程度不同调节玻璃刀的倾斜角度，一般为 4°。注意装刀的时候要小心，不要让刀口碰到样品。

6）注水

液面的调节一般先加稍过量的液体使之凸起，以保证浸湿刀刃。然后在双筒显

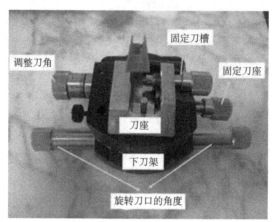

图 7.18　刀座及各旋钮功用

微镜下用注射器或移液管慢慢吸去一部分液体，调整照明系统，当液面变成凹面，可见一反射光线的弧面，即为正确的液面，从这一光亮的反射光可看到切出的片子。在切片过程中由于液体蒸发，需加液以保证正确的液面。注意要保证水槽干净，水干净，没有污染物。保证水平面稍低于刀面，使切出的样品漂浮在水面上。

7）对刀及定位

A. 对刀方法（图 7.19）

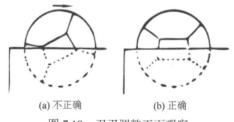

(a) 不正确　　　　　　　(b) 正确

图 7.19　刀刃调整正面观察

（1）在显微镜下倾斜、旋转包埋块，使样品块切面的底边水平放置，长边在下方；

（2）调节刀口的角度，使块面的两个平行边与刀刃平行，即样品与刀的横截面垂直；

（3）移动刀，使可用部分对准块面。

B. 定位

目的：保证样品在切削窗口内以所设定的速率切片。

（1）开控制面板，各种按键功能如图 7.20 所示。

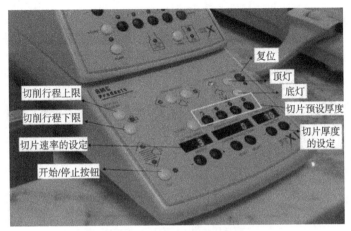

图 7.20　控制面板按键说明

（2）样品在刀口上方 1mm 处，按下控制面板"Cutting Window"设置上限，控制器发出嘟嘟两声表示定位成功；

（3）移动手轮，样品到刀口下方，按下"Cutting Window"下限按键。

8）设定参数切片

按"Cutting Speed"可以自行设定切片速率，按"Cutting Thickness"可设定切片厚度。注意，按"Cut"进行切片开始时切片可稍厚些，先停止切片，然后把切出的片拨开，随后可根据切片情况调节切片速率和厚度重新切，此次切出的片即为所要测试的样品。切片机上厚度指示往往并非代表切片实际数值。一般是利用反射光干涉色来判断切片的厚度，即从切片表面反射的光和从切片下面的水面的反射光发生干涉现象来判断（表 7.3）。实际切片过厚不能用于电镜观察，较好图像一般是银灰色切片。

表 7.3　包埋切片厚度与干涉色的近似值

干涉色	厚度/nm
暗灰色	<40
灰色	40~60
银色	60~80
金黄色	80~130
紫色	130~190
蓝色	190~240

9）用裸铜网或碳支持膜捞取样品

按控制面板"Cut"停止切片，捞取切片。通常方法有两种：

（1）用镊子夹住铜网，对准液面上的切片轻轻一沾（有支持膜时，膜面向下），使切片覆于铜网上；

（2）先用睫毛笔固定切片条位置，再用镊子夹住铜网，浸入水槽，将之自下而上捞起，此法操作难度较大，但有利于捞取连续切片。

10）复位

按控制面板的复位键"Reset"。

11）关闭控制面板

切片工作结束后，首先关闭控制面板电源开关，再关闭仪器总电源开关。

超薄切片不是一项容易的工作，需要长时间练习以积累经验，其中注意事项如下：超薄切片是否成功，对刀很关键，要仔细耐心；水槽中的蒸馏水可能是污染源，尽可能用新鲜蒸馏水；注意切片时碎屑对水槽造成的污染；室温要相对稳定，室内要安静、清洁、无震动；每次切完，记得按复位键；玻璃刀非常锋利，在操作中注意安全。

7.4　TEM 操作步骤和方法

为详细了解 TEM 操作的基本过程，以下以 FEI 公司 TECNAI $G^2$20 型号为例进行介绍。

7.4.1　操作面板主要功能

TEM 结构较为复杂，除计算机软件控制操作外，还要使用两个左右控制面板进行操控，如图 7.21 与图 7.22 所示，必须首先熟悉其主要功能。

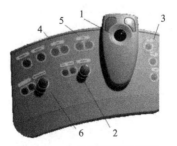

图 7.21　左控制面板示意图

1. 左轨迹球：电子束平移；2. Intensity：改变光强度；3. L1：抬起或放下荧光屏（也可以用镜筒旁边的按钮）；4. α tilt：增大或减小样品台的 α 倾转；5. β tilt：增大或减小样品台的 β 倾转（只对双倾台）；6. Multifunction X：多功能键

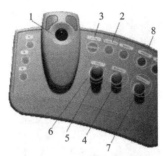

图 7.22　右控制面板示意图

1. 右轨迹球：移动样品；2. Eucentric focus：设置物镜到共心高度；3. Z-axis：改变样品台的 Z 位置；

4. Magnification：放大倍数；5. Focus step：改变聚焦变化步长；6. Focus：改变聚焦；7. Multifunction Y：

多功能键；8. Diffraction：衍射钮

7.4.2　基本操作流程

检查实验室安全及仪器运行状况→检查电镜运行状态→加液氮→装载样品→插入样品杆→加灯丝电流→开始操作→结束操作→取出样品杆→卸载样品→测试完成、低温循环→刻录数据→实验记录。

7.4.3　详细操作步骤及方法

1 . 检查实验室安全及仪器运行状况

（1）检查仪器是否运行正常。

（A）查看仪器控制面板上的指示灯，如图 7.23 所示，正常情况为 On 灯灭（绿色）、Off 灯亮（红色）、Vac 和 HT 灯亮（白色）。

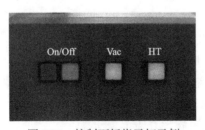

图 7.23　控制面板指示灯示例

（B）查看样品台的指示灯，正常情况指示灯不亮，如图 7.24 所示。

（2）检查空调、冷却水机、空气压缩机、不间断电源及其他相关设备仪表的工作状况，确保其正常运行。

（3）检查实验器材（样品杆、镊子、杜瓦瓶、投影室视窗）是否有损坏。

图 7.24　样品台指示灯示例

2. 检查电镜运行状态

（1）在主程序中，Workset→Setup→Vacuum 确认 Column Valves Closed 按钮处于关闭状态（黄色）。

（2）检查 Vacuum 值、High tension 值是否正常。

Workset→Setup→Vacuum 界面中，Gun、Column、Camera 的压力指示条都应该是绿色。如果出现红色，数值为 99，说明仪器真空破坏，不得进行实验。

检查高压，Workset→Setup→High tension 界面中，正常情况下，High tension 的指示条为黄色，高压指示值为 200 kV。高压平时一直加到 200 kV。

（3）查看样品台位置是否正常。

在计算机主程序右下角显示有样品位置信息，若样品位置 X、Y、Z、A、B 不为 0，需要进行归零，Workset→Search→Reset holder。

（4）无报警符号●出现。

3. 加液氮（加完液氮至少等待 15min 才能插入样品杆）

（1）将投影室视窗用挡板挡住。

（2）戴上手套，将液氮小心地倒入杜瓦瓶中（不要装满），慢慢将铜辫伸入杜瓦瓶中，并将杜瓦瓶安置在支架上，如图 7.25 所示。

（3）将瓶中的液氮装满，并盖上盖子。

4. 装载样品

如图 7.26 所示，将待测样品装入样品杆，载网样品正面朝下。样品杆有单倾和双倾两种类型，单倾只能在 α 方向倾转；双倾在 α、β 两个方向都能倾转。如不需倾转样品，请选择单倾样品杆。具体步骤如下。

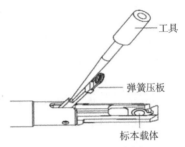

图 7.25　杜瓦瓶示意图　　　　7.26　装载样品示意图

（1）选择单倾样品杆，取下前端套筒。

（2）保持一只手顶在样品杆的末端，确保它不会移出套管。

（3）将（套管支持架上其中一个孔中的）工具插入夹子前面的孔中，然后提起夹子到最大可能的角度。

（4）将样品正面朝下，放在样品杆尖端圆形的凹槽处。

（5）用工具把夹子小心地降到样品之上，并确保样品保持在正确位置。样品安全夹子必须小心地放低，否则，样品和夹子会被损伤。将样品杆旋转 180°，轻敲套管，确保样品不会掉落。

5. 插入样品杆

水平拿持样品杆末端，使样品杆上的定位销对准样品台上的狭缝，慢慢插入样品杆直到不能继续插入为止（此过程中注意保持样品杆与样品台尽量同轴）。这时样品台上的红灯亮，机械泵开始预抽样品室气锁处的真空。若是双倾杆，则在软件中需要选择合适的样品杆类型并确认，然后连接 β 方向倾转控制电缆并确认。3 min 以后，样品台上的红灯熄灭，逆时针旋转样品杆直到不能继续旋转为止，然后必须紧握样品杆末端（此时真空对样品杆有较强的吸力作用），使样品杆在真空吸力作用下慢慢滑入电镜。

6．加灯丝电流

插入样品杆以后，要等镜筒部分（Column）的真空数值降到 20 以下才能开始操作。点击 Filament 指示条（在 Workset→Setup 中，未加之前 Filament 指示条应该为灰色），此时灯丝的电流会自动加到预设的状态，Filament 指示条变为黄色。注意记录加灯丝电流前后 Emission 等数值。

7．开始操作

（1）打开 Col.Valves：确认 Column 真空数值降到 20 以下，点击 Col.Valves 指示条，其由黄色变为灰色。黄色表示关闭，灰色表示打开。注意：Col.Valves 代表 V7 和 V4 两个真空阀，分别隔离镜筒与电子枪及镜筒与照相室。当 Column 真空没有达到规定的数值（20 以下）时，打开 Col.Valves 将使电子枪的真空急剧恶化，从而降低灯丝寿命。

（2）看光斑。打开 Col.Valves 后，就可以在投影室视窗中看到光斑。如果没有看到光斑，可以按顺序进行如下操作找到光斑：将放大倍数（Magnification）缩小至 2500，将光路（InTensity）发散，用右轨迹球移动样品。

（3）调整样品最佳高度：移动轨迹球找到样品观察区域，在 10000 以上的放大倍数下，按操作面板上 Eucentric Focus 按钮，调 Z-axis 使影像聚焦到衬度最小。

（4）调节聚光镜像散（根据实际情况选择操作）。

如图 7.27 所示，用 Intensity 调节光强度，若发现光斑不是同心收缩（即光斑不圆），则需要调节聚光镜像散。

在 Workset→Tune →Stigmator 菜单中激活 Condenser 按钮，使之变为黄色。用多功能键（MF）将光斑调圆。最后点击 None 确定。

图 7.27　聚光镜调节对话框示例

（5）形貌观察及拍照步骤。

（A）用轨迹球选择感兴趣的样品区域。

（B）用 Magnification 旋钮选择合适的放大倍数，并将光发散至满屏。

（C）用 Focus 按钮选择合适的步长，粗调至样品衬度最小。

（D）按 L1 或者镜筒左边按钮，将大荧光屏抬起。

（E）点击 Digital Micrograph 软件左下角的 Search 按钮（小鹿图案），即可获得动态图像。

（F）用 Focus 细调焦距，至最佳聚焦值（即图像略微欠焦，样品边缘稍亮）。

（G）点击 Record（照相机图案），用于拍摄图像。

（H）保存图片。在 Digital Micrograph 软件，用 File-Save As 可将文件保存为*.dm3 格式（原始格式），或用 File-SaveDisplay As 将原始图片另存为*.tif、*.gif、*.jpeg 等格式。

（I）若使用底片拍照，设定好曝光条件后，按左操作面板上的 Exposure 钮。

另外需要注意的说明如下。

用轨迹球找样品时，若听到报警声，同时屏幕显示 Out of Range，表明样品处于边界位置，需往相反方向移动。

由于高分辨像对样品的稳定性要求较高，所以若需要拍摄高分辨像需要让样品稳定，一般需要稳定半小时以上。

Focus 钮包含两个旋钮，下面的旋钮控制 Focus Step，Focus Step 的数值小为细调，大为粗调。一般形貌拍摄选择 Step 2 为细调，Step 4 为粗调，该数值能够在软件的正下方观察到。

Focus 钮上面的旋钮控制 Defocus，顺时针旋转旋钮，Defocus 值增大，逆时针旋转 Defocus 值减小。Defocus 值增大，图像趋于过焦（样品边缘产生黑边）；Defocus 减小，图像趋于欠焦（样品边缘产生亮边），如图 7.28 所示。

图 7.28　碳膜孔洞边缘在欠焦（a）、正焦（b）、过焦（c）状态下的拍摄图片

使用 CCD 相机注意事项如下：

（A）抬起荧光屏之前电子束一定要散开到至少与荧光屏一样大；

（B）禁止观察和拍摄衍射图；

（C）使用 CCD 观察图像过程中，如需改变放大倍数，必须将荧光屏放下，调好后再抬屏观察。

（6）拍摄高分辨像时需要调节物镜像散。

如图 7.29 所示，在 Workset→Tune→Stigmator 菜单中激活 Objective 按钮，使之变为黄色。在样品的附近选择一块非晶区域，借助于 CCD 相机，收集动态图像（Search 模式），调 Focus 钮使图像聚焦清楚（欠焦），然后进行动态快速傅里叶变换（FFT）（Digital Micrograph—Process—Live—FFT），调多功能旋钮 X 和 Y，当 FFT 图像为椭圆时表明有像散，调节 FFT 图像为正圆时说明已调好。图 7.30 是不同条件下的非晶碳膜高分辨照片以及对应的 FFT 结果。

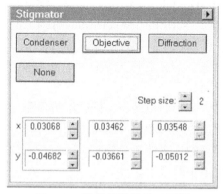

图 7.29 物镜像散调节对话框

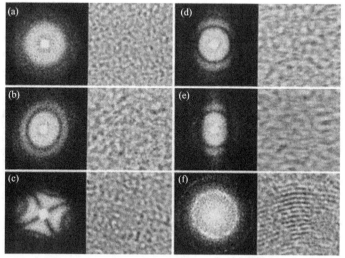

图 7.30 碳膜非晶区在无像散无漂移（a）、有像散（b）、严重像散（c）、无像散有一点漂移（d）、无像散有更大的漂移（e）、无像散无漂移（f）情况下的高分辨照片和对应的 FFT 花样

（7）选区电子衍射及拍照步骤。

（A）选定所感兴趣的样品区域，调节得到适当放大率的像。

（B）加入选区光阑，套取所要观察分析的位置。

（C）按控制板 Diffraction 按钮（小灯亮），得到衍射花样。

（D）旋转 Intensity 钮调节衍射斑点的聚焦。

（E）旋转多功能旋钮 X、Y（000）透射束移到屏的中心。

（F）旋转 Focus 钮进行聚焦衍射斑。

（G）Workset→Camera 菜单下设定好曝光条件和样品编号。

（H）按左操作面板上的 Exposure 钮拍摄。

（I）按控制面板上 Diffraction 按钮（小灯灭），返回到 TEM Bright Field 模式。

（J）移出选区光阑。

8. 结束操作

结束操作时，先将放大倍数缩小至 3500×，并将光发散；关闭 Col.Valves，按钮由灰变黄，然后退掉灯丝，灯丝指示条由黄变灰。

9. 取出样品杆

首先将样品台归零（Workset—Search—Reset Holder），等待样品台上的红灯熄灭；手握样品杆末端，拔出样品杆到有阻力为止（注意力度不要太大）；顺时针旋转样品杆直到不能继续旋转为止（约 120°）；保持水平地把样品杆拔出，若是双倾杆，则需先拔掉电缆插头。

另外需要注意的说明如下。

（1）点击 Holder 必须在阀门关闭后才能进行。

（2）操作前必须确定 A、B 值为零。

（3）拔样品杆的顺序为"拔—转—拔"，每一步操作必须到位。如果在拔的过程中同时进行转动，很容易导致漏气。

（4）样品杆属于仪器精密部件，使用时请小心，所有操作均不必特别大的力气。

（5）两个"拔"的过程务必确认出力的方向与样品杆方向平行，否则很容易将样品杆和样品台损坏。

10. 卸载样品

将样品从样品杆上取下来，所用工具在使用后需及时放回原位。当天最后一名操作者需要把没有装载样品的样品杆重新装入电镜。

11．低温循环

该步骤必须在测试完成并装入空样品杆后才能进行。将杜瓦瓶从支架上取出，点击 Setup—Vacuum（supervisor）的右拉菜单，点击 Cryo 菜单中的 Cryo Cycle 按钮。此时，按钮由灰色变为黄色，Remaining Time 显示 248 min，样品台指示灯亮（红色），表明低温循环开始工作。

12．刻录数据

CCD 图像的拷贝只能刻录光盘，禁止使用 U 盘。底片不能随拍随取，待一盒底片（50 张左右）拍完后，由管理员统一冲洗后分发。

13．做好实验记录

一般需要登记样品信息、操作者姓名、仪器状态、使用时间等，可根据实验室具体管理要求进行。

7.5　TEM 发展及应用

7.5.1　扫描透射电子显微镜

扫描透射电子显微镜(scanning transmission electron microscope，STEM)不同于一般的平行电子束 TEM 成像，它是利用会聚的电子束在样品上扫描来完成的。如图 7.23 所示，首先将电子枪发出的电子通过电磁透镜会聚到薄晶体样品上的一点，然后通过线圈控制使电子束在样品表面上逐点扫描，在每扫描一点的同时，样品下面的探测器同步接收被散射的电子。对应于每个扫描位置的探测器将接收到的信号转换成电流强度显示在荧光屏或计算机显示器上，样品上的每一点与所产生的像点一一对应。

从探测器中间孔洞通过的电子可以形成一般的明场像，即环形明场(annular bright field，ABF)像。环形探测器由于成像过程不包含透射电子束（被中空探测器过滤掉），得到的图像为暗场像，具体说是环形暗场（annular dark field，ADF）像。如果只用高角散射电子成像，即为高角环形暗场(high angle annular dark field，HAADF)像。高角度散射电子波则是不相干电子波，利用这些电子束成像是非相干成像，其分辨率公式为

$$d_p = 0.43C_s^{1/4}\lambda^{3/4} \tag{7.3}$$

式中，C_s 为球差系数，λ 为 λ 射电子束波长。式（7.3）比式（7.2）相干成像的分辨率极限改善了 35%。值得注意的是，HAADF 避免了 TEM 和 HRTEM 中复杂的衍射衬度和相干成像，从而能够直接反映原子的信息，并且每个像点的强度正比于 Z 的平方，Z 是样品中被扫描原子的元素周期表序数。换句话说，显微像上的亮点不仅反映了原子所在的位置，而且也包含了该原子的化学信息。如果结构中有不同的原子，则原子序数较大的原子给出的像点强度高于原子序数小的原子给出的像点强度。因此理论上讲，使用 STEM 技术不但比一般 TEM 更易获得超高分辨率，而且可以同时获知像中原子的化学信息。正因为这种像点强度与原子序数 Z 的正比关系，这种像也被称为 Z 衬度像。

除了专门的 STEM 仪器以外（如 Nion 公司单一扫描透射电镜，dedicated STEM），TEM 与 STEM 可以集合于同一台仪器，只是模式不同而已，通过软件控制很容易实现模式转换。20 世纪 90 年代以来，随着电子显微镜硬件的不断发展，尤其是具有场发射电子枪的透射电子显微镜（FEGTEM）的出现和普及，STEM 成为当代电子显微学发展的新领域。克鲁等利用 STEM 在人类历史上首次获得了单个重金属原子像。2003 年，Batson 等将球差校正器应用于 STEM 中，把电子束斑尺寸减小到 0.078 nm，使原子图像实现了前所未有的清晰度，从而越来越多的学者开始使用 STEM 进行科学研究。STEM 对仪器所在场地的要求比较高(如磁场、温度、噪声等)，但是获得的图像比较直观，相对于高分辨透射图像利于解释，因此近几年国内 STEM 的使用逐年增多。

STEM 中除了通过环形探测器接收散射电子的信号成像，还可以通过后置的电子能量损失谱仪检测非弹性散射电子信号，得到电子能量损失谱（EELS），分析样品的化学成分和电子结构。此外，还可以通过在镜筒中样品上方区域安置 EDS 进行微区元素分析，如图 7.31 所示。STEM-EDS 能谱分析原理类似于 TEM 和 SEM

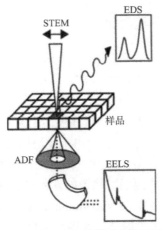

图 7.31　STEM-EDS 能谱分析原理示意图

的能谱分析，但是其空间分辨率更高，可以进行点、线、面扫描分析，而 TEM-EDS 只能进行点扫描。因此在一次测试中可以同时对样品的化学成分、原子结构、电子结构进行分析。特别是 STEM-HAADF 像结合 EDS 和 EELS，可在亚埃尺度上对材料的原子和电子结构进行分析。

利用 STEM 可以观察较厚和低衬度的试样，图 7.32 是用配备了 STEM 及 HAADF 探头的 FEI 公司 Tecnai G^2 F20 所获得的 SiO_2 负载 Cu-Ag 催化剂的显微图像。

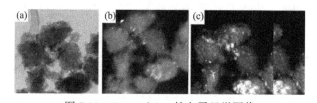

图 7.32　Cu-Ag/SiO_2 的电子显微图像
（a）负载催化剂的 TEM 明场像；（b）负载催化剂的普通暗场像；（c）负载催化剂的 HAADF 像

从图 7.32（a）可以看出，SiO_2 载体衬度比较高，尺寸大小不一，且厚度不均匀。载体上负载着大小不同的纳米催化剂颗粒，粒度较大的颗粒衬度比较高，容易辨认出来；粒度小的纳米颗粒，在载体较薄的区域可以辨认，但在载体稍厚的区域或者粒度更小的颗粒就不容易辨认出来。由图 7.32（b）可以看出，暗场图像在很大程度上排除了载体衬度对纳米颗粒的干扰，可以更加清楚地看到中上部区域的纳米颗粒。但由于在暗场操作过程中，物镜光阑套取的是特定方向的电子衍射斑点，得到的图像中只能看到相应取向的负载颗粒，不能表征纳米颗粒在载体上的完整空间分布。图 7.32（c）为相同样品区域的 HAADF 像，可以清晰地看到纳米颗粒较为均匀地分布在载体上。

7.5.2　球差校正透射电子显微镜

球差校正透射电镜，简称 AC-TEM（spherical aberration corrected transmission electron microscope）。如前所述，TEM 的分辨率主要受物镜球差系数和电子波长的影响，因此提高分辨率的主要方法就是减小球差系数或提高加速电压。超高压电镜，如 20 世纪 80 年代日本 JEoL 公司陆续推出 ARM 系列，加速电压从 800kV 到 1250kvV，可使点分辨率接近 1Å，但由于超高压电镜安装困难、造价昂贵，并且会对样品结构造成撞击损伤等，其在世界范围内的销量屈指可数，现在多用于电子辐照损伤方面的研究。如何消除物镜的球差广受关注，1992 年德国的三名科学家 Harald Rose、Knut Urban 以及 Maximilian Haider 研发使用多极子球差校正装置，包含共轴排列的两个六级电磁透镜和四个辅助圆形透镜，加装于物镜的下方，通过调节和控制电磁透镜的聚焦中心从而实现对球差的校正，最终实现了亚埃级的分辨率。与之相应的基于像差校正电镜的材料结构分析平台迅速普及，清华大学于 2008 年引进了国内第一台场发射 AC-TEM FEITiTan80-300。

　　TEM 中包含多个电磁透镜：聚光镜、物镜、中间镜和投影镜等。球差是由电磁透镜的构造不完美造成的，这些透镜组都会产生球差。矫正不同的磁透镜就有了不同种类的 AC-TEM。当使用 STEM 模式时，聚光镜会聚电子束扫描样品成像，此时聚光镜球差是影响分辨率的主要原因。因此，采用 STEM 模式操作为主的TEM，球差校正装置会安装在聚光镜位置，即为 AC-STEM。而当使用 TEM 模式时，影响成像分辨率的主要是物镜的球差，此种校正器安装在物镜位置的即为AC-TEM。当然也有在一台 TEM 上安装两个校正器的，这就是 AC-TEM。此外，由于校正器有电压限制，因此不同的型号的 AC-TEM 有其对应的加速电压，例如，FEI TITAN 80-300 就是在 80～300 kV 电压下运行，也有专门为低电压配置的低压 AC-TEM。

　　在最新的球差校正器的帮助下，科学家成功地将球差对分辨率的影响校正到小于色差。此时只有校正色差才能进一步提高分辨率，于是产生了球差色差校正透射电镜，如图 7.33 所示。随着校正器的增加，仪器越来越复杂，价格也愈加昂贵。清华大学的北京电子显微镜中心 2016 年 11 月安装的 FEI Titan Themis G2 就是配有聚光镜、物镜双球差校正器、单色器的像差校正电镜。目前，清华大学、东南大学、中国科学院沈阳金属研究所、浙江大学、中国科学技术大学、西安交通大学、上海交通大学、中南大学等都拥有 AC-TEM。

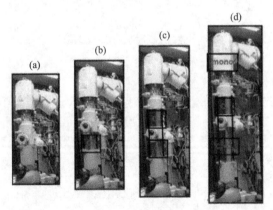

图 7.33　（a）场发射 TEM；（b）加物镜球差校正器的 TEM；（c）加聚光镜、物镜双球差校正器的 TEM；（d）加双球差校正器和单色器的 TEM

　　图 7.34（a）是离焦值为–110 nm 时拍摄的 Ge 薄膜中金颗粒的高分辨像，由于存在离域效应图像很不清楚，而图 7.34（b）是经球差校正 C_s=0 时拍摄的图像，

由于排除了离域效应（即周期性结构看起来超出了其实际物理边界），在图中清晰可见 AuPGe 界面。

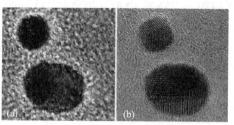

图 7.34　Ge 薄膜中金颗粒的高分辨像
（a）未经球差校正；（b）经球差校正

　　以镁合金材料为例，孪晶是镁合金塑性变形的重要方式，控制孪晶的形成及生长是使镁合金获得良好成形性的关键。如图 7.35 所示，Nie 等采用 HAADF-STEM 对经过室温压缩和回火的镁合金样品进行研究，发现了 Gd、Zn 原子的周期性偏聚。由于 HAADF-STEM 中原子柱的亮度与原子序数成正比，因而 Gd 和 Zn 的原子柱可以在孪晶界上明显观察到。Gd 和 Zn 在孪晶界面上的周期性偏聚可有效地降低孪晶的弹性应变能，并对孪晶的运动起到钉扎作用，从而产生一定的强化作用。

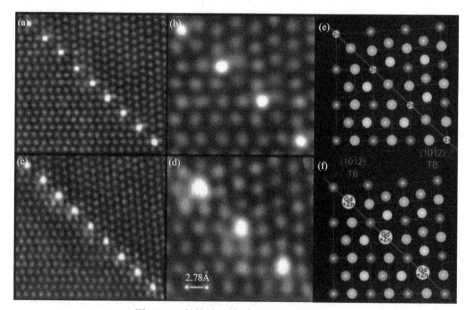

图 7.35　孪晶界处溶质原子周期性排列

（a）、（b）为 Mg-1.9 at% Zn 合金孪晶界处 HAADF-STEM 图像；（c），（d）为 Mg-1.0 at% Gd-0.4at% Zn 合金孪晶界处 HAADF-STEM 图像；（e）、（f）分别为（b）、（d）的示意图，其中的 TB 为孪晶界

7.5.3　冷冻透射电子显微镜

在低温下使用 TEM 观察样品的显微技术称为冷冻透射电子显微镜技术，简称冷冻透射电镜（cryo-TEM）。近年来，冷冻透射电镜在研究生物大分子结构尤其是超分子体系的结构方面取得了突飞猛进的发展，科学家利用其解析出了低对称性生物大分子的高分辨（3～5 Å）三维结构。冷冻透射电镜基本原理就是把样品冻起来然后保持低温放进显微镜里面，通常是在普通 TEM 上加装样品冷冻设备，将样品冷冻到液氮温度（77K），电子束透过样品和冰层后被放大成像并在探测器上记录下来，最后进行信号处理，得到样品的三维结构。冷冻透射电镜主要用于观测蛋白、生物切片等对温度敏感的样品。

冷冻透射电镜技术在 1974 年被提出并用于实验，但在最近十几年才有了革命性的突破，主要得益于三个方面的进步。

第一个突破是制样冷冻固定技术的发展。常规的冷冻方式冷却速度缓慢，冷却过程中生物样品会因结晶而变形扭曲，造成生物分子的结构破坏。快速冷冻制样则是把载有样品的铜网快速放入经液氮/液氦冷却的液态乙烷中（图 7.36），在载网孔或支持膜上形成玻璃态的薄冰，样品颗粒分散包埋在其中而形成冷冻样品，图 7.37 所示为蛋白质颗粒随机分布在玻璃态水中的 TEM 照片。由于冷却速度快，整个冷冻过程在数毫秒之内即可完成（冷冻速度＞104℃/s），使得水分子还来不及结晶就被固定住，水以玻璃态存在，样品水合状态得以保存，结构不受破坏，同时可以降低电子束对样品的损伤，减小样品的变形，从而得到更加真实的样品形貌。

图 7.36　样品在液氮中冷冻

图 7.37　蛋白质颗粒随机分布在玻璃态水中的 TEM 照片

第二个突破是电子探测技术的进步。一般 TEM 感光并记录图像的载体可以分为三类：荧光屏、感光照片和 CCD 相机。荧光屏可实时显示所得的电子显微像，肉眼可直接观测但却无法保存，一般使用感光胶片或者 CCD 相机永久记录电子显微像。胶片是一种对电子束敏感的卤化物底片，能很好地记录保存图像，但需要经常卸换底片，此过程会干扰 TEM 镜筒内的真空，并可能造成污染。另外，底片须在暗室内冲洗，扫描后才能进行图像处理和重构。CCD 相机首先用闪烁器把入射电子信号转换成光信号，再把光信号传送到像感应器，然后再转换为数字图像。在 CCD 相机成像过程中，从成像电子入射到最后的像被读出，要经历闪烁器中电子和光子的散射，以及光纤中的光子散射，还受到透镜耦合度的影响，这些都可能造成数据质量的下降。在高分辨率区域，CCD 相机收集数据的检测量子效率还不如胶片。因此，在使用电子直接探测（electron direct detection device，DDD）相机之前，大多数的高分辨率病毒结构的电镜数据都是用感光胶片进行收集的。

近年来，基于在数码相机中发展的互补金属氧化物半导体（complementary metal oxide semiconductor，CMOS）技术，电子显微镜开始装备 DDD 相机，采用的是直接使用电子感光的方式，不需要 CCD 相机那样的中间转换步骤，大幅提高了电子探测效率。这种高效电子探测器可以把曝光分解成多次并且保证总电子量不变，将拍照变成了拍电影，再把这些电影合并成一张近乎完美的照片，避免了电子束辐照生物样品造成的图像漂移和辐射损伤。

第三个突破是图像收集及数据处理技术的进步。对生物大分子进行结构分析时，往往需要对大量具有全同性的样品颗粒或对同一颗粒进行不同方向的投影，经大量复杂的计算处理、重构后方可获得高分辨结构。近年来，高分辨图像处理算法的改进直接促进了冷冻透射电镜图像处理软件的发展，从软件上将冷冻透射电镜分辨率推到了一个全新的高度，甚至让高度柔性动态样品的高分辨解析成为可能。

对于在空气中不稳定的纳米材料、需要溶剂支撑才能固定形状的柔性分子如表面活性剂和聚合物胶束、其他含溶剂体系等，均可采用冷冻透射电镜直接成像，技术相对简单，不需要大量的颗粒和复杂的计算，所获得的结构信息真实可靠。除生物结构领域外，冷冻透射电镜直接成像技术已成为获得含水材料结构的不可替代技术，国内外相关研究与报道日益增多。

图 7.38 分别是聚合物胶束 PLA_{212}-PEG_{44} 两嵌段共聚物在四氢呋喃和水的混合溶液中形成的聚合物囊泡样品的负染色和冷冻透射电镜照片。对比两种方法的结果可见，负染色法制备的聚合物胶束样品，无法观察到多层胶束的特殊形态，且经过真空和干燥，外形轮廓呈现皱缩；相反，冷冻透射电镜方法则能观察聚合物囊泡的多层结构，且保持胶束处于水溶液状态，胶束光滑饱满，图像分辨率和可信度明显提高。

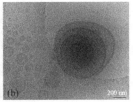

图 7.38　PLA$_{212}$-PEG$_{44}$ 两嵌段共聚物在四氢呋喃和水的混合溶液中形成的聚合物囊泡样品的
透射电镜照片

（a）负染色电镜照片；（b）冷冻透射电镜照片

当前我国的冷冻透射电镜研究已经取得了一定的成绩，与国际先进水平的差距逐渐缩小。国内有近 20 个课题组从事冷冻透射电镜应用研究。清华大学、北京大学、中国科学院生物物理研究所、北京生命科学研究所、中国科学院计算技术研究所、国家蛋白质科学中心、中国科学技术大学、浙江大学、上海科技大学、湖南师范大学等都在从事这方面的研究。

7.5.4　原位透射电镜

原位透射电子显微（*in situ* TEM）分析方法是实时观测和记录位于电镜内部的样品对于不同外部激励信号的动态响应过程的方法，是当前物质结构表征科学中最新颖和最具发展空间的研究领域之一。该方法在继承常规 TEM 所具有的高空间分辨率和高能量分辨率优点的同时，在 TEM 内部引入力、热、电、磁以及化学反应等外部激励，实现了物质在外部激励下的微结构响应行为的动态、原位实时观测。

在原位透射电镜中，一般是通过改进电镜的样品台来实现原位检测功能，例如，在样品台上引入不同的力、热、电、磁等外加信号，或引入环境气氛（表 7.4）。此外，聚焦离子束等技术的发展实现了理想样品的制备，为原位力学等测量提供了实验手段。

表 7.4　不同种类的原位透射电镜激励信号及其在材料科学中的应用

信号加载	可能的应用
应力加载	延展性到易碎性的转变，机械响应导致微结构的起源，测量晶格应变
温度控制	热应力，纳米粒子的粗糙化，烧结，晶粒生长，异质结构中应变的释放
电子束辐照	缺陷的形成，纳米粒子的晶化、掺杂、形变，驱动原子迁移
电场调控	电致迁移，场发射，电致机械共振，畸转变，相转变
磁场调控	金属稳定性，磁相变
环境气氛处理	确认原子尺度化学反应过程中的现象，设计聚合物合成途径

　　近年来，球差校正技术的发展也进一步促进了原位电子显微学的发展。球差校正器的出现，摆脱了传统电子光学设计中降低球差就必须减小电子透镜上下极靴缝隙的做法，给物镜极靴缝隙留出更大空间，对集成新的分析手段、放入环境包、允许大角度倾转等都十分有利。

　　有学者利用 TEM 原位加热和 HAADF 像技术，研究了 Au-Ni 纳米纺锤体粒子在真空中不同温度下结构演化的过程（图 7.39）。在从室温升至 300℃的范围内进行退火，样品没有发现明显的结构改变。在 400℃退火 2 min，可以发现 Ni 基体从球形变为具有特定面的结构，表面晶化形成单晶。将退火时间延长到 10 min 能够观察到 Au 的扩散，富 Au 的顶端重结晶并且形状更规则，分散在 Ni 基体中的 Au 原子列明显趋向表面，而 Au-Ni 界面变得平滑，表明 Au 和 Ni 两部分基体间具有择优取向的关系[图 7.39（b）]。在 420℃退火 15 min，可以发现两个 Au-Ni 纺锤体粒子由于热漂移而发生接触。当系统温度升高到 700℃下反应 1 min，Ni 基体二次结晶，从多面体变成带角的球形；平滑的 Au-Ni 界面被破坏，表明 Au 的成分再次扩散。随着退火时间延长到 8 min，可以观察到上方两个粒子的 Au 成分扩散到整个表面[图 7.39（c）]。对单个 Au-Ni 纺锤体粒子高分辨像表征发现，粒子内部的晶格间距仍然归于单晶 Ni，而不是 Au-Ni 合金，这表明 Au 和 Ni 的基体是分离的单晶。Au(111)面和 Ni(111)面取向之间的角度 θ 为 27°，满足 $\cos\theta \approx d\text{Ni}(111)/d\text{Au}(111)$，这是为了补偿两个面间距之间的差异，从而降低系统能量[图 7.39（d）]。总结上述讨论，图 7.39（e）给出了微结构演化过程的直观示意图。

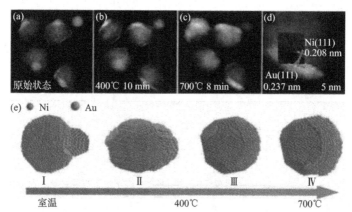

图 7.39　（a）～（c）同一区域的 Au-Ni 纺锤体粒子在真空中不同温度下退火的一系列高分辨原子序数衬度（简称 Z 衬度）像；（d）图（c）中右下角 Au-Ni 纺锤体粒子在整个退火过程之后的高分辨 Z 衬度像；（e）从两相分离的 Ni-Au 纺锤体粒子退火变化为 Au 包裹 Ni 基体的结构演化示意图

参 考 文 献

杜希文, 原续波. 2006. 材料现代研究方法. 天津: 天津大学出版社.

董保杰, 马明, 吴春梅, 等. 2016. TEM 载网支持膜现状及发展. https://wenku.baidu.com/view/9275b182852458fb760b5668.html?fr=search-1-income2-psrec1&fixfr=l385g0dqY%2BLk%2Bi7%2BDN3zaw%3D%3D.

黄岚青, 刘海广. 2017. 冷冻电镜单颗粒技术的发展、现状与未来. 物理, 46(2): 91-99.

贾志宏, 丁立鹏, 陈厚文. 2015. 高分辨扫描透射电子显微镜原理及其应用. 物理, 44(7): 446-452.

李斗星. 2004. 透射电子显微学的新进展 II 衬度像、亚埃透射电子显微学、像差校正透射电子显微学. 电子显微学报, 23 (3) : 278-292.

李茵茵, 李鲲鹏, 李向辉, 等. 2012. 含水纳米材料冷冻电镜直接成像研究. 电子显微学报, 31(4): 346-349.

刘美梅, 陈国新, 林凌. 2013. 纳米负载催化剂的透射电子显微镜表征. 中国测试, 39 (2): 73-76.

齐笑迎. 2009. Tecnai G^2 20 S-TWIN 透射电子显微镜简易操作指南. 北京: 国家纳米科学中心纳米检测实验室.

王凤莲, 李莹. 2004. TEM 薄膜样品制备中的几点经验. 第十三届全国电子显微学会议, (4): 511.

王富耻. 2006. 材料现代分析测试方法. 北京: 北京理工大学出版社.

王荣明, 刘家龙, 宋源军. 2015. 原位透射电子显微学进展及应用. 物理, 44(2): 96-105.

厦门大学 F30 透射电镜实验室. 2009. Tecnai F30 场发射透射电镜操作规程.

于荣. 2016. 像差校正电镜原理与应用. iCEM2016 电镜网络会议.

杨轶. 2012. 单链 N-烷基二胺的溶液聚集行为及其环境刺激响应性研究. 武汉: 武汉大学.

章效锋. 2005. 清晰的纳米世界——显微镜终极目标的千年追求. 北京: 清华大学出版社.

赵强主. 2000. 医学影像设备. 上海: 第二军医大学出版社.

Mix. 2016. 了解球差校正透射电镜, 从这里开始. http://www.360doc.com/content/16/0802/08/30203397_580163478.shtml.

Boeckeler Instruments Inc. 2010. User Guide for Powertome Ultramicrotomes. https://www.boeckeler.com/.

Du B, Mei A, Yang Y, et al. 2010. Synthesis and micelle behavior of (PNIPAm-PtBA-PNIPAm)$_m$ amphiphilic multiblock copolymer. Polymer, 51 (15): 3493-3502.

Liu W, Sun K, Wang R M. 2013. *In situ* atom-resolved tracing of element diffusion in NiAu nanospindles. Nanoscale, 5: 5067.

Nie J F, Zhu Y M, Liu J Z, et al. 2013. Periodic segregation of solute atoms in fully coherent twin boundaries. Science, 340: 957.

Smith M T J, Rubinstein J L. 2014. Structural biology. Beyond blob-ology. Science, 345(6197): 617-619.

Thuresson A, Segad M, Plivelic T S, et al. 2017. Flocculated laponite-PEG/PEO dispersions with multivalent salt: a SAXS, cryo-TEM, and computer simulation study. Journal of Physical Chemistry C, 2017, 121(13), 7387-7396.

第 8 章　原子力显微镜

1986 年，Binnig、Quate 和 Gerber 发明了第一台原子力显微镜（atomic force microscope，AFM）。AFM 可以得到对应于物质表面总电子密度的形貌，解决了扫描隧道显微镜（STM）不能观测非导电样品的问题。它用一个微小的探针探索世界，与光学显微镜和电子显微镜明显不同，它打破了光和电子波长对显微镜分辨率的限制，在立体三维上观察物质的形貌，并能获得探针与样品相互作用的信息。

8.1　原子力显微镜的工作原理及仪器构造

8.1.1　原子力显微镜的工作原理

AFM 的工作原理是将一个对微弱力极敏感的微悬臂一端固定，另一端有一个微小的针尖，针尖尖端原子与样品表面原子间存在着极微弱的排斥力（$10^{-8} \sim 10^{-6}$ N），利用光学检测法或隧道电流检测法，通过测量针尖与样品表面原子间的作用力来获得样品表面形貌的三维信息。

如图 8.1 所示，AFM 主要由计算机系统、扫描系统和反馈系统组成。

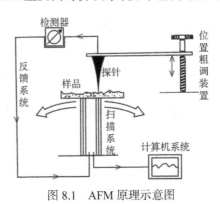

图 8.1　AFM 原理示意图

1．检测系统

悬臂的偏转或振幅改变可以通过多种方法检测，如光反射法、光干涉法、隧道电流法、电容检测法等。目前 AFM 检测系统中常用的是激光反射检测系统，激光反射检测系统由探针、激光发生器和光检测器组成。

探针是 AFM 检测系统的关键部分，它由悬臂和悬臂末端的针尖组成。随着精细加工技术的发展，人们已经能制造出各种形状和特殊要求的探针。悬臂由 Si 或 Si_3N_4 经光刻技术加工而成，悬臂的背面镀有一层金属以达到镜面反射。在接触式 AFM（contact mode AFM）中 V 形悬臂是常见的一种类型，其优点是具有低的垂直反射机械力阻和高的侧向扭曲机械力阻。悬臂的弹性系数一般低于固体原子的弹性系数（约 10 N/m），悬臂的弹性系数与形状、大小及材料有关，厚而短的悬臂具有硬度大和振动频率高的特点。商品化的悬臂一般长为 100～200 μm、宽 10～40 μm、厚 0.3～2 μm，弹性系数变化范围一般在几十牛每米到百分之几牛每米之间，共振频率一般大于 10 kHz。在敲击式 AFM（tapping mode AFM）中使用的悬臂与接触式 AFM 的有所不同，它一般是由单晶硅制成的，此种探针的弹性系数一般为 20～100 N/m，共振频率范围一般在 200～400kHz 之间。探针末端的针尖一般呈金字塔形或圆锥形，针尖曲率半径与 AFM 分辨率有直接关系，一般商品针尖的曲率半径在几纳米到几十纳米范围。

AFM 光信号检测是通过光电检测器来完成的。激光由光源发出照在金属包覆的悬臂上，经反射后进入光电二极管检测系统，然后通过电子线路把照在两个二极管上的光量差转换成电压信号方式来指示光点位置。二极管位敏检测器检测样品高度变化和探针与样品的侧向力。

2．扫描系统

AFM 对样品扫描的精确控制是靠扫描器来实现的。扫描器中装有压电转换器，压电装置在 X、Y、Z 方向上精确控制样品或探针位置。目前构成扫描器的基质材料主要是钛锆酸铅[Pb(Ti, Zr)O₃]制成的压电陶瓷材料。压电陶瓷有压电效应，即在加电压时有收缩特性，并且收缩的程度与所加电压有比例关系，压电陶瓷能将 1 mV～1000 V 的电压信号转换成十几分之一纳米到几微米的位移。

3．反馈控制系统

AFM 反馈控制是由电子线路和计算机系统共同完成的。AFM 的运行是在高速、功能强大的计算机控制下来实现的。控制系统主要有两个功能：①提供控制压电转换器 x–y 方向扫描的驱动电压；②在恒力模式下维持显微镜检测环路输入模拟信号为一恒定数值。计算机通过 A/D 转换器读取比较环路的电压（即设定值与实际测量值之差）。根据电压值不同，控制系统不断地输出相应电压来调节 z

方向压电传感器的伸缩，以纠正读入 A/D 转换器的偏差，从而维持比较环路的输出电压恒定。

电子线路系统起到计算机与扫描系统相连接的作用。电子线路为压电陶瓷管提供电压，接收位置敏感器件传来的信号，并构成控制针尖和样品之间距离的反馈系统。AFM 有两种基本的反馈模式，一是恒力模式，调节样品位置的压电陶瓷管根据样品与针尖接触力的大小来上下移动样品以保持针尖与样品之间距离恒定，即恒力，通常用此模式可以获得样品高度形貌图。二是恒高度模式，通过样品与针尖在不同位置处作用力的不同来检测样品的起伏变化，此种模式适用于表面十分平整的样品。

8.1.2　基本工作模式

AFM 有四种基本工作模式，分别是接触式（contact mode）、非接触式（non-contact mode）、敲击式（tapping mode）和升降式（lift mode）。

当 AFM 的微悬臂与样品表面原子相互作用时，通常有几种力同时作用于微悬臂，其中最主要的是范德瓦耳斯力，它与针尖到样品表面原子间的距离关系曲线如图 8.2 所示。当两个原子相互靠近时，它们将互相吸引，随着原子间距的减小，两个原子的电子排斥力将开始抵消引力，当原子间距小于 1 nm（约为化学键长）时，两个力达到平衡，间距更小时，范德瓦耳斯力由负（吸引力）变正（排斥力）。利用这一力的性质，就可以让针尖与样品处于不同的间距，使微悬臂与针尖的工作模式不同。

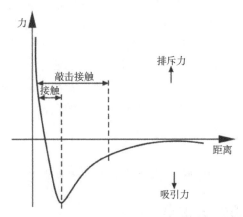

图 8.2　针尖到样品表面原子间的范德瓦耳斯力

1. 接触模式

当针尖与样品间的范德瓦耳斯力处于排斥力区时，两者的间距小于 0.03 nm，基本上是紧密接触，这种模式为接触模式。由于这时探针尖端原子与样品表面原子的电子云发生重叠，排斥力将平衡几乎所有可能使两个原子接近的力，微悬臂将弯曲，从而不可能使针尖原子与表面原子靠得更近。悬臂的弯曲可以方便地被检测，得到样品形貌。仪器的分辨率极高，可达原子级水平。运用这种模式可以测量原子间的近程相互斥力，所测最小力可达 10^{-9} N，也可用来测定针尖与样品间的摩擦力，最小检测极限为 10^{-10} N。

2. 非接触模式

当针尖与样品间的范德瓦耳斯力在吸引力区时，针尖与样品的间距较远，通常在几百纳米，这种模式为非接触模式。工作时，探针在其固有频率（200～300 kHz）下振动，振幅约为几纳米到数十纳米。针尖与样品的相互作用将引起振动频率或振幅发生变化，测量这些变化就可知道相互作用力的大小，从而得到样品表面形貌。针尖距样品较远，相互作用力的敏感度较弱，导致该模式工作的 AFM 图像横向分辨率较低，达不到原子级水平。

非接触 AFM 不破坏样品表面，适用于较软的样品。对于无表面吸附层的刚性样品而言，非接触模式与接触模式获得的表面形貌图基本相同，但对于表面吸附凝聚水的刚性样品，情况则有所不同，接触模式可以穿过液体层获得刚性样品表面形貌图，而非接触模式则得到液体表面形貌图。

3. 敲击模式

这种模式类似于非接触模式，但探针共振的振幅较大，约为 100 nm，针尖在振动的底部均与样品轻轻接触。这种接触非常短暂，不易损坏样品表面，而且针尖的垂直力比水的毛细张力大得多，使针尖可以在表面水层中进出自如，适用于对液体环境中生物分子的成像，又由于针尖与样品有接触，所以其分辨率与接触模式一样好，即敲击式 AFM 集中了接触模式分辨率高和非接触模式对样品破坏小的优点，能得到既反映真实形貌又不破坏样品的图像。

4. 升降模式

与非接触模式一样，升降模式检测共振频率和振幅的变化来获得样品信息。

8.1.3　原子力显微镜的分辨率

AFM 分辨率包括侧向分辨率和垂直分辨率。侧向分辨率取决于采集图像的步宽（step size）和针尖形状。AFM 成像实际上是针尖形状与表面形貌作用的结果，针尖的形状是影响侧向分辨率的关键因素。针尖影响 AFM 成像主要表现在两个方面，即针尖的曲率半径和针尖侧面角（tip sidewall angles）。曲率半径决定最高侧向分辨率，而针尖的侧面角决定最高表面比率特征（high aspect ratio feature）的探测能力。曲率半径越小，越能分辨精细结构，针尖有污染时会导致针尖变钝，使得图像灵敏度下降或失真，但钝的针尖或污染的针尖不影响样品的垂直分辨率。样品的陡峭面分辨程度取决于针尖的侧面角大小，侧面角越小，分辨陡峭样品表面的能力就越强。AFM 的垂直分辨率与针尖无关，而是由 AFM 本身决定的，主要与扫描器分辨率、噪声和 AFM 像素等有关。

在基本 AFM 操作系统基础上，通过改变探针、工作模式或针尖与样品间的作用力可以检测样品的多项性质。与 AFM 相关的显微镜和技术有侧向力显微镜（lateral force microscopy，LFM）、磁力显微镜（magnetic force microscopy，MFM）、静电力显微镜（electrostatic force microscopy，EFM）、化学力显微镜（chemical force microscopy，CFM）、力调制显微镜（force modulation microscopy，FMM）、相检测显微镜（phase detection microscopy，PDM）、纳米压痕（nanoindentation）技术及纳米加工（nanolithography）技术等。

8.1.4 原子力显微镜的仪器构造

任何 AFM 都至少由以下三个主要部分组成：计算机、控制器和显微镜。下面以 Dimension Icon 为例介绍 AFM 各个主要组件。

1. NanoScope V 控制器

Dimension Icon SPM 使用 NanoScope V（NSV）控制器。控制器用于连接显微镜主机以及计算机，用来控制系统的扫描过程。图 8.3 为 NSV 控制器示意图。

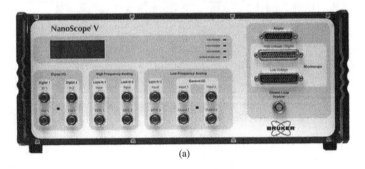

(a)

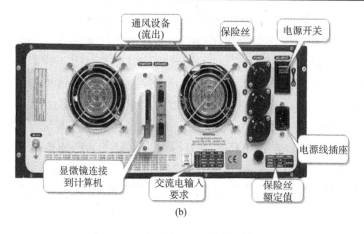

图 8.3　Dimension Icon SPM NSV 控制器

（a）正面；（b）背面

2. Stage 控制器

Dimension Icon SPM Stage 控制器如图 8.4 所示。该控制器用来控制系统抽真空或供气，以及光学照明。它由计算机通过串口线直接控制。控制器前面板上的仪表显示真空度或气压。当样品台移动时，该控制器给样品台底部提供正气压，使样品台浮起而平滑移动。在扫描时，该控制器提供真空使样品台牢牢吸附在大理石台面上，并提供真空将样品吸附在样品台上。该控制器还控制着电机探头升降以及光学显微镜部分的照明。前面板上右上方的 LED 灯指示着系统的状态。

图 8.4　Dimension Icon SPM Stage 控制器

3. E Box

Dimension Icon SPM E Box 如图 8.5 所示。E Box 在控制器与显微镜之间，不同于前几代的 Dimension，E Box 的这种独立设计将电路中发热的部分移出了显微镜，使得热漂移得到进一步的控制。

图 8.5　Dimension Icon SPM E Box

4. 扫描器

Dimension Icon SPM 扫描器如图 8.6 所示。Dimension Icon SPM 其使用管式扫描器，可实现高精度的横向和纵向伸缩，以得到样品的三维形貌。它集成了光路部分。标称扫描范围是 90 μm×90 μm×10 μm。Dimension Icon SPM 的扫描器称为 "Stargate" 扫描器，它是 x、y、z 三方向全闭环的扫描器，使用应变片作为传感器。

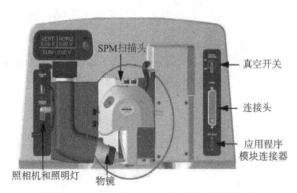

图 8.6　Dimension Icon SPM 扫描器外观

5. 光学辅助系统

Dimension Icon SPM 光学辅助系统如图 8.7 所示。光学辅助系统用来观察样品，找到合适的测量区域，并确定探针和样品之间的相对位置，以便优化进针过程。

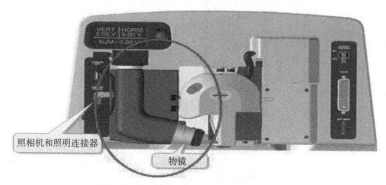

照相机和照明连接器

物镜

图 8.7　Dimension Icon SPM 光学辅助系统

6. 样品台

Dimension Icon SPM 样品台如图 8.8 所示。其是自动化的样品台，可以通过软件或者轨迹球来控制样品台的移动。样品台上设有真空孔，可以用来吸附样品。

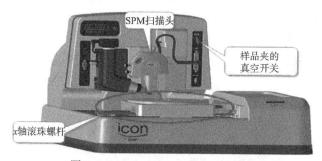

SPM扫描头

样品夹的
真空开关

x轴滚珠螺杆

图 8.8　Dimension Icon SPM 样品台

7. 探针夹

Dimension Icon SPM 有很多种探针夹，适用于不同的成像模式。主要的探针夹如图 8.9 所示。探针夹的主要作用是夹紧探针，提供激励探针悬臂振动的压电陶瓷片，以及给探针加电压。

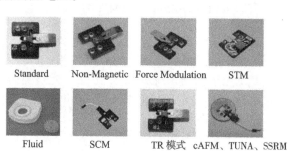

Standard　　　Non-Magnetic　Force Modulation　　STM

Fluid　　　　　SCM　　　　TR 模式　cAFM、TUNA、SSRM

图 8.9　Dimension Icon SPM 探针夹

Dimension Icon SPM 都标配 Standard 探针夹。该探针夹可以用于空气中除了使用 Application Module 的电学测量模式、扭转共振模式、力调制模式以外的其他所有模式。Non-Magnetic 探针夹适用于强磁场环境下的磁力测量。Force Modulation 探针夹用于空气中的力调制模式。STM 探针夹适用于空气中的扫描隧道显微镜模式。Fluid 探针夹用于液下的形貌测量。SCM 探针夹用于空气中扫描电容显微镜（SCM）测量。TR 模式探针夹用于空气中的扭转共振模式。cAFM、TUNA、SSRM 探针夹用于空气中使用 Application Module 的电学测量，如导电原子力显微镜（cAFM）、隧穿原子力显微镜（TUNA）、扫描扩散电阻显微镜（SSRM）；同时它兼容 TR 模式，因此也可以用于扭转共振导电原子力显微镜（TR-cAFM）和扭转共振隧穿原子力显微镜（TR-TUNA）；另外，它还可以用于峰值力轻敲隧穿原子力显微镜（PF-TUNA）和峰值力轻敲扫描扩散电阻显微镜（PF-SSRM）。

8.2　原子力显微镜在材料领域中的应用

1988 年首篇有关 AFM 应用于聚合物表面研究的论文被发表。最近几年，AFM 实验方法和在这一领域的应用飞速发展并深化，已由对聚合物表面几何形貌的三维观测发展到深入研究聚合物的纳米级结构和表面性能等新领域，并由此导出了若干新概念和新方法。

8.2.1　研究聚合物的结晶过程及结晶形态

AFM 可以提供从纳米尺度的片晶到微米级的球晶在结构和形态上的演变过程，是多尺度原位研究聚合物结晶的有力手段之一。王曦用 AFM 原位观察了聚（双酚 A-正癸二醇醚）球晶界面上片晶的生长，如图 8.10 所示。由图可以观察到三种情况：①来自两个球晶的片晶（1 和 2），当它们的生长方向接近平行时，片晶错开生长并向球晶内部延伸；②当相对生长的片晶（3 和 4）在生长方向上有较大的角度时，两个片晶会在界面上相交，通常会导致一个片晶的生长被终止，而另一个片晶继续生长到球晶的更深处，直至和其他片晶相交并终止生长；③对于片晶 5 和 6，它们的生长方向间的角度不大，图 8.10（c）中片晶 6 继续按原来的方向生长，片晶 5 则与片晶 6 的已结晶部分非常接近，随着结晶的进一步进行，片晶 5 能够弯曲一定的角度继续生长一段时间，直至与球晶内部的片晶相交并终止生长。由以上的原位观察片晶在球晶界面的生长过程，可以总结出球晶的界面存在由相平行片晶组成的片晶束，同时也包含了大量的缺陷，在片晶相互接近形成球晶界面这一阶段，片晶的生长由于受空间阻碍和可结晶链段匮乏等的限制，其生长方向以及诱导分叉等行为都将受到影响，这导致球晶的界面对材料的力学性能有较大的影响。姜勇等还对聚双酚 A 正 n 烷醚（BA-Cn）的结晶过程如成核、诱导成核、片晶和球晶的生长等动态过程进行了原位研究，图 8.11 为观察到的 BA-C8 球晶的生长过程。

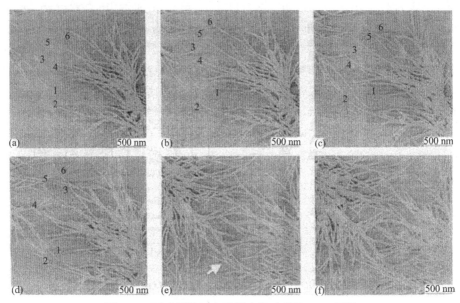

图 8.10　两球晶界面上片晶生长过程的 AFM 图像

每两图时间间隔 6 min

图 8.11　BA-C8 球晶的形成过程

8.2.2　观察聚合物膜表面的形貌与相分离

聚合物膜表面形貌观察是 AFM 的重要应用领域之一，且受到越来越多的重视。Kajiyama 等应用 AFM 研究了单分散聚苯乙烯/聚甲基丙烯酸甲酯(PS/PMMA)共混成膜的相分离情况，发现当膜较厚时（ 25 μm），AFM 图像平坦，看不到 PS/PMMA 分相。对膜厚为 100 nm 的薄膜，可以得到 PMMA 呈岛状分布在 PS 中的 AFM 图像[图 8.12（a）]，图 8.12（b）是图 8.12（a）中 100 nm 直线上的截面图，从中能够更为直观地观察样品表面的三维结构。他们认为薄膜的溶剂挥发速度相对较快，高分子链在达到稳定状态前被"冻结"，但残余溶剂可使已分相的 PS 和 PMMA 链发生小范围的主链迁移，PS 由于较低的表面能占据较多的基底表面，所以 PMMA 就形成如图 8.12 所示的岛状结构。此外，表面 PMMA 的质量分数对基底的表面能有依赖性。对于膜厚度小于二倍链无扰回转半径 $2<R>_g$ 的二维超薄膜，膜表面形态随超薄膜厚度的不同而变化。膜厚为 10.2 nm 时表面较为平坦，而膜厚下降至 6.7 nm 后 AFM 图像可以清晰地显示 PMMA 相分离的岛状结构。这是高分子相分离现象纳米分辨的首次直接观察。作者认为这一现象与聚合物链的缠结和 Flory-Huggins 相互作用系数有关，并由此提出了 PS/PMMA 超薄膜相分离过程的模型。

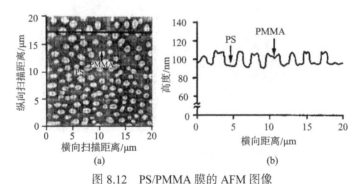

图 8.12　PS/PMMA 膜的 AFM 图像

8.2.3　非晶态单链高分子结构观察

单链高分子的形态是高分子凝聚态研究的新领域。AFM 提供了一种观察单链高分子结构的方法，Qian 等用 AFM 观察了极稀溶液喷雾到新鲜石墨上的单链 PS 形貌，并发现单链 PS 颗粒形态与所用的溶剂以及放置时间有关。Chen 等认为极稀溶液喷雾得到的高分子线团在放置中的收缩过程应可以看作溶解的逆过程。他们将不同溶剂配成的单分散 PMMA 稀溶液经喷雾后在空气中放置六个月，然后用 AFM 成像，发现单链高分子颗粒的最终尺寸与溶剂种类无关，而只随分子量的增加而增大，经校正后的值与计算结果吻合，并由此得到单链高分子颗粒的密度，当分子量较小时（ $\bar{M}_w = 10^3 \sim 10^4$ ），单链颗粒链段的聚集较为疏松。

8.2.4　研究水胶乳成膜过程

Glick 等成功地原位观察了聚苯乙烯胶粒的受热成膜过程（图 8.13）。首先将分散在水中的聚苯乙烯吸附在一层镀金的薄膜上，得到直径约为 1.2 μm 的球粒，而后用氩离子激光加热，激光热源中心的温度为 225℃，图 8.13 中 Drop A 处于加热源中心，随着时间推移经历了水分挥发、颗粒形变和高分子链扩散而最终成膜。AFM 可直接记录这一成膜的动态过程。

图 8.13　聚苯乙烯胶粒的受热成膜过程
（a）0 min；（b）20 min；（c）40 min；（d）60 min

8.2.5　研究聚合物单链的导电性能

研究单链导电高分子的导电性是 AFM 应用的最新进展之一。它首先要求 AFM 的基底和针尖都必须为导体，因而需要对 AFM 的针尖镀金并采用金质基底。让高分子极稀溶液在 AFM 针尖下流过，设置针尖与基底之间距离稍大于单链导电高分子颗粒直径，在其间施加一定电势，当导电高分子颗粒随溶液流到针尖与基底之间时，体系由于电荷的诱导作用会产生一个微小的电流，其过程如图 8.14 所示。这种诱导作用也可使导电高分子颗粒变形，并最终吸附在基底和针尖之间。此时可以通过改变加电时间或电流方向来考查单链导电高分子的电性能。

8.2.6　研究聚合物的单链力学性质

AFM 的空间分辨率已达原子尺度，同时又具有非常高的力敏感性，可探测 10 pN 的力，这就为研究单分子的性质提供了可能。

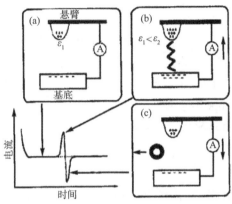

图 8.14　单链导电性的检测过程

ε_1 和 ε_2 为应变量

李宏斌等用美国 DI 公司的 NanoScope Ⅲ型 AFM 研究了合成大分子聚丙烯酸的单链力曲线，如图 8.15 所示。经归一化后，所有的曲线都很好地重叠在一起，表明聚丙烯酸链的弹性性质与它们的链长度呈线性比例，所以在聚丙烯酸体系中高分子链间的相互缠结和高分子链之间的相互作用对高分子链的弹性性质贡献很小。从单链力学谱上可获得一些常规方法无法得到的聚合物单链的力学参数，还可用于探测聚合物分子的二级或三级结构，揭示拉伸聚合物单链引起的一些结构及构象转变本质。

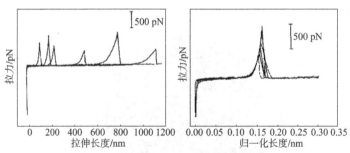

图 8.15　聚丙烯酸在 10^{-3} mol/L 的 KCl 缓冲溶液中的力曲线

8.3　原子力显微镜操作

AFM 发展到目前已经出现了大量自动操作和扫描的模式和型号，但是其控制原理与如下示例相同。为详细了解 AFM 操作的基本过程，以下以布鲁克公司的 Dimension Icon 型号 AFM 为例进行介绍。

8.3.1　开机

（1）确认实际电压与系统设定的工作电压相符合，确认所有的线缆都已正确连接。确保操作环境符合要求且防震台处于正常工作状态；

（2）确认没有任何障碍物阻挡样品台的移动；

（3）打开计算机主机、显示器；

（4）打开 NanoScope 控制器；

（5）打开 Dimension Stage 控制器。

8.3.2　安装探针

（1）选择合适的探针和探针夹。对于空气中的 Tapping 模式，一般选择 RTESP 探针；对于空气中的 Contact 模式，一般选择 DNP 或 SNL 探针。如果在液体中操作，无论 Tapping 还是 Contact 模式，都选择 DNP 或 SNL 探针。

（2）安装探针。将装针器平放在桌面上，将探针夹滑入装针器相应的位置。对于最常使用的空气中的 Tapping/Contact 探针夹，装针时，将探针夹上的弹簧片后端压下，并向后拉。用镊子小心地将探针夹紧放入探针夹凹槽里，使探针后部正好与凹槽里的边缘相抵。轻轻地将弹簧片压住向前推动，然后松开手指，使弹簧片压紧探针。

注意：如图 8.16 所示，装针器上有三个不同的位置分别对应于空气中的 Tapping/Contact 探针夹、用于液下成像的探针夹以及 STM 探针夹。使用时请选择合适的位置。

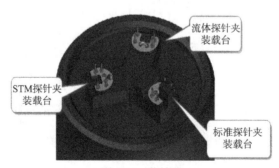

图 8.16　装针器

（3）安装探针夹。如图 8.17 所示，旋转松开位于扫描头卡槽右侧中部的螺丝，释放扫描头，小心地将扫描头从卡槽上部取出。必要时可以拔掉扫描头和显微镜的连接线。将扫描头倒置，将探针夹对准扫描头底部的四个触点轻轻插入。然后把装好探针夹的扫描头轻轻沿卡槽放回显微镜基座，并旋转拧紧位于扫描头卡槽右侧中部的螺丝，将扫描头固定住。

图 8.17　显微镜局部示意图

注意：（1）如果换了新的探针夹，单击"Navigate"界面下的 ⬆ 图标。这将使样品台移到底座前端，有助于调节激光。

（2）操作时务必注意控制探针和样品台之间的距离。如果探针和样品台距离过近，请执行 Withdraw 命令多次，或者点击"Navigate"界面中的 ⬆ 图标，向上移动扫描管，保证扫描管不会在样品台移动过程中发生损害。

8.3.3　调节激光

1. 将激光打在悬臂前端（阴影法）

如图 8.18 所示，扫描头（Head）上部右侧有两个激光调节旋钮，并有两个箭头标明了顺时针旋转激光调节旋钮时激光光斑位置的移动方向。

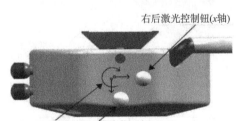

图 8.18　Head 上部激光旋钮示意图

对于矩形悬臂的探针，如图 8.19 所示，按照以下步骤调节激光。

（1）取一张白纸置于扫描管正下方，红色的激光光斑将反映在白纸上。若看不到激光光斑，逆时针旋转右后方的激光调节旋钮，直到看到激光光斑。

注意：在通常情况下，逆时针旋转右后方的激光调节旋钮可以将激光光斑调出，但若激光光斑远远偏离正常位置，可能无论如何旋转右后方的激光调节旋钮也无法看到激光光斑。此时请目测激光点打在探针夹上的位置，使用两个调节旋钮将激光光斑调节到正常位置。

（2）顺时针旋转右后方的激光调节旋钮，直到激光光斑消失。这时，激光应该打在探针基底的左侧边缘上。逆时针旋转右后方的激光调节旋钮，直到激光光斑刚好出现。

（3）顺时针或逆时针旋转左前方的激光调节旋钮，直到激光光斑突然变暗，继续旋转旋钮则又变亮。调回光斑突然变暗的位置，此时激光应该打在悬臂的后端。

（4）逆时针旋转右后方的激光调节旋钮，直到看到激光光斑。顺时针旋转右后方的激光调节旋钮，直到激光光斑刚好消失，此时激光应该打在悬臂的最前端。

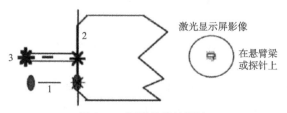

图 8.19　矩形悬臂的探针

1. 激光点仅出现在悬臂基座；2. 激光打在悬臂基座和悬臂交界处；3. 激光打在探针处

对于三角形悬臂的探针（一般为氮化硅探针，这里以两个悬臂的氮化硅探针为例进行说明），如图 8.20 所示，调节激光步骤同矩形悬臂的探针。

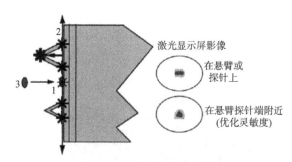

图 8.20　三角形悬臂的探针

1. 激光点仅出现在悬臂基座；2. 激光打在悬臂基座和悬臂交界处；3. 激光打在探针处

2. 将激光打在悬臂前端（Alignment Station 法）

在 Dimension Icon 中，还有一种很方便的调节激光的方法，那就是使用 Alignment Station。其具体的操作步骤如下。

（1）进入 "Setup" 界面。

（2）点击 "Move to the Alignment Station"。

（3）样品台移动至 Alignment Station，处于探针下方，如图 8.21 所示。

图 8.21　样品台、Alignment Station 与探针位置示意图

（4）视频上将显示探针影像以及激光光斑，如图 8.22 所示。

图 8.22　探针影像及激光光斑

注意：若探针影像模糊，可调节 "Focus Controls" 将影像调清晰，如图 8.23 所示。

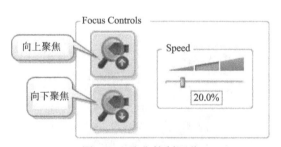

图 8.23　聚焦控制调节

（5）借助视频，调节 Head 顶部的激光入射旋钮，将光斑调到探针悬臂的前部。

（6）点击 "Return from the Alignment Station"，视频窗口将显示探针实像。调节 "Focus Controls" 使实像清晰，如图 8.24 所示。

3. 调整检测器位置

如图 8.25 所示。Head 左侧有两个检测器位置调节旋钮。旋转这两个旋钮，同时观察显示器上示意图的数值，调节 Vert. Defl.和 Hori. Defl.到合适的值。

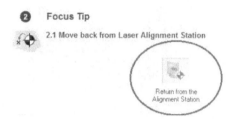

图 8.24　图像清晰度调节

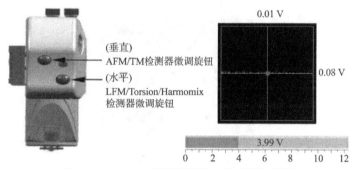

图 8.25　Head 左侧调节旋钮及显示器示意图

Vert. Defl.、Hori. Defl.和 SUM 值，也可以通过 Stage 样品台左上方的 LED 显示屏直接读出，如图 8.26 所示。

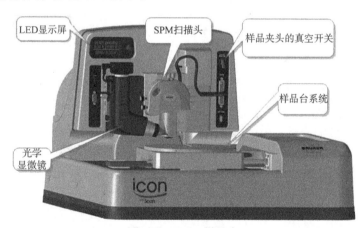

图 8.26　Stage 样品台

对于 Tapping 模式，将显示器上"Setup"界面中示意图显示的红色圆点调整到 Detector 的中心。此时 Vert. Defl.和 Hori. Defl.（不可见）都在 0 V 附近。

对于 Contact 模式，将 Hori. Defl.调节到 0 V 附近。在 Deflection Setpoint 预设为 0 V 的情况下，将 Vert. Defl.调节到–2 V 附近。

注意：Contact 模式下实际的 Deflection Setpoint =设定的 Deflection Setpoint －进针之前的 Vert. Defl.。

正确调节完毕后，对于无金属反射镀层的探针（如用于 Tapping 模式的 RTESP 探针），SUM 值应在 1.5~2.5 V，对于有金属反射镀层的探针（如用于 Contact 模式的 DNP 探针或 SNL 探针），SUM 值应在 3.5~7.5 V。

注意：上述 SUM 值可能随探针批次的不同以及制作工艺的微小差别而改变，个别探针的 SUM 值可能不在上述范围内。

8.3.4　启动软件

（1）双击桌面 Nanoscope 软件图标；

（2）进入实验选择界面，根据实验方案，按照界面所示进行选择，第一步选择实验方案，第二步选择实验环境，第三步选择实验具体操作模式；

（3）结束上述步骤后，单击界面右下方图标"Load Experiment"，如图 8.27 所示，进入具体实验设置界面。

8.3.5　在视野中找到探针

注意：在视野中预先找到探针位置非常重要，否则可能会发生撞针的情况。

图 8.27　进入实验界面的操作示意图

（1）点击"Setup"进入激光调节和 CCD 焦距调节界面，找到针尖。点击"Align"图标，出现激光调节窗口。

（2）按照 8.3.3 小节"调节激光"所描述的步骤将激光调节好其描述的是一般的激光调节方法。对于 Dimension Icon，也可以使用 Alignment Station 辅助调好激光。

（3）使用"Focus Up"或者"Focus Down"图标找到探针位置后，用鼠标在探针位置处单击，即有一十字叉标记在单击位置，如图 8.28 所示。在 CCD 窗口中设置合适的放大倍数，将探针位置调节到视野中央。

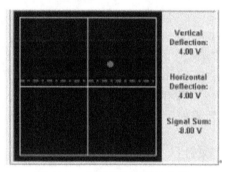

图 8.28　十字叉确定探针位置

8.3.6　进样

1. 样品准备

对于较小的样品，可以将其粘在随机器提供的样品托上，如图 8.29 所示。

（1）将表面处理达到测试要求的样品裁剪至边长不超过 15 mm。

（2）将样品用双面胶粘在仪器配套的尺寸合适的金属样品托上。若测量样品的电学性质，需用导电胶固定样品到样品托。

（3）将提供的磁性样品盘固定于样品台上适当的位置。

（4）将粘好样品的样品托吸附在磁性样品盘上。

图 8.29　样品托粘较小的样品

对于较大的样品，将显微镜基座上的 Vacuum 按钮置于 On 的位置，此时真空打开，将样品吸附在样品台上。

2. 聚焦样品

（1）点击"Navigate"图标，此时可以移动样品台位置以及 Head 的位置。

（2）如图 8.30 所示，使用 XY Control 移动样品台，使样品位于 Head 正下方。

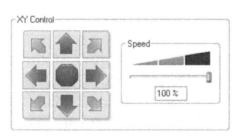

图 8.30　控制样品位置界面

（3）如图 8.31 所示，使用 ScanHead 的控制按钮移动 Head，使 Head 逐渐接近样品表面，直到看清样品表面为止。一般情况下，选择聚焦到样品表面，但如果样品表面是透明的，则可以选择聚焦到探针的倒影。

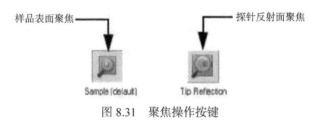

图 8.31　聚焦操作按键

8.3.7　扫描图像

1. ScanAsyst 模式

（1）点击实验方案选择图标 ，打开实验方案选择界面。
（2）选择实验具体模式：ScanAsyst。
（3）选择实验环境：Air。
（4）进入实验界面。
（5）根据上面提到的步骤，调整激光，并将 Head 靠近样品表面以看清样品。
（6）点击"Check Parameters"图标，进入实验参数设置。

（7）设定以下扫描参数：Scan size 小于 1 μm，X offset 和 Y offset 设为 0，Scan angle 设为 0，ScanAsyst Auto Control 设为 ON。

（8）点击 Engage 进针。

（9）进针结束开始扫图。将 Scan size 设置成要扫描的范围。

2. Tapping 模式

（1）点击实验方案选择图标，打开实验方案选择界面。

（2）选择实验具体模式：Tapping Mode。

（3）选择实验环境：Air。

（4）进入实验界面。

（5）根据上面提到的步骤，调整激光，并将 Head 靠近样品表面以看清样品。

（6）点击"Check Parameters"图标，进入实验参数设置。

（7）设定以下扫描参数：Scan size 小于 1 μm，X offset 和 Y offset 设为 0，Scan angle 设为 0。

（8）Tapping 模式需找探针固有振动频率。如图 8.32 所示，点击"Auto Tune"，可以得到探针的共振峰。

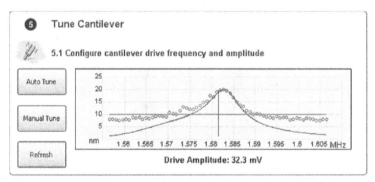

图 8.32　调谐操作

（9）点击 Engage 进针。

（10）进针结束开始扫图。将 Scan size 设置成要扫的形貌大小。

（11）观察 Height Sensor 图中 Trace 和 Retrace 两条曲线的重合情况。

（12）优化 Setpoint。在 Tapping 模式下，调节 Amplitude setpoint 直到 Trace 和 Retrace 两条扫描线基本一致。

（13）优化 Integral gain 和 Proportional gain。一般的调节方法为：增大 Integral gain，使 Trace 和 Retrace 曲线开始振荡，然后减小 Integral gain 直到振荡消失，接下来用相同的办法来调节 Proportional gain。通过调节增益来使两条扫描线基本重合并且没有振荡。

（14）调节扫描范围和扫描速率。随着扫描范围的增大，扫描速率必须相应降低。大的扫描速率会减少漂移现象，但一般只用于扫描小范围的很平的表面。

（15）如果样品很平，可以适当减小 Z Range 的数值，这将提高 Z 方向的分辨率。

3. Contact　模式

（1）点击实验方案选择图标，打开实验方案选择 界面。

（2）选择实验具体模式：Contact Mode。

（3）选择实验环境：Air。

（4）进入实验界面。

（5）根据上面提到的步骤，调整激光，并将 Head 靠近样品表面以看清样品。

（6）点击 "Check Parameters" 图标，进入实验参数设置。

（7）设定以下扫描参数：Scan size 小于 1 μm，X offset 和 Y offset 设为 0，Scan angle 设为 0。

（8）点击 Engage 进针。

（9）进针结束开始扫图。将 Scan size 设置成要扫的形貌大小。

（10）观察 Height Sensor 图中 Trace 和 Retrace 两条曲线的重合情况。

（11）优化 Integral gain 和 Proportional gain。一般的调节方法：增大 Integral gain，使 Trace 和 Retrace 曲线开始振荡，然后减小 Integral gain 直到振荡消失，接下来用相同的办法调节 Proportional gain。通过调节增益使两条扫描线基本重合并且没有振荡。

（12）优化 Setpoint。在 Contact 模式中，调节 Deflection setpoint 直到 Trace 和 Retrace 两条扫描线基本一致。

（13）调节扫描范围和扫描速率。随着扫描范围的增大，扫描速率必须相应降低。大的扫描速率会减少漂移现象，但一般只用于扫描小范围的很平的表面。

（14）如果样品很平，可以适当减小 Z Range 的数值，这将提高 Z 方向的分辨率。

8.3.8　存图

如图 8.33 所示，点击图标 ，对扫描图像存图，通过 可以设置文件名及存图路径。

图 8.33　图像存储对话框示例

8.3.9　退针

点击 Withdraw![icon]，退针，该命令可以多次执行。可点击 "Navigate" 界面中的![icon]图标，向上移动扫描管，使探针远离样品表面。

8.3.10　关机

（1）关闭 Nanoscope 软件。
（2）关闭 Nanoscope 控制器。
（3）关闭 Dimension Stage 控制器。
（4）关闭计算机和显示器。

思　考　题

1. 原子力显微镜的工作原理是什么？请结合图例说明。
2. 采用接触模式时，对待测样品有何要求？为什么？
3. 简要叙述敲击模式的工作原理。

参 考 文 献

范泽夫, 王霞瑜, 姜勇, 等. 2003. 原子力显微镜研究环带球晶的形貌和片晶结构. 中国科学（B 辑）, 33(1): 41-46.

屈小中, 史燚, 陈柳生, 等. 2003. 聚苯乙烯胶乳颗粒的成膜过程及尺寸效应. 高等学校化学学报, 24(5): 943-945.

王曦, 刘朋生, 姜勇, 等. 2003. 原子力显微镜原位观察球晶界面上片晶的生长. 高分子学报, (5): 761-764.

王铀, 李英顺, 宋锐, 等. 2001. 原子力显微镜与透射电镜对比研究嵌段共聚物微相分离形态. 高等学校化学学报, 22(11): 1940-1942.

Emilienne M Z, Caroline M D, Paul G R, et al. 2008. An AFM, XPS and wettability study of the surface heterogeneity of PS/PMMA-r-PMAA demixed thin films. Journal of Colloid and Interface Science, 319(1): 63-71.

Kajiyama T, Tanaka K, Takahara A, et al. 1996. Morphology and mechanical properties of polymer surfaces via scanning force microscopy. Progress in Surface Science, 52(1): 1-52.

Kumaki J, Kawauchi T, Eiji Yashima E. 2008. Peculiar "reptational" movements of single synthetic polymer chains on substrate observed by AFM. Macromolecular Rapid Communications, 29(5): 406-411.

Li L, Chan C M, Yeung K L, et al. 2001. Direct observatin of growth of lamellae and spherulites of a semicystalline polymer by AFM. Macromolecules, 34: 316-325.

Radovanovic E, Carone E, Goncalves M C. 2004. Comparative AFM and TEM investigation of the morphology of nylon 6-rubber blends. Polymer Testing, 23(2): 231-237.

Sutton S J, Izumi K, Miyaji K, et al. 1996. The lamellar thickness of melt crystallized isotactic polystyrene as determined by atomic force microscopy. Polymer, 37(24): 5529-5532.

第 9 章 X 射线光电子能谱

XPS 也就是"化学分析电子能谱法"（electron spectroscopy for chemical analysis），是瑞典 Uppsala 大学 K. Siegbahn 及其同事经过近 20 年的潜心研究而建立的一种分析方法。他们发现了内层电子结合能位移的现象，解决了电子能量分析等技术问题，测定了元素周期表中各元素轨道结合能，并成功地使以上发现在许多实际的化学体系得以应用。除了检测物质表面的化学组成之外，XPS 还能够确定各种元素在物质中的化学状态，广泛地应用于化学、材料科学等学科。

9.1 X 射线光电子能谱的工作原理及仪器构造

当一束特定能量的 X 射线辐照样品时，在样品表面会发生光电效应，产生与被测元素内层电子能级有关的具有特征能量的光电子，通过分析这些光电子的能量分布，便能得到光电子能谱图。在光电效应发现不久，Rutherford 就在 1914 年成功地对 XPS 的基本方程做出了表述：

$$E_k = hv - E_B - \varphi \tag{9.1}$$

式中，E_k 为光电子动能；hv 为激发光能量；E_B 为固体中的电子结合能；φ 为逸出功。

在 XPS 的分析过程中所采用的高能量的 X 射线激发源，在激发出原子价轨道中的价电子的同时，还能激发出芯能级上的内层轨道电子，其出射光电子的能量仅与入射光子的能量及原子轨道结合能有关。因此，对于特定的单色激发源和特定的原子轨道，其光电子的能量是特征的。当激发源的能量固定时，其光电子的能量仅与元素的种类和所电离激发的原子轨道有关。因此，根据光电子的结合能可以定性分析物质的元素种类。

XPS 的结构框图如图 9.1 所示。XPS 的主要部分包括激发源、电子能量分析器、检测器以及真空系统等。

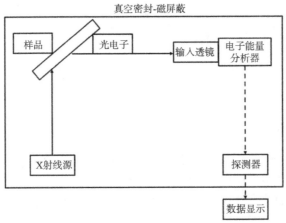

图 9.1　XPS 结构框图

9.1.1　激发源

　　一般来说，XPS 采用的激发源有 X 射线源、真空紫外灯和电子枪。这三种激发源各有不同的用途，可以相互更换。目前的商品谱仪多半都是将这些激发源组装在同一个样品室中，使一台谱仪具有多个功能。当然，最理想的光源应该是一个能量连续可调的、高强度的、单色性好的光源。因为同步辐射加速器能够产生同步辐射强度高、光子能量和波长连续可调、角分布好的偏振光，而且可以准确推算光的强度，是一种较理想的光电子能谱激发源。表 9.1 给出了这几种光源的能量和应用范围。

表 9.1　不同光源的能量和应用范围

光源	能量范围	线宽/eV	应用范围
X 射线（Al、Mg 等）	约 1 keV	约 0.8	内层和价层电子
紫外光（He I、He II 等）	20～40 eV	< 0.01	价电子
电子枪	2～5 keV	< 0.5	俄歇电子
同步辐射	10 eV～10 keV	0.2（能量 8 keV）	从价层到内层

9.1.2　电子能量分析器

　　电子能量分析器的作用是将具有不同能量的光电子在不同的时间里传送至检测器，使得检测器能够检测出每一种能量电子的数量，从而得到光电子谱，即电子流强度相对于动能的图。X 射线光电子的能量分析器有两种类型：半球型能量分析器和筒镜型能量分析器。半球型能量分析器多用在 XPS 上，而筒镜型能量分析器则多用在俄歇电子能谱仪上。

9.1.3   检测器

　　用电子倍增器检测电子数目。电子倍增器是一种采用连续倍增电极表面的静电器件，内壁具有二次发射性能。电子进入器件后在通道内连续倍增，增益可达 10^9。

9.1.4   真空系统

　　XPS 是一种表面分析技术，分析室需要具有良好的真空度以防止试样的清洁表面被真空中的残余气体分子所覆盖。另外，如果分析室的真空度太差，光电子很可能和真空中的残余气体分子发生碰撞作用而不能到达检测器。所以，在 XPS 中必须采用超高真空系统。一般来说，采用三级真空泵系统能够达到 XPS 的分析室对真空度的要求。前级泵采用旋转机械泵或分子筛吸收泵，极限真空度能达到 10^{-2} Pa；采用油扩散泵或分子泵，可获得高真空，极限真空度能达到 10^{-8}Pa；而采用溅射离子泵和钛升华泵，可获得超高真空，极限真空度能达到 10^{-9}Pa。这几种真空泵的性能各有优缺点，可以根据各自的需要进行组合。为了防止油扩散泵污染超高真空的分析室，现在的 XPS 多采用机械泵-分子泵-溅射离子泵-钛升华泵相合的模式。真空系统的大部分结构由无磁不锈钢制成，分析室、能量分析器和透镜等关键部位的外壳或部件，则使用高磁透率的材料来制造。

9.2   X 射线光电子能谱的应用

9.2.1   元素定性分析

　　各种元素都具有一定特征的电子结合能，因此在能谱图中会出现特征谱线，可以根据这些谱线在能谱图中的位置来鉴定周期表中除 H 和 He 以外的所有元素。一般利用 XPS 的宽扫描程序，在一次测定中就可以检出全部或大部分元素。一般通过加大分析器的通能、提高信噪比的方法来提高定性分析的灵敏度。图 9.2 是典型的 XPS 定性分析图。通常 XPS 谱图的横坐标为结合能，纵坐标为光电子的计数。在分析谱图时，首先必须考虑的是消除荷电位移。金属和半导体样品，一般不用校准，因为它们不会产生荷电效应。但对于绝缘样品则必须进行校准。因为当荷电较大时，会导致结合能位置有较大的偏移，引起错误判断。使用计算机自动标峰时，同样会产生这种情况。一般来说，只要该元素存在，其所有的强峰都应存在，否则就要考虑是否是其他元素的干扰峰。依据激发轨道的名称来对激发出来的光电子进行标记。例如，从 O 原子的 1s 轨道激发出来的光电子就可以用 O 1s 来标记。由于 X 射线激发源的光子具有较高的能量，可以同时激发出多个原子轨道的光电子，因此在 XPS 谱图上会出现多组谱峰。大部分元素都可以激发出多组光电子峰，可以利用这些峰排除能量相近峰的干扰，从而有利于元素的定性标定。由于相近原子序数的元素激发出的光电子的结合能有较大的差异，所以相邻元素间很少会产生干扰作用。

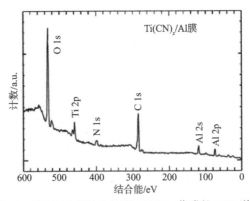

图 9.2　高纯 Al 基片上沉积 Ti(CN)$_x$ 薄膜的 XPS 谱图

　　由于光电子激发过程的复杂性，在 XPS 谱图上不仅存在各原子轨道的光电子峰，同时还存在部分轨道的自旋裂分峰、K$_{\alpha2}$ 产生的卫星峰、携上峰以及 X 射线激发的俄歇峰等伴峰，在定性分析时必须予以注意。

　　图 9.2 所示为标准的全谱，为高纯 Al 基片上沉积的 Ti(CN)$_x$ 薄膜的 XPS 谱图，激发源为 Mg K$_{\alpha}$。从图 9.2 可见，薄膜表面主要有 Ti、N、C、O 和 Al 元素存在，Ti、N 的信号较弱，而 O 的信号很强。这表明形成的薄膜主要是氧化物，氧的存在会影响 Ti(CN)$_x$ 薄膜的形成。

9.2.2　元素定量分析

　　XPS 并不是一种很好的定量分析方法，这一点需要注意。它给出的仅仅是一种半定量的分析结果，即相对含量而不是绝对含量。目前最常用的定量分析方法是元素灵敏度因子法，但是这也是一种半经验的相对定量方法，计算公式为

$$C_i=(I_i/S_i)/(\Sigma I_j/S_j) \tag{9.2}$$

式中，I_i 为元素 i 在一个特定的光谱峰中每秒的光电子数；S_i 为元素 i 的灵敏度因子。

　　这里提供的定量数据是以原子分数表示的，这种比例关系可以通过式（9.3）来换算成平常所使用的质量分数。

$$c_i^{\mathrm{wt}} = \frac{c_i \times A_i}{\sum_{i=1}^{i=n} c_i \times A_i} \tag{9.3}$$

式中，c_i^{wt} 为第 i 种元素的质量分数；c_i 是第 i 种元素由 XPS 元素灵敏度因子法测量得到的原子分数；A_i 是第 i 种元素的相对原子质量。

在定量分析中必须注意的是，XPS 给出的相对含量也与谱仪的状况有关。因为不仅各元素的灵敏因子是不同的，XPS 对不同含量的光电子的传输效率也是不同的，并随谱仪受污染程度而改变。XPS 仅提供表面 3～5 nm 厚的表面信息，其组成不能反映体相成分。样品表面的 C、O 污染以及吸附物的存在也会大大影响其定量分析的可靠性。

9.2.3　化合态识别

化合态识别是 XPS 应用中最主要的用途之一。识别化合态的主要方法就是测量 XPS 的峰位位移。对于半导体、绝缘体，在测量化学位移前应先决定荷电效应对峰位位移的影响。

1. 通过光电子峰识别化合态

由于元素所处的化学环境不同，它们的内层电子的轨道结合能也不同，即存在所谓的化学位移。另外，化学环境的变化也会改变一些元素的光电子谱双峰之间的距离，这也是判定化学状态的重要依据之一。此外，元素化学状态的变化有时还将引起谱峰半峰高宽的变化。图 9.3 所示为 S 的 2p 峰在不同化学状态下的结合能值。

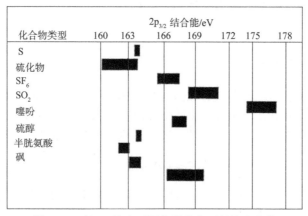

图 9.3　S 的 2p 峰在不同化学状态下的结合能值

将 XPS 耦合光源构筑原位辐照 XPS，通过研究结合能的变化，能够有效观测载流子的传输规律。该方法已经成为研究异质结载流子传输的有效方法。

2．通过 Auger 线来识别化合态

由于元素的化学状态不同，其 Auger 电子谱线的峰位也会发生变化。当光电子峰的位移变化并不显著时，Auger 电子峰位移将变得非常重要。在实际分析中，一般用 Auger 参数 α 作为化学位移量来研究元素化学状态的变化规律。

3．通过伴峰识别化合态

除了以上两种方法来识别化合态之外，震激线、多重分裂等也可以给出元素化学状态变化方面的信息。

4．小面积 XPS 分析

小面积 XPS 分析是近几年出现的一种新型技术。X 射线源产生的 X 射线的线度小至 0.01 mm 左右，使 XPS 的空间分辨能力大大增加，使得 XPS 也可以成像，并有利于深度剖面分析。

9.3　X 射线光电子能谱的操作

XPS 发展到目前有大量的模式和型号，但是其控制原理与如下示例相同，为详细了解 XPS 的基本操作过程，以下以岛津公司型号为例进行介绍。

9.3.1　操作整体步骤

（1）打开计算机电源和操作软件。
（2）准备样品，并将样品放入仪器 Flexi-lock 中抽真空。
（3）真空达标后将样品送至分析室。
（4）设置测试模式以及条件，进行测试。
（5）样品退出，处理数据。
（6）关闭软件操作系统以及计算机电源系统。

9.3.2　分步详细介绍

1．启动 ESCApe

（1）双击 ![icon] 图标来运行 ESCApe，图 9.4 的弹出信息会显示出来。

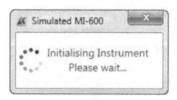

图 9.4　操作软件启动示例

（2）等待初始化的完成，如图 9.5 所示主窗口左下角的状态图标变成绿色 。

图 9.5　初始化完成示例

（3）登录以后，主窗口由 Analysis 窗口和在顶部及两边带有许多选项卡的显示区域组成。每一个选项卡代表一个窗口。

2．进样

（1）如图 9.6 所示，点击 Sample Loader 窗口里 Flexi-lock 菜单下的 Vent 键，给 Flexi-lock 进行充气。

图 9.6　充气对话框示例

（2）当 Flexi-lock 的压力大于 450Torr 后，打开舱门，此时样品架为上锁状态，见圆圈标注处，如图 9.7 所示。

图 9.7　样品上锁状态示例

（3）解锁样品架，解锁状态见圆圈标注处，如图 9.8 所示。

图 9.8　样品解锁状态示例

（4）拉出样品条，如图 9.9 所示。

图 9.9　拉出样品条

（5）如图 9.10 所示，将装好样的样品条放置在样品架上带编号的样品槽里。注意样品条的固定孔（图 9.10 中 A 处）要对准样品架的固定处（图 9.10 中 B 处）。

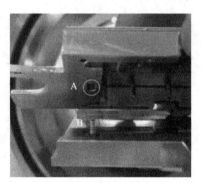

图 9.10　放置样品示意图

（6）将样品推回到样品架上，并上锁。

（7）关闭舱门，点图 9.11 中的"Pump"键，进行抽真空。

图 9.11　Sample Loader 窗口

3．获取样品条的图像

利用定位于进样室中的相机获取一张图像，用于设定样品的分析位置。

（1）打开 Sample Loader 窗口，如图 9.12 所示。

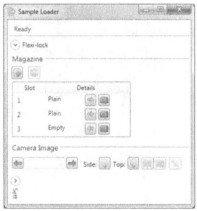

图 9.12　Sample Loader 窗口示例

（2）在 Magazine 段，点击相应的停放槽后面的移动按钮，使样品条移动到相机位置。

（3）在 Camera Image 段：

（A）点击启动进样室相机按钮 ▣ 。

（B）通过点击 Side 和/或 Top 按钮 ▣ ，选择恰当的照明光。

（C）点击停止进样室相机按钮 ▣ 以保存图像，会显示 1of 1 的文本。

4．在样品条上创建分析位置

（1）打开 Analysis Location 窗口。

（2）如图 9.13 所示，选择 Sample holder 以观察正确的图像。

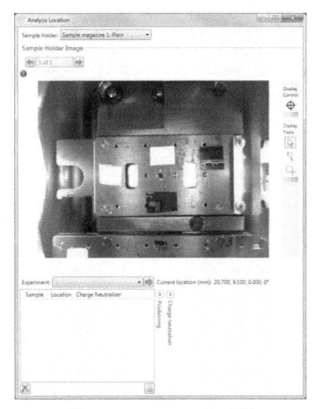

图 9.13　Analysis Location 窗口示例

（3）点击图像右边的设定区域按钮 ▣ 。

（4）点击图像中的样品以设定用于分析的位置。

（5）点击位于位置表下方的添加位置到列表按钮 ▣ ，会显示 Add Analysis Location 窗口，如图 9.14 所示。

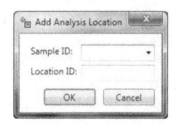

图 9.14　Add Analysis Location 窗口示例

（6）在 Sample ID 框中，可以键入一个新样品名称或者从下拉列表中选择一个已经存在的 ID。

（7）在 Location ID 框中，可以键入一个位置的名称或者保持框空白。如果未输入位置名称，则位置名称和样品名称是一致的。

（8）点击 OK，一个包含 Location ID 的绿色方块会被添加到图像的这个位置上，位置会被添加到位置表中。

（9）重复步骤（4）到步骤（8）来添加更多的样品或位置。

（10）完成添加样品或位置以后，取消选定设定区域按钮　　。

5. 传输样品条

（1）确保样品台是空的。

（2）打开 Sample Loader 窗口。

（3）如图 9.15 所示，在 Magazine 段，点击 transfer the sample holder to the stage 按钮　，该按钮位于相关插槽的右边。该程序将自动会把样品条传送到 XPS 测试仓 SAC 中。

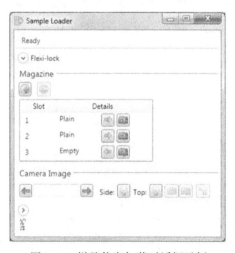

图 9.15　样品信息加载对话框示例

6．数据采集

1）创建 Experiment 文件

（1）打开 Date Organiser 窗口。

（2）如图 9.16 所示，点击 New Experiment 按钮 显示 New Experiment 窗口，如图 9.17 所示。

图 9.16　数据初始话对话框示例

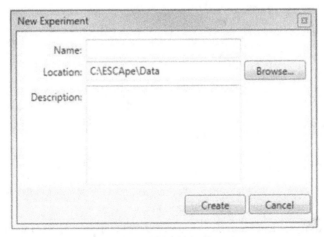

图 9.17　新增实验对话框示例

（3）在 Name 框中键入 Experiment 文件名。

2）Auto Z（自动定高）和宽谱扫描

（1）在 Analysis 窗口，设置 Acquisition Mode 为 Queue，如图 9.18 所示。

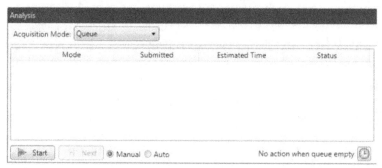

图 9.18　数据采集方式设置对话框示例

（2）如图 9.19 所示，在 Acquisition Method 窗口，点击 Open Method 按钮 以显示 Open Acquisition Method 窗口。

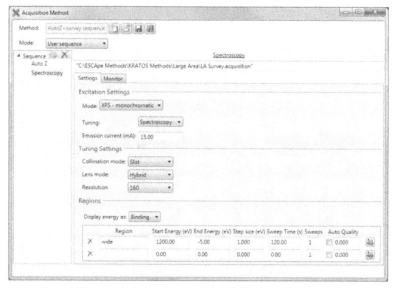

图 9.19　添加 Auto Z 和统计序列对话框示例

（3）打开 Auto Z+survery sequence 方法。

（4）在 Analysis Location 窗口中选择要分析的样品的 Sample holder。

（5）如图 9.20 所示，在 Analysis Location 窗口中，点击 Submit location for acquisition 按钮 提交位置。当鼠标指针划过位置表总的一个位置时该按钮会显示出来。

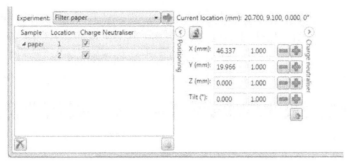

图 9.20　位置信息提交对话框示例

（6）在 Analysis 窗口中选择 Manual 单选按钮，点击 Start 按钮，启动第一个采集。如果有多个条目，则需要对每一个条目点击 Start 按钮。

3）采集大束斑的高分辨区间谱

（1）在 Analysis 窗口中，设置 Acquisition Mode 为 Queue。

（2）如图 9.21 所示，在 Acquisition Method 窗口中，点击 Open Method 按钮以显示 Open Acquisition Method 窗口。

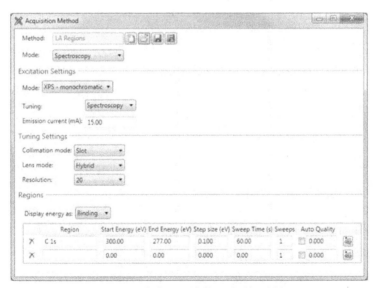

图 9.21　大束斑区域设置对话框示例

（3）打开一个 Regions 方法。

（4）设置所需的区间。

（5）在 Analysis Location 窗口中，选择含有待分析样品的 Sample holder 和用于存储数据的 Experiment 文件。

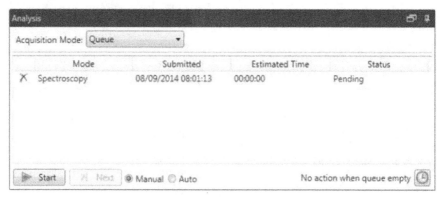

（6）在 Analysis Location 窗口中，点击 Submit location for acquisition 按钮 提交所分析位置，当鼠标指针划过位置表中的某个位置时该按钮会显示出来。

（7）如图 9.22 所示，在 Analysis 窗口中选择 Manual 单选按钮，点击 Start 按钮，启动第一个采集。如果有多个条目，则需对每一个条目点击 Start 按钮。

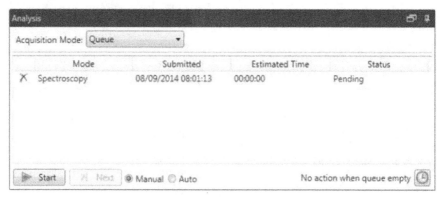

图 9.22　提交所分析位置信息示例

（8）选择 Real Time 表单来监测，如图 9.23 所示。

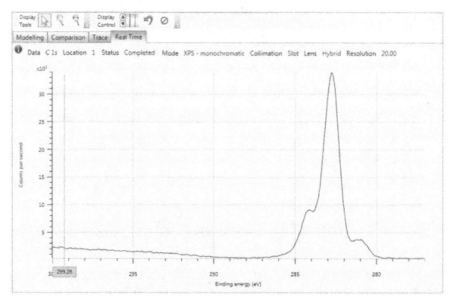

图 9.23　实时监测图示例

4）最后操作

测试完毕，退出样品台，结束实验。

7．数据处理

1）定性分析的数据处理

用计算机采集宽谱图后，首先标注每个峰的结合能位置，然后再根据结合能的数据在标准手册中寻找对应的元素，最后再通过对照标准谱图，一一对应其余的峰，确定有哪些元素存在。原则上当一个元素存在时，其相应的强峰都应该出现在谱图上。一般来说，不能根据一个峰的出现来判定元素的存在。现在新型的XPS光谱仪可以通过计算机进行智能识别，自动进行元素的鉴别，但由于结合能的非单一性和荷电效应，计算机自动识别经常会出现一些错误的结论。

2）定量分析的数据处理

采集完谱图后，通过定量分析程序，设置每个元素谱峰的面积计算区域和扣背底方式，由计算机自动计算出每个元素的相对原子分数。也可依据计算出的面积和元素的灵敏度因子进行手动计算浓度。最后得出样品中各个元素的相对含量。

3）元素化学价态分析

利用所得实验数据，在计算机系统上用光标定出各个元素的结合能，依据C 1s结合能数据判断是否有荷电效应存在，如有，则先校准每个结合能数据，然后再依据这些结合能数据鉴别这些元素的化学价态。

思　考　题

1．X射线光电子能谱的主要功能是什么？X射线光电子能谱能检测样品的哪些信息？请举例说明。

2．X射线光电子能谱有哪些优点？它可以分析哪些元素？

3．如何用X射线光电子能谱进行元素定量分析和定性分析？

参 考 文 献

布里格斯 D. 2001. 聚合物表面分析: X射线光电子能谱(XPS)和静态次级离子质谱(SSIMS). 曹立礼, 邓宗武, 译. 北京: 化学工业出版社.

侯锋辉, 邓红兵, 李崇俊, 等.2008. 碳纤维结构的常用表征技术. 纤维复合材料, 25(3): 18-20, 30.

李颖, 王光祖. 2007. 纳米材料的表征与测试技术. 超硬材料工程, 19(2): 38-42.

陆家和. 1987. 表面分析技术. 北京: 电子工业出版社.

徐志荣, 徐汀, 王振洲, 等. 2011. CT能谱成像新技术及应用. 中国医学装备, 8(1): 25-26.

俞宏坤. 2003. X射线光电子能谱(XPS). 上海计量测试, 30(4): 45-47.

周玉, 武高辉. 2007. 材料分析测试技术. 哈尔滨: 哈尔滨工业大学出版社.

第 10 章　动态热机械分析

　　材料在外部变量的作用下，其性质随时间的变化称为松弛。如果该外部变量是力学量（应力或应变），这种松弛称为力学松弛（mechanical relaxation）；如果材料受到的是电场或磁场的作用，就发生介电松弛（dielectric relaxation）和磁松弛（magnetic relaxation）。松弛过程引起能量消耗，即内耗（internal friction）。研究内耗可以查知松弛过程，并揭示松弛的动态过程和微观机制，从而得到材料的组织成分和内部结构。研究内耗的主要方法有 DMA 和 DDA。

　　DMA 是指试样在交变外力作用下的响应。它所测量的是材料的黏弹性即动态模量和力学损耗（即内耗），测量方式有拉伸、压缩、弯曲、剪切和扭转等，可得到保持频率不变的动态力学温度谱和保持温度不变的动态力学频率谱。外力保持不变时的热机械分析为静态热机械分析（thermomechanical analysis，TMA），也就是在程序温度下，测量材料在静态负荷下的形变与温度的关系，也称为热机械分析，其测量方式有拉伸、压缩、弯曲、针入、线膨胀和体膨胀等。

10.1　动态热机械分析的基本原理

10.1.1　黏弹性和内耗

　　聚合物材料是典型的黏弹性材料，这种黏弹性表现在聚合物的一切力学行为上。聚合物的力学性质随时间的变化统称为力学松弛，根据聚合物材料受到外部作用的情况不同，可以观察到不同类型的力学松弛现象，最基本的有蠕变、应力松弛、滞后和力学损耗（内耗）等。

　　在动态力学实验中，最常用的交变应力是正弦应力，以式（10.1）表示正弦交变拉伸应力

$$\sigma(t) = \sigma_0 \sin(\omega t) \tag{10.1}$$

式中，$\sigma(t)$为应力随时间的变化；σ_0为应力最大值；ω 为角频率，$\omega=2\pi f$（f 为频率）；t 为时间，ωt 为相位角。

　　试样在正弦交变应力作用下的应变响应随材料性质不同而不同，如图 10.1 所

示。对于理想弹性体，应变对应力的响应是瞬时的，应变响应是与应力同相位的正弦函数为

$$\varepsilon(t) = \varepsilon_0 \sin(\omega t) \qquad (10.2)$$

式中，$\varepsilon(t)$ 为应变随时间变化；ε_0 为应变最大值。

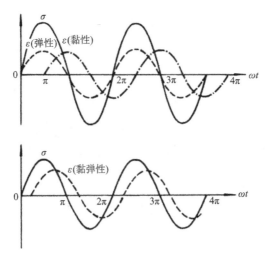

图 10.1　不同材料动态交变应力与应变的关系

对于理想黏性体，应变落后于应力 90°：

$$\varepsilon(t) = \varepsilon_0 \sin\left[(\omega t) - 90°\right] \qquad (10.3)$$

对于黏弹性材料，应变落后于应力一个相位角 δ，$0 < \delta < 90°$：

$$\varepsilon(t) = \varepsilon_0 \sin\left[(\omega t) - \delta\right] \qquad (10.4)$$

聚合物在交变应力作用下，应变落后于应力变化的现象称为滞后现象。滞后现象的发生是由于链段在运动时受到内摩擦力的作用，滞后相位角 δ 越大，说明链段运动越困难，越是跟不上外力的变化。

如前所述，当应力和应变的变化一致时，没有滞后现象，每次应变所做的功等于恢复原状时获得的功，没有功的消耗。如果应变的变化落后于应力的变化，发生滞后现象，则每一循环变化中就要消耗功，称为力学损耗，也称内耗。

当 $\varepsilon(t) = \varepsilon_0 \sin(\omega t)$ 时，因应力变化比应变领先一个相位角 δ，有 $\sigma(t) = \sigma_0 \sin\left[(\omega t) + \delta\right]$，此式可展开成

$$\sigma(t) = \sigma_0 \sin(\omega t)\cos\delta + \sigma_0 \cos(\omega t)\sin\delta \qquad (10.5)$$

可见应力由两部分组成，一部分与应变同相位，幅值为 $\sigma_0\cos\delta$，体现材料的弹性；另一部分与应变相差 90°，幅值为 $\sigma_0\sin\delta$，体现材料的黏性。定义 E'、E'' 为

$$E' = \frac{\sigma_0}{\varepsilon_0}\cos\delta \qquad (10.6)$$

$$E'' = \frac{\sigma_0}{\varepsilon_0}\sin\delta \qquad (10.7)$$

则应力的表达式为

$$\sigma(t) = \varepsilon_0 E'\sin(\omega t) + \varepsilon_0 E''\cos(\omega t) \qquad (10.8)$$

E' 是与应变同相位的模量，为实数模量，又称储能模量，反映储能大小；E'' 是与应变相差 90° 的模量，为虚数模量，又称损耗模量，反映耗能大小。用复数模量(E^*)表示如下

$$E^* = E' + iE'' \qquad (10.9)$$

图 10.2 示出了各参数之间的关系，由图可知

$$\tan\delta = \frac{E''}{E'} \qquad (10.10)$$

式中，δ 为力学损耗角；$\tan\delta$ 为力学损耗角正切，又称耗能因子，反映了内耗的大小。

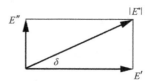

图 10.2　复数模量示意图

上述应力和应变可写成

$$\varepsilon(t) = \varepsilon_0\exp(i\omega t)$$

$$\sigma(t) = \sigma_0\exp[i(\omega t + \delta)]$$

此时复数模量为

$$E^* = \frac{\sigma(t)}{\varepsilon(t)} = \frac{\sigma_0}{\varepsilon_0}\exp(i\delta) = |E^*|\exp(i\delta) \qquad (10.11)$$

利用欧拉公式 $e^{i\delta} = \cos\delta + i\sin\delta$，可以得到

$$E^* = \left|E^*\right|(\cos\delta + i\sin\delta) = E' + iE'' \tag{10.12}$$

$$E = \left|E^*\right| = \sqrt{E'^2 + E''^2} \tag{10.13}$$

式中，$\left|E^*\right|$ 为绝对模量（动态模量）。

聚合物内耗的大小与试样本身的结构有关，还与温度、频率、时间、应力（或应变）及环境因素（如湿度、介质等）有关。

从实际应用考虑，聚合物材料制造的零部件常受动态交变载荷作用，如车辆轮胎的转动过程、塑料齿轮的传动过程、减振阻尼材料的吸振过程等。当聚合物材料作为刚性结构材料使用时，希望材料有足够的弹性刚度，以保持其形状的稳定性，同时又希望材料有一定的黏性，以避免脆性破坏。而作为减振或隔声等阻尼材料使用时，减振效果还与弹性成分有关。此外，在聚合物熔体的加工中，弹性成分不利于制品形状与尺寸的稳定性，需尽量减少。可见表征材料的黏弹性具有重要的实际意义。同时，研究黏弹性材料的动态力学性能随温度、频率、升降温速率、应变应力水平等的变化，可以揭示许多关于材料结构和分子运动的信息，对理论研究与实际应用都具有重要意义。

10.1.2　聚合物的动态热机械温度谱

在一定频率下，聚合物动态力学性能随温度的变化称为动态热机械温度谱，即 DMA 温度谱。

聚合物结构复杂、品种繁多，有非晶、结晶、液晶及取向聚合物，线型、支化及交联聚合物，均相与多相聚合物等，它们的 DMA 温度谱各不相同。

1．非晶态聚合物

图 10.3 为非晶态聚合物的典型 DMA 温度谱。由图可以看到，随温度升高，模量逐渐下降，并有若干段阶梯形转折，tanδ 在谱图上出现若干个突变的峰，模量跌落与 tanδ 峰的温度范围基本对应。温度谱按模量和内耗峰可分成几个区域，不同区域反映材料处于不同的分子运动状态。转折的区域称为转变，分主转变和次级转变。这些转变和较小的运动单元的运动状态有关，各种聚合物材料由于分子结构与聚集态结构不同，分子运动单元不同，因而各种转变所对应的温度不同。玻璃态与高弹态之间的转变为玻璃化转变，转变温度用 T_g 表示；高弹态与黏流态之间的转变为流动转变，转变温度用 T_f 表示。

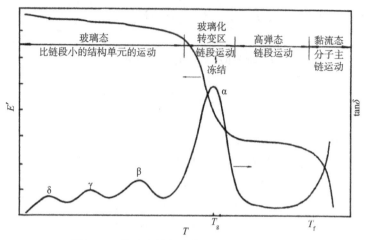

图 10.3　典型非晶态聚合物的 DMA 温度谱

玻璃态的模量一般在 $1\sim10$ GPa，高弹态的模量为 $1\sim10$ MPa。玻璃化转变区模量下降的范围视聚合物类型而不同。对非晶聚合物而言，模量一般降低 $3\sim4$ 个数量级；对结晶聚合物，模量一般降低 $1.5\sim2.5$ 个数量级；对交联聚合物，模量一般降低 $1\sim2$ 个数量级。

玻璃化转变反映了聚合物中链段由冻结到自由运动的转变，这个转变称为主转变或 α 转变。这段除模量急剧下降外，$\tan\delta$ 急剧增大并出现极大值后再迅速下降。在玻璃态，虽然链段运动已被冻结，但是比链段小的运动单元（局部侧基、端基、极短的链节等）仍可能有一定程度的运动，并在一定的温度范围发生由冻结到相对自由的转变，所以在 DMA 温度谱的低温区，E'-T 曲线上可能出现数个较小的台阶，同时在 E''-T 和 $\tan\delta$-T 曲线上出现数个较小的峰，这些转变称为次级转变，从高温到低温依次命名为 β 转变、γ 转变、δ 转变，对应的温度分别记为 T_β、T_γ、T_δ。每一种次级转变对应于哪一种运动单元，则随聚合物分子链的结构不同而不同，需根据具体情况进行分析。据文献报道，β 转变常与杂链高分子中包含杂原子的部分（如聚碳酸酯主链上的—O—CO—O—、聚酰胺主链上的—CO—NH—、聚砜主链上的—SO$_2$—）的局部运动、较大的侧基（如聚甲基丙烯酸甲酯上的侧酯基）的局部运动、主链上 3 个或 4 个以上亚甲基链的曲柄运动有关。γ 转变往往与那些与主链相连体积较小的基团如 α-甲基的局部内旋转有关。δ 转变则与另一些侧基（如聚苯乙烯中的苯基、聚甲基丙烯酸甲酯中酯基内的甲基）的局部扭振运动有关。

当温度超过 T_f 时，非晶聚合物进入黏流态，储能模量和动态黏度急剧下降，$\tan\delta$ 急剧上升，趋向于无穷大，熔体的动态黏度范围为 $10\sim10^6$ Pa·s。

从 DMA 温度谱上得到的各转变温度在聚合物材料的加工与使用中具有重要

的实际意义：对非晶态热塑性塑料来说，T_g 是它们的最高使用温度以及加工中模具温度的上限；T_f 是它们以流动态加工成型（如注塑成型、挤出成型、吹塑成型等）时熔体温度的下限；$T_g \sim T_f$ 是它们以高弹态成型（如真空吸塑成型）的温度范围。对于未硫化橡胶来说，T_f 是它们与各种配合剂混合和加工成型的温度下限。此外，凡是具有强度较高或温度范围较宽的 β 转变的非晶态热塑性塑料，一般在 $T_\beta \sim T_g$ 的温度范围内能实现屈服冷拉，具有较好的冲击韧性，如聚碳酸酯、聚芳砜等。在 T_β 以下，塑料变脆。因此，T_β 也是这类材料的韧-脆转变温度。另外，正是由于在 $T_\beta \sim T_g$ 温度范围内，高分子链段仍有一定程度的活动能力，所以能通过分子链段的重排而导致自由体积的进一步收缩，这正是物理老化的本质。

2. 结晶聚合物

结晶聚合物由晶相与非晶相组成。一般而言，结晶度较低（<40%）时，晶相为分散相，非晶相为连续相；而结晶度较高时，晶相为连续相，非晶相为分散相。其中非晶相随温度的变化会发生上述玻璃化转变和次级转变，但这些转变在一定程度上会受到晶相的限制；晶相在温度达到熔点（T_m）时，将会熔化，发生相变；在低温下也会发生与晶相有关的次级转变。对于同一种结晶聚合物，非晶相的 T_g 必然低于晶相的 T_m，所以在升温过程中，将首先发生非晶相的玻璃化转变，然后熔化。

部分结晶聚合物的储能模量介于晶相储能模量与非晶相储能模量之间。由于晶相储能模量高于非晶相储能模量，所以部分结晶聚合物的结晶度越高，储能模量越高。

图 10.4 为结晶聚合物的 DMA 温度谱。当 $T<T_g$ 时，非晶相处于玻璃态，晶相处于晶态，两相均为硬固体，这时结晶聚合物表现为刚性塑料，储能模量高于 10^9 Pa。但由于非晶相（玻璃）的储能模量与晶相的储能模量差别不大，整个材料的储能模量受结晶度的影响较小。当 $T_g<T<T_m$ 时，非晶相转变为高弹态，储能模量为 $10^6 \sim 10^7$ Pa，而晶相储能模量高于 10^9 Pa，整个材料就相当于橡胶增韧塑料。材料的储能模量受结晶度的影响很大。结晶度越低，材料的储能模量就越小。在 $T \approx T_g$ 时，材料的储能模量发生明显跌落，结晶度越低，跌落幅度越大。储能模量跌落的同时，也出现损耗模量和 tanδ 峰。当 $T>T_m$ 时，晶相熔融转变为非晶相。这样，整个材料就全部处于非晶态。不过，所处的非晶态有两种可能，一是高弹态，二是黏流态，这取决于分子量的大小。如果聚合物没有结晶，以非晶态存在，那么它就与非晶态线型聚合物一样，存在 T_g 和 T_f。T_f 与分子量有关，分子量越大，T_f 越高。当聚合物在合适的条件下结晶后，其晶相的熔点（T_m）与分子量几乎无关。因此它不结晶时的 T_f 与它结晶后晶相的 T_m 之间就存在两种可能：①当分子量较低，从而 $T_f<T_m$ 时，则当温度升到熔点 T_m 时，该聚合物将处于黏流态；储

能模量或动态黏度随温度升高而迅速降低, tanδ 迅速增大, 趋于无穷大（曲线 1）；②如果分子量较高, 从而 $T_f > T_m$, 那么, 在熔点以上和黏流温度以下（$T_m < T < T_f$）的温度范围内, 聚合物将处于高弹态, 储能模量降到 $10^6 \sim 10^7$ Pa, 只有当温度继续升到 T_f 以上, 高聚物才处于黏流态（曲线 2）。

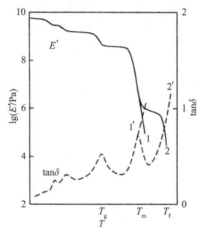

图 10.4　结晶聚合物的 DMA 温度谱

　　结晶聚合物中非晶区的次级转变与前面讨论过的相似, 并且这些转变的机理, 由于可能在不同程度上受到晶区存在的牵制, 将表现得更为复杂。在晶区中也存在各种分子运动, 它们也要引起各种新的次级转变。晶区引起的松弛转变对应的分子运动可能有：①晶区的链段运动；②晶型转变；③晶区中分子链沿晶粒长度方向的协同运动, 这种松弛与晶片的厚度有关；④晶区内部侧基或链端的运动, 缺陷区的局部运动, 以及分子链折叠部分的运动等。

　　结晶聚合物多用作塑料和纤维。对于这类聚合物, T_m 是它们使用温度的上限；对于 $T_m > T_f$ 的结晶聚合物, T_m 也是其熔体加工中熔体温度的下限, 但对于 $T_m < T_f$ 的结晶聚合物, T_f 才是其熔体加工中的温度下限。T_g 的高低决定这类材料在使用条件下的刚度与韧性：T_g 低于室温者, 在常温下犹如橡胶增韧塑料, 既有一定的刚度又有良好的韧性, 如聚乙烯、聚四氟乙烯等；T_g 高于室温者, 在常温下具有良好的刚度, 如聚酰胺、聚对苯二甲酸丁二醇酯等。此外, $T_\beta \sim T_m$ 是纤维冷拉和塑料冲压成型的温度范围。

3. 交联聚合物

　　交联聚合物是指分子链之间以化学键连接起来的聚合物。它可以通过线型聚合物的交联形成, 如橡胶硫化形成硫化橡胶、聚乙烯辐照交联形成交联聚乙烯；也可以从低分子量树脂开始, 通过加热和／或与固化剂反应而形成, 如酚醛或环氧树脂与固化剂反应形成的热固性塑料。交联的存在大大影响了聚合物的结晶能力。除轻度交联的某些橡胶，如天然橡胶，尚可能在一定条件下结晶以外，高度交联的聚合物，如硬橡胶和热固性塑料，即使交联前的线型聚合物或低分子量树脂本身具有结晶能力，也都基本或完全丧失了结晶能力。图 10.5 给出了一组交联程度不同的非晶态交联聚合物的 DMA 温度谱。与非晶态线型聚合物的 DMA 温度谱相比，其最大的特点是没有黏流态，同时，从这组曲线还可以看到，随着交联度的增加，T_g 提高，高弹储能模量增加，损耗峰降低。

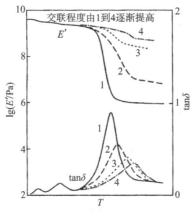

图 10.5　交联聚合物的 DMA 温度谱

对于非晶态交联聚合物，T_g 是交联橡胶的最低使用温度，是热固性塑料的最高使用温度。

聚合物的 DMA 温度谱随着测试频率的变化而变化，所得转变温度除熔点外，均随实验频率的提高而向高温方向移动，移动的幅度取决于相应运动单元的活化能。如图 10.6 所示，随频率提高，次级转变移动的幅度减小，而主转变移动的幅度增大。

频率 ω 与所得转变温度 T 之间的关系用式（10.14）表示

$$\omega = \omega_0 e^{-\Delta H / RT} \tag{10.14}$$

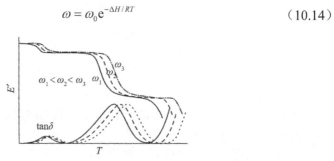

图 10.6　频率对非晶态线型聚合物的 DMA 温度谱的影响

式中，ΔH 为相应运动单元的活化能。以玻璃化转变为例，ΔH 就是链段运动活化能 $\Delta H_{链段}$，转变温度就是 T_g。将式（10.14）两边取对数，即得

$$\ln \omega = \ln \omega_0 - \frac{\Delta H_{链段}}{RT_g} \qquad (10.15)$$

改变实验频率，得到不同的 T_g，作直线 $\ln \omega$-$1/T_g$，从斜率求得 $\Delta H_{链段}$。同样方法也可得到任一次级转变的活化能。

10.1.3　动态热机械频率谱

在一定温度下，聚合物动态力学性能随频率的变化称为 DMA 频率谱，即 DMA 频率谱，用于研究材料力学性能与速率的依赖性。图 10.7 为非晶态聚合物的 DMA 频率谱图。当外力作用频率 $\omega \gg \omega_0$（$\omega_0 = \dfrac{1}{\tau_0}$，$\omega_0$ 为链段运动最可几频率，τ_0 为链段运动最可几松弛时间），链段基本上来不及对外力做出响应，这时材料表现为刚硬的玻璃态，具有以键角变形为主对外力做出瞬间响应的普弹性，因而 $E'(\omega)$ 很高，$E''(\omega)$ 和 $\tan\delta$ 都很小，且与频率变化关系不大。当 $\omega \ll \omega_0$ 时，链段能自由地随外力的变化而重排，这时材料表现为理想的高弹性，$E'(\omega)$ 很小，$E''(\omega)$ 和 $\tan\delta$ 也很小，且与频率关系不大。当 $\omega = \omega_0$ 时，链段由不自由到比较自由的运动，即玻璃化转变，此时 $E'(\omega)$ 随频率急剧变化，由于链段运动需要克服较大的摩擦力，$E''(\omega)$ 和 $\tan\delta$ 均达到峰值。

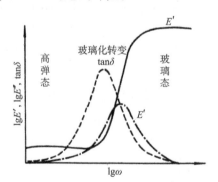

图 10.7　典型非晶态聚合物的 DMA 频率谱图

与温度谱相比，DMA 频率谱在研究分子运动活化能或将聚合物作为减振隔声等阻尼材料应用时，显得更为重要。

由于聚合物有多重运动单元，各运动单元大小不一，松弛时间的分布也就相当宽。为了对聚合物分子运动有较全面的了解，需要在很宽的频率范围内测定

DMA 频率谱。然而，目前每类仪器只能测定有限频率范围内的频率谱，要获得宽频率范围的频率谱，一般采用两种方法：①用几类不同的仪器分别测定不同频率段的 DMA 频率谱，然后将它们连起来形成主曲线，此法因各类仪器的固有误差，结果不能令人满意；②用同一种仪器在不同的恒温温度下测定某一频率段的 DMA 频率谱，然后利用时温转换原理将它们组合成某一温度下的一条主曲线。

从实验操作考虑，改变温度比改变频率方便，所以在研究聚合物材料的各种转变时，常采用 DMA 温度谱，当需要了解材料在特定频率段内的动态力学参数或深入研究分子运动机理时，多用 DMA 频率谱。

10.2　动态热机械分析仪器

研究聚合物材料动态力学性能的仪器很多,有自由振动法(扭摆仪和扭辫仪)、强迫共振法、强迫非共振法和声波传播法仪器等。各种仪器测量的频率范围不同，被测试样受力的方式也不相同，所得到的模量类型也就不同。表 10.1 给出了动态力学实验中常用的振动模式、形变模式、模量类型和适用的频率范围。

表 10.1　动态力学实验方法

振动模式	形变模式	模量类型	频率范围/Hz
自由振动	扭转	剪切模量	$0.1\sim10$
强迫共振	固定-自由弯曲 自由-自由弯曲	弯曲模量	$10\sim10^4$
	S 形弯曲	弯曲模量	$3\sim60$
	自由-自由扭转	剪切模量	$10^2\sim10^4$
	纵向共振	纵向模量	$10^4\sim10^5$
强迫非共振	拉伸 单向压缩	杨氏模量	$10^{-3}\sim200$
强迫非共振	单、双悬臂梁弯曲 三点弯曲	弯曲模量	$10^{-3}\sim200$
	夹心剪切 扭转	剪切模量	
	S 形弯曲	弯曲模量	$10^{-2}\sim85$
	平行板扭转	剪切模量	$0.01\sim10$

续表

振动模式	形变模式	模量类型	频率范围/Hz
声波传播	声波传播	杨氏模量	$3×10^3~10^4$
	超声波传播	纵向模量与剪切模量	$1.25×10^6~10^7$

大多数 DMA 仪器都可以用来测定聚合物试样的温度谱和频率谱，仪器的组成部分中一般包括温控炉、温度控制与记录仪。程序控温范围可达-150～600℃，甚至更宽。国际标准要求：测温精度不低于±0.5℃；恒温条件实验时，控温炉内沿试样长度的温度波动不超过±1℃；等速升温条件实验时，升温速率不超过2℃/min（做比较实验时，升温速率可较高，如 3～10℃/min），在每一测试点测试过程中温度波动不超过±0.5℃。炉内气氛一般用空气或氮气。此外，在测定一种材料在某一温度和某一频率下的动态力学性能时，应测试 3 个试样，最少不能少于 2 个试样，在测定温度谱和频率谱时，一般测 1 个试样即可。

由美国 TA、美国 Perkin-Elmer、德国 Netzsch 和瑞士 Mettler 等公司生产的 TA DMA Q800、PE DMA7、Netzsch DMA242、Mettler DMA861^e 和 DMTA Ⅳ等仪器的功能和实验模式大同小异。图 10.8 和图 10.9 示出了 TA DMA Q800 和 Netzsch DMA242 的主机结构。这些仪器均设计了多种形变模式，如拉伸、压缩、剪切、单/双悬臂两点和三点弯曲。在每一形变模式下实验模式有单点测试、应变扫描、温度扫描、频率扫描、频率-温度扫描及时间扫描等。除上述各种应变控制下的动态实验模式外，有些仪器还可实现应力控制下的动态实验模式（多频温度扫描）和静态实验模式（蠕变和热机械分析），以及应变控制下的静态实验模式（应力松弛）。

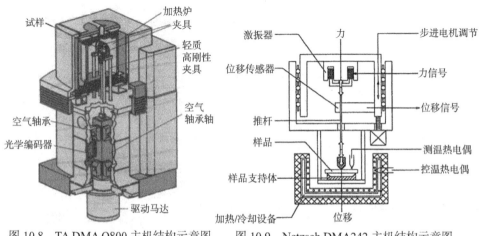

图 10.8　TA DMA Q800 主机结构示意图　　图 10.9　Netzsch DMA242 主机结构示意图

10.3　动态热机械分析在聚合物中的应用

聚合物的动态力学性能准确地反映了聚合物分子运动的状态，每一特定的运动单元发生"冻结"⇔"自由"转变（α、β、γ、δ、⋯转变）时，均会在 DMA 温度谱和 DMA 频率谱上出现一个模量突变的台阶和内耗峰。聚合物的分子运动不仅与高分子链结构有关，而且与高分子聚集态结构（结晶、取向、交联、增塑、相结构等）密切相关，聚集态结构又与工艺条件或过程有关，所以 DMA 分析已成为研究聚合物的工艺-结构-分子运动-力学性能关系的一种十分有效的手段。再者，DMA 实验所需试样少，可以在宽阔的温度和频率范围内连续测定，在较短时间即可获得聚合物材料的模量和力学内耗的全面信息。尤其在动态应力条件下应用的制品，测定其动态力学性能数据更接近于实际情况。因此 DMA 技术在许多领域得到了广泛的应用。

10.3.1　评价聚合物材料的使用性能

1. 耐热性

如前所述（10.1.2 小节"聚合物的动态热机械温度谱"），测定塑料的 DMA 温度谱，不仅可以得到以力学损耗峰顶或损耗模量峰顶对应的温度表征塑料耐热性的特征温度 T_g（非晶态塑料）和 T_m（结晶态塑料），而且还可得知模量随温度的变化情况，因此其比工业上常用的热变形温度和维卡软化点更加科学。同时还可以依据具体塑料产品使用的刚度（模量）要求，准确地确定产品的最高使用温度。

除了可以得到 T_g（或 T_m）外，从 DMA 温度谱图至少还可得到关于被测样品耐热性的下列信息：材料在每一温度下储能模量值或模量的保留百分数；材料在各温度区域内所处的物理状态；材料在某一温度附近，性能是否稳定。显然，只有把工程设计的要求和材料随温度的变化结合起来考虑，才能确切地评价材料的耐热性。设计人员可以利用 DMA 温度谱获得的上述几种信息来决定聚合物材料的最高使用温度或选择适用的材料。即 DMA 谱图可以对聚合物材料在一个很宽温度范围内（且连续变化）的短期耐热性给出较全面且定量的信息。

2. 耐寒性或低温韧性

塑料，本质上是非晶态聚合物的"玻璃态"或部分结晶高聚物的"晶态+玻璃态"（硬塑料）或"晶态+橡胶态"（韧塑料）。塑料之所以不像小分子玻璃那么脆，其根本原因在于：许多塑料在使用条件下，虽然处于主链链段运动被冻结的状态，但某些小于链段的小运动单元仍具有运动的能力，因此在外力作用下，可以产生比小分子玻璃大得多的形变而吸收能量，然而，当温度一旦降到某一温度以下，以致材料中可运动的结构单元全部被"冻结"时，则塑料就会像小分子玻璃一样呈现脆性。所以塑料的耐寒性或者说低温韧性主要取决于组成塑料的聚合物在低温下是否存在链段或比链段小的运动单元的运动。通过测定它们的 DMA 温度谱中是否有低温损耗峰进行判断。若低温损耗峰所处的温度越低，强度越高，则可以预测这种塑料的低温韧性好。因此凡存在明显的低温损耗峰的塑料，在低温损耗峰顶对应的温度以上都具有良好的冲击韧性。例如，聚乙烯的 T_g 约为 $-80℃$，是典型的低温韧性塑料。在$-80℃$出现明显次级转变峰的非晶态塑料聚碳酸酯，是耐寒性最好的工程塑料。相反，缺乏低温损耗峰的聚苯乙烯塑料是所有塑料中冲击强度最低的塑料。当使用 T_g 远低于室温的顺丁橡胶改性后，在$-70℃$有了明显损耗峰的改性聚苯乙烯，就成为低温韧性好的高抗冲聚苯乙烯。

对于橡胶材料，一旦温度低于 T_g，构成橡胶的柔性链就会堆砌得十分紧密，自由体积很小，受力时变得比塑料还要脆，失去使用价值，因此评价橡胶耐寒性的依据主要是它的 T_g。组成橡胶材料的聚合物材料分子链越柔软，橡胶的 T_g 就越低，其耐寒性就越差。可得出几种橡胶的耐寒性依次为硅橡胶＞氟硅橡胶＞天然橡胶＞丁腈橡胶、氯醇橡胶。

3. 阻尼特性

为了减震、防震或吸音、隔音等，在民用工业、通讯、交通及航空航天等领域均需要使用具有阻尼特性的材料。阻尼材料要求材料具有高内耗，即 tanδ 大。理想的阻尼材料应该在整个工作温度范围内均有较大的内耗，tanδ-T 曲线变化平缓，与温度坐标之间的包络面积尽量大。所以用材料的 DMA 温度谱可以很容易地选择出适合于在特定温度范围内使用的阻尼材料。

目前各类阻尼材料已广泛应用于火箭、导弹、人造卫星、精密机床等领域。随着现代科技的发展以及应用领域的拓宽，在实际工程技术中，对阻尼材料的性能要求也越来越高。性能优异的阻尼材料要求使用温度区域至少在 60～80℃以上，而一般均聚物的阻尼功能区仅为 20～30℃。所以研究者就通过各种途径研制具有不同结构和性能的聚合物阻尼材料来满足实际需求。

4. 老化性能

聚合物材料在水、光、电、氧等作用下发生老化，性能下降，其原因在于结构发生了变化。这种结构变化往往是大分子发生了交联或致密化或分子断链和产生新的化合物，由此体系中各种分子运动单元的运动活性受到抑制或加速。这些变化可能在 tanδ-T 谱图的内耗峰上反映出来（表10.2）。采用 DMA 技术不仅可迅速跟踪材料在老化过程中刚度和冲击韧性的变化，而且可以分析引起性能变化的结构和分子运动变化的原因，同时也是一种快速择优选材的方法。

表 10.2　塑料在老化过程中分子运动的变化在 $\tan\delta$-T 谱图上的反映

谱图的变化	谱图变化的原因和结果
玻璃化转变峰向高温移动	交联或致密化，分子链柔性降低
玻璃化转变峰向低温移动	分子链断裂，分子链柔性增加
次级转变峰高度增加	相应的分子运动单元的活动性增加
次级转变峰高度降低	相应的分子运动单元的活动性降低
新峰的产生	发生化学反应

10.3.2　研究聚合物材料的结构与性能的关系

在前面介绍的 DMA 温度谱中，已涉及了结晶和交联结构。而且当聚合物材料被拉伸取向时，分子会沿拉伸方向有序重排，并使聚合物结晶度增大，还可能改变晶型，从而改变 DMA 谱图。每一均聚物都有其独特的 DMA 谱图，这可在有关的手册中查阅。《高聚物与复合材料的动态力学热分析》（过梅丽著，2002，化学工业出版社）中也列出了常见塑料和橡胶的典型 DMA 温度谱。同类材料在结构或组分上的差别也能反映在 DMA 谱图上。共混聚合物的 DMA 谱图由组分间的相容性决定。以双组分共混聚合物为例，如果组分之间完全相容，则共混物为单相体系，只有一个 T_g，T_g 值介于两组分均聚物各自的 T_g 之间，与组分配比有关；如果组分之间完全不相容，则共混物为两相体系，各相分别为组分均聚物，因而共混物有两个 T_g，且两个 T_g 不随组分配比而变化；如果组分之间是部分相容，这时共混物也是两相体系，也有两个 T_g，但两个 T_g 范围都将变宽并彼此靠拢，组分配比越接近，两个 T_g 靠得越近。填充改性是改善聚合物材料力学性能的有效手段，填充复合材料中聚合物链段的受限运动行为可以通过 DMA 技术进行表征。刚性填充剂的加入一般使聚合物材料的储能模量提高，而使损耗模量或 $\tan\delta$ 峰明显降低。

10.3.3　预浸料或树脂的固化工艺研究和质量控制

国内外很多航空航天用复合材料构件是用预浸料成型的。一旦选定预浸料的类型和铺层方法后，预浸料的固化工艺便是整个生产过程中最关键的部分。例如，其中的树脂和纤维正是在这一工艺过程中成为复合材料的。同样的预浸料在不同的工艺条件下固化可以形成性能差异很大的不同复合材料。固化工艺对复合材料的高温力学性能影响尤为显著。在研究聚合物固化过程方面，传统的化学分析手段对固化最后阶段的反应不灵敏，而最后阶段却在很大程度上决定交联高聚物的性能。应用物理手段时，如果缺乏物理性能与固化程度之间的关系，也很难确定固化过程进行的完善程度。而 DMA 技术既能跟踪预浸料在等速升温固化过程中的动态力学性能变化，获得对制定部件固化工艺方案极其重要的特征温度，又能模拟预定的固化工艺方案，获悉预浸料在实际固化过程中的力学性能变化以及最终达到的力学性能，从而较快地筛选出最佳工艺方案。预浸料的固化过程本质上是预浸料中的树脂体系的固化过程。

热固性树脂固化产物固化程度与 T_g 都是表征产物质量的主要参数。对于一个给定的热固性树脂体系，产物的 T_g 均随固化程度的提高而提高。研究还发现，T_g 除了与固化程度有关外，还与后处理工艺等因素有关。何平笙、过梅丽等在用 DMA 技术测定热固性树脂的表观固化反应活化能方面做了很多工作。

10.3.4　未知聚合物材料的初步分析

对未知聚合物材料进行 DMA 实验，将所得到的 DMA 曲线与已知材料的标准 DMA 曲线进行对照比较，即可初步判断被测材料的类型。

10.4　动态热机械分析仪的操作

下面以 DMA Q800 为例介绍仪器的操作步骤。

10.4.1　开机

（1）如图 10.10 所示，打开仪器主电源，待仪器主机页面出现"TA"。

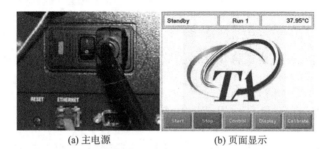

(a) 主电源　　　　　　　　(b) 页面显示

图 10.10　设备开机

（2）打开空气压缩机。

（3）打开控制计算机，双击桌面上"TA Instrument Explorer"，弹出如图 10.11

所示界面，鼠标左键双击仪器图标，即可打开控制软件界面。

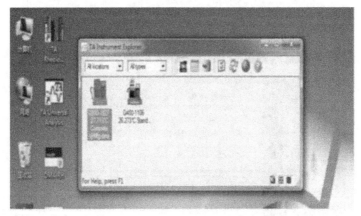

图 10.11 打开控制计算机对话框示例

10.4.2 测量及软件使用

1. 检查仪器状态栏是否显示两个"OK"状态

仪器已经正常开机，确认仪器状态栏中"Air Bearing"和"Frame temp"都为"OK"，一般开机后需等待半小时方可达此状态。

2. 校准（Caliblate）

如图 10.12 所示。位置校准：Position，最常用的校准，开机必做！夹具校准：Clamp，最常用的校准，更换夹具必做！

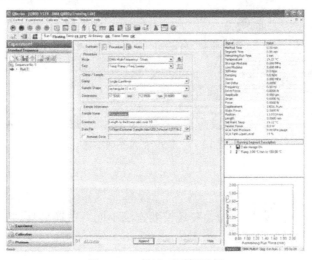

图 10.12 校准对话框示例

10.4.3　位置校准

点击"Calibrate"，选择"Position"，会弹出如图 10.13 所示对话框。

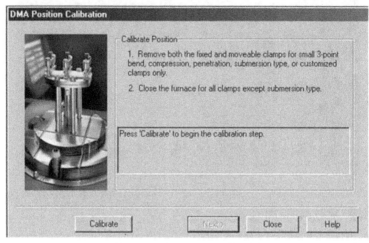

图 10.13　位置校准对话框示例

通过仪器触摸屏或软件关闭炉子点击"Control"，选择"Fur"，点击"Calibrate"开始进行位置校准，校准完成后出现如图 10.14 所示界面，炉子会自动开启。点击"Next"得校准报告，点击"Finish"结束位置校准。

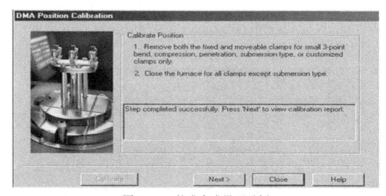

图 10.14　校准完成界面示例

10.4.4　夹具校准

DMA 配备 3 套夹具，每套夹具校准方法不同。更换夹具后，按照夹具对应的校准项目，按照"质量"、"零位"（zero）和"柔量"的先后次序进行相对应校准。

1. 夹具校准——质量

选择 "Calibrate /Clamp"，会弹出如图 10.15 所示的对话框，选择夹具种类，如本次选择安装的为 "Dual Cantilever"（双悬臂）。

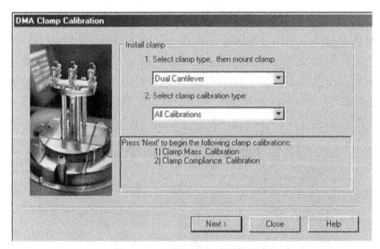

图 10.15　质量校准对话框示例

点击 "Next"，出现如图 10.16 所示的界面。通过软件或触摸屏关闭炉子，按 "Calibrate" 键开始进行夹具质量校准，校准完毕后炉子会自动开启，按 "Next"键进行下一阶段校准。

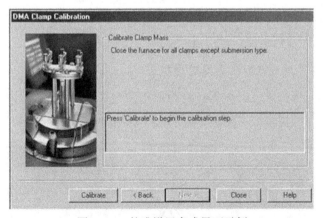

图 10.16　校准设置完成界面示例

2. 夹具校准——零位

薄膜拉伸夹具零位校准使用的偏移量计（offset gauge）如图 10.17 所示。

图 10.17　零位校准使用的偏移量计

完成夹具质量校准点击 "Next" 后，把夹具固定部分（Fixed）装好，不要安装样品；确定夹具质量校准已经做好；如图 10.18 所示，使用游标卡尺测量薄膜/纤维拉伸夹具偏移量计标尺的长度（约 12.7 mm），并输入上去。将偏移量计安装到固定夹具上；关闭炉子；点击 "Calibrate" 键开始进行夹具零位校准，校准完毕后炉子会自动开启；拆下偏移量计并保存好；点击 "Next" 进行下一阶段校准。

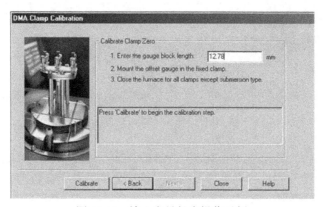

图 10.18　输入夹具长度操作示例

3. 夹具校准——柔量

1）单双悬臂、三点弯曲夹具柔量校准

确认夹具质量校准已经做好；将附件木盒中柔量专用的厚钢片测出宽度与厚度并输入，长度则根据所使用的夹具跨距而定，如图 10.19 所示。

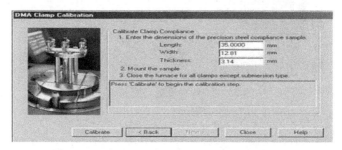

图 10.19　输入柔量专用的厚钢片尺寸操作示例

装上厚钢片并用扭力棒锁好[约 12 磅(lb)，1 lb=453.59 g]；若是三点弯曲夹具则只需将钢片直接工整地摆在跨距上即可；关闭炉子；点击"Calibrate"开始进行夹具柔量校准，校准完毕后炉子会自动开启。

2）薄膜夹具柔量校准

（1）确认夹具质量、零位校准已经做好。

（2）测量薄膜钢片的宽度和厚度并输入软件中相应位置，长度则要先将钢片装好，而钢片要夹多长，则视使用者而定，最好与其实验时的样品等长。安装好后可从控制软件右上方实时信号中的"Length"栏得到钢片的长度。

校准用钢片如图 10.20 右下方所示。单双悬臂夹具需要进行质量校准、柔量校准。三点弯曲夹具需要进行质量校准、柔量校准。拉伸薄膜夹具需要进行质量校准、零位校准、柔量校准。其中柔量校准所用钢片和以上不同。

图 10.20 校准工具

10.4.5 测量

若进行低温实验，则需打开气体冷却附件电源（GCA），确保液氮充足，且仪器已完成校准，并已安装上所需夹具，完成了夹具所需校准。

（1）输入页面中 Summary 界面信息——以单悬臂夹具为例。

操作步骤如下。①Mode：选择所需实验模式，DMA Multi-Frequency—Strain；②Test：选择该模式下所要进行的测试，Temp Ramp / Frequency Sweep；③Clamp：夹具类型，单悬臂夹具；④Sample Shape：样品形状，长方体；⑤Dimension：样品长、宽、厚；⑥Sample Name：样品数据名称；⑦Data File：选择测试数据保存位置。

（2）安装样品前，使用游标卡尺测定样品的宽和厚；样品长度待安装后进行测定。

（3）在"Method"页面下输入如下信息。

Amplitude：振幅；Strain: 应变。点击"Editor"设置起点温度（Equilibrate）、在起点温度的恒温时间（Isothermal），点击 Ramp，设置终点温度和升温速率，由于 DMA 测试样品较大，升温速率一般不大于 5℃/min。

（4）在"Frequency table"界面检查频率是否为1Hz。

（5）装载样品。使空气轴承处于浮动（Float）状态；测量完样品的宽度和厚度后，将样品插入夹具靠近热电偶一方的固定/活动部分，但不要碰到热电偶。如有需要，可以调整热电偶的位置。摆正后用手拧紧固定样品的螺丝，然后锁定(Lock)空气轴承；调整扭矩扳手到所需的扭矩，然后用扭矩扳手上紧固定螺丝。

（6）装载完样品后，使用游标卡尺测量样品的长度，并将其输入 Summary 对应位置。

（7）关闭炉子，点击软件"Procedure"页面，如图 10.21 所示，可以看到设定的振幅（Amplitude）为 25μm。

图 10.21　实验条件设置显示示例

点击软件界面上"Measure"按钮，观测软件右上方实时信号栏，如图 10.22 所示。当"Amplitude"显示达到所设定的 25μm 时，观测"Stiffness"或者"Force"的值，应满足如下要求：Stiffness 为 10E2~10E7，Force<18N。

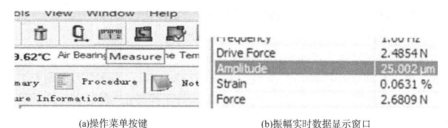

(a)操作菜单按键　　　　　　　　　(b)振幅实时数据显示窗口

图 10.22　测试振幅显示界面示例

若"Amplitude"一直未能达到设定值，但"Force"或"Stiffness"已超出上述范围，则需要调整样品尺寸，然后再测试，如将样品变薄。这里涉及仪器的一个重要规格，即最大载荷为 18N。

（8）点击"Measure"确认"OK"后，即可点击开始按钮进行测试，如图 10.23 所示。

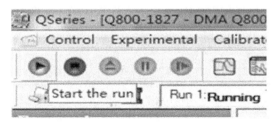

图 10.23 开始测试界面示例

实验过程中若要停止实验，点击"Stop"按钮，如图 10.24 所示，已进行完的测试数据会被保存。

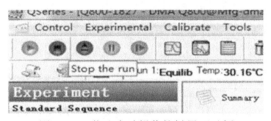

图 10.24 停止实验操作按键界面示例

如图 10.25 所示，若实验过程中点击"Reject the run"，数据将不被保存，不建议使用。

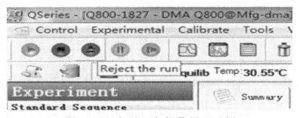

图 10.25 拒绝运行操作界面示例

10.4.6 数据分析

打开 TA Universal Analysis 软件。点击"File"，选择"Open"，在弹出的对话框中选择要打开的数据文件。选择后点击"OK"，即可得如图 10.26 所示的图谱。

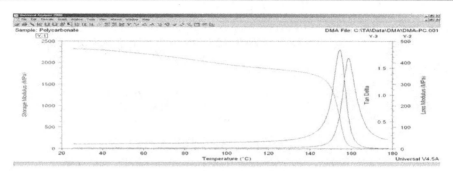

图 10.26　所得图谱

空白处右击鼠标，如图 10.27 所示，可以选择 "Signal" 来定义想要的 y 轴。

图 10.27　重新定义 y 轴图谱

按图 10.28 所示找切线点温度。

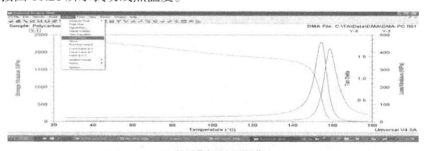

(a) 按屏幕灰显标识操作

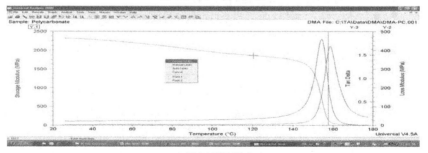

(b) 画出切线起始点

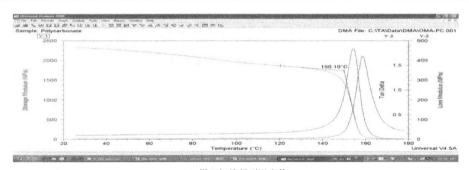

(c) 做双切线得到温度值

图 10.28　找切点温度图

按图 10.29 所示标峰值温度。

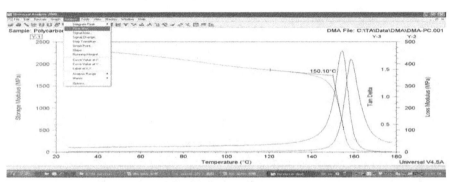

(a) 按图示灰显标识操作

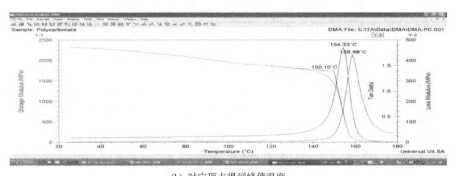

(b) 对应顶点得到峰值温度

图 10.29　标峰值温度图

10.4.7　数据导出

按图 10.30 所示，导出图像和数据。

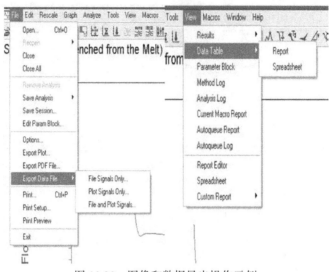

图 10.30　图像和数据导出操作示例

10.4.8　关机

点击控制软件 Control，选择 "Shutdown instrument"，在弹出的对话框中选择 "Shutdown"，然后点击 "Start"，即开始关机过程；当触摸屏上显示"Shutdown complete"时，关闭仪器后面主电源。

操作时须注意：①温度探头可以上下调但不能外力压，防止被破坏；②放好样品后加上保护罩，防止样品受热不均引起数据大范围波动。

思　考　题

1. 两个结晶度不同而同种聚合物样品的动态力学谱图的模量和内耗曲线有何不同？

2. 聚合物的 DMA 温度谱随着测试频率的变化有何变化？如何用 DMA 谱图求出链段运动的活化能？

3. 如何用 DMA 谱图判断交联聚合物的交联程度？

4. 如何用 DMA 谱图表征两种或两种以上聚合物的共混相容性？

参　考　文　献

阿克洛尼斯，马克尼特，沈明琦. 1984. 聚合物黏弹性引论. 李仲伯，李怡宁，译. 北京：宇航出版社.

高家武，等. 1994. 高分子材料近代测试技术. 北京：北京航空航天大学出版社.

葛庭燧. 2000. 固体内耗理论基础: 晶界弛豫与晶界结构. 北京: 科学出版社.

过梅丽. 2002. 高聚物与复合材料的动态力学热分析. 北京: 化学工业出版社.

何曼君, 陈维孝, 董西侠. 1990. 高分子物理(修订版). 上海: 复旦大学出版社.

焦剑, 雷渭媛. 2003. 高聚物结构、性能与测试. 北京: 化学工业出版社.

马德柱, 何平笙, 徐种德, 等. 2000. 高聚物的结构与性能. 2 版. 北京: 科学出版社.

穆腊亚马 T. 1988. 聚合物材料的动态力学分析. 谌福特, 译. 北京: 轻工业出版社.

钱保功, 许观藩, 余赋生, 等. 1986. 高聚物的转变与松弛. 北京: 科学出版社.

汪昆华, 罗传秋, 周啸. 2000. 聚合物近代仪器分析. 2 版. 北京: 清华大学出版社.

殷敬华, 莫志深. 2001. 现代高分子物理学. 北京: 科学出版社.

张俐娜, 薛奇, 莫志深, 等. 2003. 高分子物理近代研究方法. 武汉: 武汉大学出版社.

张美珍. 2000. 聚合物研究方法. 北京: 中国轻工业出版社.

第 11 章　色谱与质谱

11.1　色谱法简介

色谱法是从混合物中分离组分的重要方法之一，是几十年来分析化学中最富活力的领域之一。作为一种物理化学分离分析的方法，能够分离物化性能差别很小的化合物。当混合物各组成部分的化学或物理性质十分接近，而其他分离技术很难或根本无法应用时，色谱法愈加显示出其实际有效的优越性。色谱法最初仅仅是一种分离手段，直到 20 世纪 50 年代，随着生物技术的迅猛发展，人们才开始把这种分离手段与检测系统连接起来，使其成为在环境、生化药物、精细化工产品分析等生命科学和制备化学领域中广泛应用的物质分离分析的一种重要手段。色谱法的应用日益普遍，目前几乎所有的领域都涉及色谱法及其相关技术的应用，在科学研究和工业生产中发挥着越来越重要的作用。

色谱法是俄国植物学家茨维特在 1903 年分离植物色素时采用的方法。他在研究植物叶色素的成分时，将植物叶子的萃取物倒入填有碳酸钙的直立玻璃管内，然后加入石油醚使其自由流下，结果色素中各组分互相分离形成各种不同颜色的谱带（图 11.1），因此得名为色谱法。此后该方法逐渐应用于无色物质的分离，"色谱"二字虽已失去原来的含义，但仍被人们沿用至今。

图 11.1　色谱柱

在色谱法中，将填入玻璃管或不锈钢管内静止不动的相（固体或液体）称为固定相；自上而下运动的相（一般是气体或液体）称为流动相；装有固定相的管子（玻璃管或不锈钢管）称为色谱柱。

当流动相中样品混合物经过固定相时，就会与固定相发生作用，由于各组分在性质和结构上的差异，与固定相相互作用的类型、强弱也有差异，因此在同一推动力的作用下，不同组分在固定相滞留时间长短不同，从而按先后不同的次序从固定相中流出。

11.1.1　分类

1. 按两相物理状态分类

气体为流动相的色谱称为气相色谱（GC）。同理，液体为流动相的色谱称液相色谱（LC），根据固定相是固体吸附剂还是固定液，液相色谱又可分为液固色谱（LSC）和液液色谱（LLC）。超临界流体为流动相的色谱为超临界流体色谱（SFC）。随着色谱工作的开展，通过化学反应将固定液键合到载体表面，这种化学键合固定相的色谱又称化学键合相色谱（CBPC）。

2. 按分离过程物理化学原理分类

利用组分在吸附剂（固定相）上的吸附能力强弱不同而分离的方法，称为吸附色谱法。利用组分在固定液（固定相）中溶解度不同而分离的方法称为分配色谱法。利用组分在离子交换剂（固定相）上的亲和力大小不同而分离的方法，称为离子交换色谱法。利用大小不同的分子在多孔固定相中的选择渗透而达到分离的方法，称为凝胶色谱法或尺寸排阻色谱法。

最近，又有一种新分离技术，利用不同组分与固定相（固定化分子）的高专属性亲和力进行分离的技术称为亲和色谱法，常用于蛋白质的分离。

3. 按固定相的形式分类

固定相装于柱内的色谱法，称为柱色谱。

固定相呈平板状的色谱，称为平板色谱。它又可分为薄层色谱和纸色谱。

4. 按照展开程序分类

按照展开程序的不同，可将色谱法分为洗脱法、顶替法和迎头法。

11.1.2　色谱分离基本原理

在色谱法中存在两相，一相是固定不动的，称为固定相，另一相则不断流过固定相，称为流动相。色谱法就是利用待分离的各种物质在两相中的分配系数、吸附能力等亲和能力的不同来进行分离的。使用外力使含有样品的流动相（气体、液体）通过一固定于柱中或平板上、与流动相互不相溶的固定相表面。当流动相中携带的混合物流经固定相时，混合物中的各组分与固定相发生相互作用。由于混合物中各组分在性质和结构上的差异，与固定相之间产生的作用力的大小、强弱不同，随着流动相的移动，混合物在两相间经过反复多次的分配平衡，使得各组分被固定相保留的时间不同，从而按一定次序由固定相中先后流出。与适当的柱后检测方法结合，实现混合物中各组分的分离与检测。

色谱分析的目的是将样品中各组分彼此分离，组分要达到完全分离，两峰间的距离必须足够远。两峰间的距离是由组分在两相间的分配系数决定的，即与色谱过程的热力学性质有关。但是两峰间虽有一定距离，如果每个峰都很宽，以致彼此重叠，还是不能分开。这些峰的宽或窄是由组分在色谱柱中的传质和扩散行为决定的，即与色谱过程的动力学性质有关。因此，要从热力学和动力学两方面来研究色谱行为。

1. 色谱理论

1）分配系数 *K* 和分配比 *k*

（1）分配系数 *K*。分配色谱的分离是基于样品组分在固定相和流动相之间反复多次的分配过程，而吸附色谱的分离是基于反复多次的吸附-脱附过程。这种分离过程经常用样品分子在两相间的分配来描述，而描述这种分配的参数称为分配系数 *K*。它是指在一定温度和压力下，组分在固定相和流动相之间分配达到平衡时的浓度之比，即

$$K = \frac{\text{溶质在固定相中的浓度}}{\text{溶质在流动相中的浓度}} = c_s/c_m \tag{11.1}$$

分配系数是由组分和固定相的热力学性质决定的，它是每一个溶质的特征值，仅与两个变量有关：固定相和温度，与两相体积、柱管的特性以及所使用的仪器无关。

（2）分配比 *k*。分配比又称容量因子，它是指在一定温度和压力下，组分在两相间分配达平衡时，分配在固定相和流动相中的质量比。即

$$k = \frac{\text{组分在固定相中的质量}}{\text{组分在流动相中的质量}} = m_s/m_m \tag{11.2}$$

k 值越大，说明组分在固定相中的量越多，相当于柱的容量越大，因此其又称分配容量或容量因子。它是衡量色谱柱对被分离组分保留能力的重要参数。*k* 值也取决于组分及固定相热力学性质。它不仅随柱温、柱压变化而变化，而且还与流动相及固定相的体积有关。

$$k = \frac{m_s}{m_m} = \frac{c_s V_s}{c_m V_m} \tag{11.3}$$

式中 c_s、c_m 分别为组分在固定相和流动相的浓度；V_m 为柱中流动相的体积，其值近似等于死体积；V_s 为柱中固定相的体积，在各种不同类型的色谱中有不同的含

义。例如，在分配色谱中，V_s 表示固定液的体积；在尺寸排阻色谱中，则表示固定相的孔体积。

2）分配系数 K 与分配比 k 的关系

分配系数 K 与分配比 k 的关系为

$$K=k\beta \tag{11.4}$$

式中，β 为相比率，是反映各种色谱柱柱型特点的参数。例如，对于填充柱，其 β 值一般为 6～35；对于毛细管柱，其 β 值为 60～600。

3）分配系数 K 及分配比 k 与选择因子 α 的关系

对于 A、B 两组分的选择因子，分配系数 K 及分配比 k 与选择因子 α 的关系用下式表示：

$$\alpha=k_A/k_B=K_A/K_B \tag{11.5}$$

通过选择因子 α 把实验测量值 k 与热力学性质的分配系数 K 直接联系起来，α 对固定相的选择具有实际意义。如果两组分的 K 或 k 值相等，则 $\alpha=1$，两个组分的色谱峰必将重合，说明分不开。两组分的 K 或 k 值相差越大，则分离得越好。因此两组分具有不同的分配系数是色谱分离的先决条件。

作为一个色谱理论，它不仅应说明组分在色谱柱中移动的速率，而且应说明组分在移动过程中引起区域扩宽的各种因素。塔板理论和速率理论均以色谱过程中分配系数恒定为前提，故称为线性色谱理论。

2. 塔板理论

把色谱柱比作一个精馏塔，沿用精馏塔中塔板的概念来描述组分在两相间的分配行为，同时引入理论塔板数作为衡量柱效率的指标，即色谱柱是由一系列连续的、相等水平的塔板组成。每一块塔板的高度用 H 表示，称为塔板高度，简称板高。塔板理论假设如下。

（1）在柱内一小段长度 H 内，组分可以在两相间迅速达到平衡。这一小段柱长称为理论塔板高度 H。

（2）以气相色谱为例，载气进入色谱柱不是连续进行的，而是脉动式，每次进气为一个塔板体积（ΔV_m）。

（3）所有组分开始时存在于第 0 号塔板上，而且试样沿轴（纵）向扩散可忽略。

（4）分配系数在所有塔板上是常数，与组分在某一塔板上的量无关。

简单地认为：在每一块塔板上，溶质在两相间很快达到分配平衡，然后随着流动相按一个一个塔板的方式向前移动。对于一根长为 L 的色谱柱，溶质平衡的次数应为 $n=L/H$，n 为理论塔板数。与精馏塔一样，色谱柱的柱效随理论塔板数 n 的增加而增加，随板高 H 的增大而减小。

由塔板理论可得出以下几点。

第一，当溶质在柱中的平衡次数，即理论塔板数 $n > 50$ 时，可得到基本对称的峰形曲线。在色谱柱中，n 值一般很大，例如，气相色谱柱的 n 为 103～106，因而这时的流出曲线可趋近于正态分布曲线。

第二，当样品进入色谱柱后，即使各组分在两相间的分配系数有微小差异，经过反复多次的分配平衡后，也可获得良好的分离。

第三，n 与半峰宽及峰底宽的关系式为

$$n=5.54(t_R/W_{1/2})^2=16\,(t_R/W)^2 \tag{11.6}$$

式中，t_R 与 $W_{1/2}(W)$ 应采用同一单位（时间或距离）。从式（11.6）可以看出，在 t_R 一定时，如果色谱峰很窄，则说明 n 越大，H 越小，柱效能越高。在实际工作中，由公式 $n=L/H$ 和式（11.6）计算出来的 n 和 H 值有时并不能充分地反映色谱柱的分离效能，因为采用 t_R 计算时，没有扣除死时间 t_M，所以常用有效塔板数 $n_{有效}$ 表示柱效：

$$n_{有效}=5.54(t_{R'}/W_{1/2})^2=16(t_{R'}/W)^2 \tag{11.7}$$

有效板高 $H_{有效}=L/n_{有效}$。因为在相同的色谱条件下，对不同的物质计算的理论塔板数不一样。因此，在说明柱效时，除注明色谱条件外，还应指出用什么物质进行测量。

塔板理论是一种半经验性理论。它用热力学的观点定量说明了溶质在色谱柱中移动的速率，解释了流出曲线的形状，并提出了计算和评价柱效高低的参数。但是，色谱过程不仅受热力学因素的影响，而且还与分子的扩散、传质等动力学因素有关，因此塔板理论只能定性地给出板高的概念，却不能解释板高受哪些因素影响，也不能说明为什么在不同的流速下，可以测得不同的理论塔板数，因而限制了它的应用。

3. 速率理论

1956 年荷兰学者 van Deemter（范德姆特）等在研究气液色谱时，提出了色谱过程动力学理论——速率理论。他们吸收了塔板理论中板高的概念，并充分考虑了组分在两相间的扩散和传质过程，从而在动力学基础上较好地解释了影响板高的各种因素。该理论模型对气相、液相色谱都适用。van Deemter 方程的数学简

化式为

$$H=A+B/u+Cu \qquad (11.8)$$

式中，u 为流动相的线速度；A、B、C 为常数，分别代表涡流扩散系数、分子扩散项系数、传质阻力项系数。

1）涡流扩散项 A

在填充色谱柱中，当组分随流动相向柱出口迁移时，流动相由于受到固定相颗粒障碍，不断改变流动方向，使组分分子在前进中形成紊乱的类似涡流的流动，故称涡流扩散。由于填充物颗粒大小的不同及填充物的不均匀性，组分在色谱柱中路径长短不一，因而同时进色谱柱的相同组分到达柱口时间并不一致，引起了色谱峰的变宽。色谱峰变宽的程度由式（11.9）决定：

$$A=2\lambda d_p \qquad (11.9)$$

式（11.9）表明，A 与填充物的平均直径 d_p 的大小和填充不规则因子 λ 有关，与流动相的性质、线速度和组分性质无关。为了减少涡流扩散，提高柱效，使用细而均匀的颗粒，并且填充均匀是十分必要的。对于空心毛细管，不存在涡流扩散，因此 $A=0$。

2）分子扩散项 B/u（纵向扩散项）

纵向分子扩散是由浓度梯度造成的。组分从柱入口加入，其浓度分布呈"塞子"形状，它随着流动相向前推进，由于存在浓度梯度，"塞子"必然自发地向前和向后扩散，造成谱带展宽。分子扩散项系数为

$$B=2\gamma D_g \qquad (11.10)$$

式中，γ 为弯曲因子，D_g 为组分的扩散系数。分子量大的组分 D_g 小，D_g 反比于流动相分子量的平方根，所以采用分子量较大的流动相，可使 B 项降低；D_g 随柱温升高而增加，但反比于柱压。另外，纵向扩散与组分在色谱柱内停留时间有关，流动相流速小，组分停留时间长，纵向扩散就大。因此，为降低纵向扩散影响，要加大流动相速度。对于液相色谱，组分在流动相中纵向扩散可以忽略。

3）传质阻力项 Cu

由于气相色谱以气体为流动相，液相色谱以液体为流动相，它们的传质过程不完全相同。

4.气液色谱

传质阻力系数 C 包括气相传质阻力系数 C_g 和液相传质阻力系数 C_l 两项,即 $C=C_g+C_l$。

气相传质过程是指试样组分从气相移动到固定相表面的过程。这一过程中试样组分将在两相间进行质量交换,即进行浓度分配。有的分子还来不及进入两相界面就被气相带走;有的则进入两相界面又来不及返回气相。这样使得试样在两相界面上不能瞬间达到分配平衡,引起滞后现象,从而使色谱峰变宽。

液相传质过程是指试样组分从固定相的气/液界面移动到液相内部,并发生质量交换,达到分配平衡,然后又返回气/液界面的传质过程。这个过程也需要一定的时间,此时,气相中组分的其他分子仍随载气不断向柱口运动,于是造成峰形扩张。

5. 液液分配色谱

传质阻力系数(C)包含流动相传质阻力系数(C_m)和固定相传质阻力系数(C_s),即

$$C=C_m+C_s \tag{11.11}$$

式中,C_m 又包含流动的流动相中的传质阻力和滞留的流动相中的传质阻力。当流动相流过色谱柱内的填充物时,靠近填充物颗粒的流动相流速比在流路中间的稍慢一些,故柱内流动相的流速是不均匀的。这种传质阻力对板高的影响与固定相粒度的平方成正比,与试样分子在流动相中的扩散系数成反比。固定相的多孔性会造成某部分流动相滞留在一个局部,滞留在固定相微孔内的流动相一般是停滞不动的,流动相中的试样分子要与固定相进行质量交换,必须首先扩散到滞留区。如果固定相的微孔既小又深,传质速率就慢,对峰的扩展影响就大。显然,固定相的粒度越小,微孔孔径越大,传质速率就越快,柱效就高。对高效液相色谱固定相的设计就是基于这一考虑。

气相色谱速率方程和液相色谱速率方程的形式基本一致,主要区别在液液色谱中纵向扩散项可忽略不计,影响柱效的主要因素是传质阻力。

6. 载气流速对理论塔板高度的影响

较低线速度时,分子扩散起主要作用;较高线速度时,传质阻力起主要作用。其中,流动相传质阻力对板高的贡献几乎是一个定值。在高线速度时,固定相传质阻力成为影响板高的主要因素,随着速度增高,板高值越来越大,柱效急剧下降。

7. 固定相粒度大小对板高的影响

粒度越小，板高越小，并且受线速度影响也小。这就是在 HPLC 中采用细颗粒作固定相的根据。当然，固定相颗粒越细，柱流速越慢。只有采取高压技术，流动相流速才能符合实验要求。

11.2 气相色谱法

用气体作为流动相的色谱法称为气相色谱法。根据固定相的状态不同，又可将其分为气固色谱和气液色谱。气固色谱是用多孔性固体为固定相，分离的主要对象是一些永久性的气体和低沸点的化合物。但由于气固色谱可供选择的固定相种类甚少，分离的对象不多，且色谱峰容易产生拖尾，因此实际应用较少。气相色谱多用高沸点的有机化合物涂渍在惰性载体上作为固定相，一般只要在 450℃以下有 1.5～10 kPa 的蒸气压且热稳定性好的有机化合物及无机化合物都可用气液色谱分离。由于在气液色谱中可供选择的固定液种类很多，容易得到好的选择性，所以气液色谱有广泛的实用价值。

11.2.1 气相色谱常用术语

1. 流出曲线和色谱峰

由检测器输出的电信号强度对时间作图，所得曲线称为色谱流出曲线，如图 11.2 所示。曲线上突起部分就是色谱峰。

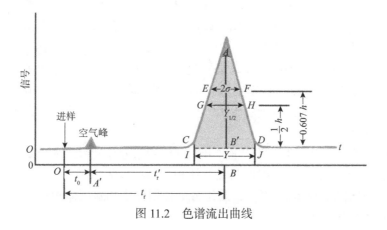

图 11.2 色谱流出曲线

2．基线

在实验操作条件下，色谱柱后没有样品组分流出时的流出曲线称为基线，稳定的基线应该是一条水平直线。

3．峰高

色谱峰顶点与基线之间的垂直距离，以（h）表示。

4．保留值

（1）死时间（t_0）：不被固定相吸附或溶解的物质（如空气、甲烷）进入色谱柱时，从进样到出现色谱峰极大值所需的时间称为死时间，它正比于色谱柱的空隙体积。因为这种物质不被固定相吸附或溶解，故其流动速度将与流动相流动速度相近。测定流动相平均线速度 $\bar{u}$ 时，可用柱长 L 与 t_0 的比值计算，即

$$\bar{u}=L/t_0 \tag{11.12}$$

（2）保留时间（t_r）：试样从进样到柱后出现峰极大点时所经过的时间，称为保留时间。

（3）调整保留时间（t_r'）：某组分的保留时间扣除死时间后，称为该组分的调整保留时间，即 $t_r'=t_r-t_0$。

由于组分在色谱柱中的保留时间 t_r 包含了组分随流动相通过柱子所需的时间和组分在固定相中滞留所需的时间，所以 t_r 实际上是组分在固定相中保留的总时间。

保留时间是色谱法定性的基本依据，但同一组分的保留时间常受到流动相流速的影响，因此色谱工作者有时用保留体积来表示保留值。

（4）死体积（V_0）：指色谱柱在填充后，柱管内固定相颗粒间所剩留的空间、色谱仪中管路和连接头间的空间以及检测器的空间的总和。当后两相很小可忽略不计时，死体积可由死时间与色谱柱出口的载气流速 F_{co}（cm^3/min）计算，即 $V_0=t_0F_{co}$。式中，F_{co} 为扣除饱和水蒸气压并经温度校正的流速。仅适用于气相色谱，不适用于液相色谱。

（5）保留体积（V_r）：指从进样开始到被测组分在柱后出现浓度极大点时所通过的流动相的体积。保留时间与保留体积关系：$V_r=t_rF_{co}$。

（6）调整保留体积（V_r'）：某组分的保留体积扣除死体积后，称为该组分的调整保留体积。

$$V_r'=V_r-V_0=t_r'F_{co} \tag{11.13}$$

（7）相对保留值 $r_{2,1}$：某组分 2 的调整保留值与组分 1 的调整保留值之比，称为相对保留值。

$$r_{2,1}=t_{r2}'/t_{r1}'=V_{r2}'/V_{r1}' \tag{11.14}$$

由于相对保留值只与柱温及固定相性质有关，而与柱径、柱长、填充情况及流动相流速无关，因此，它在色谱法中，特别是在气相色谱法中，广泛用作定性的依据。在定性分析中，通常固定一个色谱峰作为标准（s），然后再求其他峰（i）对这个峰的相对保留值，此时可用符号 α 表示，即 $\alpha=t_r'(i)/t_r'(s)$。式中，$t_r'(i)$ 为后出峰的调整保留时间，所以 α 总是大于 1。相对保留值往往可作为衡量固定相选择性的指标，又称选择因子。

5．色谱峰区域宽度

色谱峰区域宽度是色谱流出曲线的重要参数，用于衡量柱效率及反映色谱操作条件的动力学因素。表示色谱峰区域宽度通常有三种方法。

（1）标准偏差（σ），即 0.607 倍峰高处色谱峰宽的一半。

（2）半峰宽（$W_{1/2}$），即峰高一半处对应的峰宽。它与标准偏差的关系为 $W_{1/2}=2.354\sigma$。

（3）峰底宽度（W），即色谱峰两侧拐点上的切线在基线上截距间的距离。它与标准偏差 σ 的关系是 $W=4\sigma$。

11.2.2　气相色谱仪

1．气相色谱流程

气相色谱法用于分离分析样品的基本过程如图 11.3 所示。

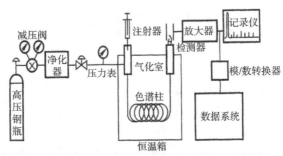

图 11.3　气相色谱法用于分离分析样品的基本过程示意图

由高压钢瓶供给的流动相载气，经减压阀、净化器、流量调节器和转子流速计后，以稳定的压力和恒定的流速连续流过气化室、色谱柱、检测器，最后放空。气化室与进样口相接，它的作用是把从进样口注入的液体试样瞬间气化为蒸气，以便随载气带入色谱柱中进行分离，分离后的样品随载气依次带入检测器，检测器将组分的浓度（或质量）变化转化为电信号，电信号经放大后，由记录仪记录下来，即得色谱图。

2. 气相色谱仪的结构

气相色谱仪由五大系统组成：气路系统、进样系统、分离系统、控温系统以及检测和记录系统。

1）气路系统

气相色谱仪具有一个让载气连续运行、管路密闭的气路系统。通过该系统，可以获得纯净的、流速稳定的载气。该系统的气密性、载气流速的稳定性以及测量流量的准确性，对色谱结果均有很大的影响，因此必须注意控制。

常用的载气有氮气和氢气，也有氦气、氩气和空气。载气的净化需经过装有活性炭或分子筛的净化器，以除去载气中的水、氧等不利的杂质。流速的调节和稳定是通过减压阀、稳压阀和针形阀串联使用后达到的。

2）进样系统

进样系统包括进样器和气化室两部分。进样系统的作用是将液体或固体试样，在进入色谱柱之前瞬间气化，然后快速定量地转入到色谱柱中。进样的大小、进样时间的长短、试样的气化速度等都会影响色谱的分离效果和分析结果的准确性和重现性。

（1）进样器。液体样品的进样一般采用微量注射器。气体样品的进样常用色谱仪本身配置的推拉式六通阀或旋转式六通阀定量进样。

（2）气化室。为了让样品在气化室中瞬间气化而不分解，要求气化室热容量大，无催化效应。为了尽量避免柱前谱峰变宽，气化室的死体积应尽可能小。

3）分离系统

分离系统由色谱柱组成。色谱柱主要有两类：填充柱和毛细管柱。

（1）填充柱由不锈钢或玻璃材料制成，内装固定相，一般内径为 2~4 mm，长 1~3 m。填充柱的形状有 U 型和螺旋形两种。

（2）毛细管柱又称空心柱，分为涂壁空心柱、多孔层空心柱和涂载体空心柱。毛细管柱材质为玻璃或石英。内径一般为 0.2~0.5 mm，长度 30~300 m，呈螺旋形。

色谱柱的分离效果除与柱长、柱径和柱形有关外，还与所选用的固定相和柱填料的制备技术以及操作条件等许多因素有关。

4）控温系统

温度直接影响色谱柱的选择分离、检测器的灵敏度和稳定性。控制温度主要指对色谱柱炉、气化室、检测室的温度控制。色谱柱的温度控制方式有恒温和程序升温两种。对于沸点范围很宽的混合物，一般采用程序升温法进行。程序升温指在一个分析周期内柱温随时间由低温向高温产生线性或非线性变化，以达到用最短时间获得最佳分离的目的。

5）检测和记录系统

A. 检测系统

根据检测原理的差别，气相色谱检测器可分为浓度型和质量型两类。浓度型检测器测量的是载气中组分浓度的瞬间变化，即检测器的响应值正比于组分的浓度，如热导池检测器（TCD）、电子捕获检测器（ECD）。质量型检测器测量的是载气中所携带的样品进入检测器的速度变化，即检测器的响应信号正比于单位时间内组分进入检测器的质量，如氢火焰离子化检测器（FID）和火焰光度检测器（FPD）。

优良的检测器应具有以下几个性能指标：灵敏度高、检出限低、死体积小、响应迅速、线性范围宽和稳定性好。通用性检测器要求适用范围广，选择性检测器要求选择性好。

a. 热导池检测器

热导池检测器是一种结构简单，性能稳定，线性范围宽，对无机物、有机物都有响应且灵敏度适中的检测器，因此在气相色谱中广泛应用。热导池检测器是根据各种物质和载气的导热系数不同，采用热敏元件进行检测的。桥路电流、载气、热敏元件的电阻值、电阻温度系数、池体温度等因素会影响热导池的灵敏度。通常载气与样品的导热系数相差越大，灵敏度越高。

由于被测组分的导热系数一般都比较小，故应选用导热系数高的载气。常用载气的导热系数大小顺序为 $H_2 > He > N_2$。因此在使用热导池检测器时，为了提高灵敏度，一般选用 H_2 为载气。

当桥电流和钨丝温度一定时，如果降低池体的温度，将使得池体与钨丝的温差变大，从而可提高热导池检测器的灵敏度。但是，检测器的温度应略高于柱温，以防组分在检测器内冷凝。

b. 氢火焰离子化检测器

氢火焰离子化检测器简称氢焰检测器。它具有结构简单、灵敏度高、死体积小、响应快、稳定性好的特点，是目前常用的检测器之一。但是，它仅对含碳有机化合物有响应，对某些物质，如永久性气体、水、一氧化碳、二氧化碳、氮的氧化物、硫化氢等不产生信号或者信号很弱。

氢焰检测器以氢气和空气燃烧的火焰作为能源，利用含碳化合物在火焰中燃烧产生离子，在外加的电场作用下，使离子形成离子流，根据离子流产生的电信号强度，检测被色谱柱分离出的组分。

c. 电子捕获检测器

电子捕获检测器在应用上仅次于热导池检测器和氢火焰的检测器。它只对具有电负性的物质，如含有卤素、硫、磷、氮的物质有响应，且电负性越强，检测器灵敏度越高。

电子捕获检测器是一个具有高灵敏度和高选择性的检测器，它经常用来分析痕量的具有电负性元素的组分，如食品、农副产品的农药残留量，大气、水中的痕量污染物等。电子捕获检测器是浓度型检测器，其线性范围较窄，因此，在定量分析时应特别注意。

d. 火焰光度检测器

火焰光度检测器又称硫磷检测器。它是一种对含硫、磷的有机化合物具有高选择性和高灵敏度的检测器。检测器主要由火焰喷嘴、滤光片、光电倍增管构成。

硫、磷化合物在富氢火焰中燃烧时生成化学发光物质，并能发射出特征频率的光，记录这些特征光谱，即可检测硫、磷化合物。

B. 记录系统

记录系统是一种能自动记录由检测器输出的电信号的装置。

3. 气相色谱固定相

气相色谱固定相可分为液体固定相和固体固定相两类。液体固定相是将固定液均匀涂渍在载体上。

1）固定液

A. 对固定液的要求

固定液一般为高沸点的有机化合物，固定相的有机化合物必须具备下列条件。①热稳定性好，在操作温度下，不发生聚合、分解或交联等现象，且有较低的蒸气压，以免固定液流失。通常，固定液有一个"最高使用温度"。②化学稳定性好，固定液与样品或载气不能发生不可逆的化学反应。③固定液的黏度和凝固点低，以便在载体表面能均匀分布。④各组分必须在固定液中有一定的溶解度，否则样品会迅速通过色谱柱，难以使组分分离。

B. 固定液和组分分子间的作用力

固定液为什么能牢固地附着在载体表面上，而不为流动相所带走？为什么样品中各组分通过色谱柱的时间不同？这些问题都涉及分子间的作用力。前者取决于载体分子与固体分子间作用力的大小；后者则与组分、固定液分子相互作用力的不同有关。

分子间的作用力是一种极弱的吸引力，主要包括静电力、诱导力、色散力和氢键等。例如，在极性固定液柱上分离极性样品时，分子间的作用力主要是静电力，被分离组分的极性越大，与固定液间的相互作用力就越强，因而该组分在柱内滞留时间就越长。又如，存在于极性分子与非极性分子之间的诱导力，在极性分子永久偶极矩电场的作用下，非极性分子也会极化产生诱导偶极矩，它们之间的作用力称为诱导力。极性分子的极性越大，非极性分子越容易被极化，则诱导力就越大。当样品具有非极性分子和可极化的组分时，可用极性固定液的诱导效应分离。例如，苯（沸点 80.1℃）和环己烷（沸点 80.8℃）沸点接近，偶极矩为零，均为非极性分子，若用非极性固定液则很难使其分离。但苯比环己烷容易极化，故采用极性固定液，就能使苯产生诱导偶极矩，而在环己烷之后流出。固定液的极性越强，两者分离得越远。

C. 固定液的分类

目前用于气相色谱的固定液有数百种，一般按其化学结构类型和极性进行分类，以便总结出一些规律供选用固定液时参考。

a. 按固定液的化学结构分类

把具有相同官能团的固定液排在一起，然后按官能团的类型不同分类，这样就便于按组分与固定液"结构相似"原则选择固定液时参考。

b. 按固定液的相对极性分类

极性是固定液重要的分离特性，按相对极性分类是一种简便而常用的方法。

D. 固定液的选择

在选择固定液时，一般按"相似相溶"的规律选择，因为这时的分子间的作用力强，选择性高，分离效果好。在应用中，应根据实际情况并按如下几个方面考虑。

第一，非极性试样一般选用非极性固定液。非极性固定液对样品的保留作用主要靠色散力。分离时，试样中各组分基本上按沸点从低到高的顺序流出色谱柱；若样品中含有相同沸点的烃类和非烃类化合物，则极性化合物先流出。

第二，中等极性的试样应首先选用中等极性固定液。在这种情况下，组分与固定液分子之间的作用力主要为诱导力和色散力。分离时组分基本上按沸点从低到高的顺序流出色谱柱，但对于同沸点的极性和非极性物质，由于此时诱导力起主要作用，极性化合物与固定液的作用力加强，所以非极性组分先流出。

第三，强极性的试样应选用强极性固定液。此时，组分与固定液分子之间的作用主要靠静电力，组分一般按极性从小到大的顺序流出。对含有极性和非极性组分的样品，非极性组分先流出。

第四，具有酸性或碱性的极性试样，可选用带有酸性或碱性基团的高分子多孔微球，组分一般按分子量大小顺序分离。此外，还可选用极性强的固定液，并加入少量的酸性或碱性添加剂，以减小谱峰的拖尾。

第五，能形成氢键的试样，应选用氢键型固定液，如腈醚和多元醇固定液等。各组分将按形成氢键的能力大小顺序分离。

第六，对于复杂组分，可选用两种或两种以上的混合液配合使用，增加分离效果。

2）载体

载体是固定液的支持骨架，使固定液能在其表面上形成一层薄而匀的液膜。载体应有如下的特点：

第一，具有多孔性，即比表面积大；

第二，具有化学惰性及较好的浸润性；

第三，热稳定性好；

第四，具有一定的机械强度，使固定相在制备和填充过程中不易粉碎。

A. 载体的种类及性能

载体可以分成两类：硅藻土类和非硅藻土类。

硅藻土类载体是天然硅藻土经煅烧等处理后获得的具有一定粒度的多孔性颗粒。按其制造方法的不同，可分为红色载体和白色载体两种。

红色载体因含少量氧化铁颗粒而呈红色。其机械强度大，孔径小，比表面积大，表面吸附性较强，有一定的催化活性，适用于涂渍高含量固定液，分离非极性化合物。

白色载体是天然硅藻土在煅烧时加入少量碳酸钠之类的助熔剂，使氧化铁转化为白色的铁硅酸钠。白色载体的比表面积小，孔径大，催化活性小，适用于涂渍低含量固定液，分离极性化合物。

B. 硅藻土载体的预处理

普通硅藻土载体的表面并非完全惰性，而是具有硅醇基（Si—OH），并有少量的金属氧化物。因此，它的表面上既有吸附活性，又有催化活性。如果涂渍的固定液量较低，则不能将其吸附中心和催化中心完全遮盖，用这种固定相分析样品，将会造成色谱峰的拖尾；而用于分析萜烯和含氮杂环化合物等化学性质活泼的试样时，有可能发生化学反应和不可逆吸附，为此，在涂渍固定液前，应对载体进行预处理，使其表面钝化。

常用的预处理方法如下：

（1）酸洗（除去碱性基团）；

（2）碱洗（除去酸性基团）；

（3）硅烷化（消除氢键结合力）；

（4）釉化（表面玻璃化、堵微孔）。

3）气固色谱固定相

用气相色谱分析永久性气体及气态烃时，常采用固体吸附剂作固定相。在固体吸附剂上，永久性气体及气态烃的吸附热差别较大，故可以得到令人满意的分离效果。

A. 常用的固体吸附剂

主要有强极性的硅胶，弱极性的氧化铝，非极性的活性炭和特殊作用的分子筛等。

B. 人工合成的固定相

作为有机固定相的高分子多孔微球是人工合成的多孔共聚物，它既是载体又起固定相的作用，可在活化后直接用于分离，也可作为载体在其表面涂渍固定液后再使用。

由于是人工合成的，可控制其孔径的大小及表面性质。例如，圆柱形颗粒容易填充均匀，数据重现性好。在无液膜存在时，没有"流失"问题，有利于大幅度程序升温。这类高分子多孔微球特别适用于有机化合物中痕量水的分析，也可用于多元醇、脂肪酸、腈类和胺类的分析。

高分子多孔微球分为极性和非极性两种：

（1）非极性高分子多孔微球由苯乙烯、二乙烯苯共聚而成；

（2）极性高分子多孔微球由苯乙烯、二乙烯苯共聚物中引入极性基团而成。

11.2.3 色谱定性和定量分析

1. 色谱的定性分析

色谱定性分析就是要确定各色谱峰所代表的化合物。由于各种物质在一定的色谱条件下均有确定的保留值，因此保留值可作为一种定性指标。目前各种色谱定性方法都是基于保留值的；但是不同物质在同一色谱条件下，可能具有相似或相同的保留值，即保留值并非专属的。因此仅根据保留值对一个完全未知的样品定性是困难的。在了解样品的来源、性质、分析目的的基础上，对样品组成做初步的判断，再结合下列方法则可确定色谱峰所代表的化合物。

1）纯物质对照法

在一定的色谱条件下，一个未知物只有一个确定的保留时间。因此将已知纯物质在相同的色谱条件下的保留时间与未知物的保留时间进行比较，就可以定性鉴定未知物。若两者相同，则未知物可能是已知的纯物质；不同，则未知物就不是该纯物质。纯物质对照法定性只适用于组分性质已有所了解、组成比较简单且有纯物质的未知物。

2）相对保留值法

相对保留值是指组分与基准物质调整保留值的比值。它仅随固定液及柱温的变化而变化，与其他操作条件无关。

相对保留值测定方法：在某一固定相及柱温下，分别测出组分和基准物质的调整保留值，再按比值关系计算即可。用已求出的相对保留值与文献相应值比较即可定性。

通常选容易得到纯品且与被分析组分相近的物质作基准物质，如正丁烷、环己烷、正戊烷、苯、对二甲苯、环己醇、环己酮等。

3）加入已知物增加峰高法

当未知样品中组分较多，所得色谱峰过密，用上述方法不易辨认时，或仅做未知样品指定项目分析时均可用此法。首先做出未知样品的色谱图，然后在未知样品中加入某已知物，又得到一个色谱图。峰高增加的组分即可能为这种已知物。

4）保留指数定性法

保留指数又称为柯瓦茨指数，它表示物质在固定液上的保留行为，是目前使用最广泛并被国际公认的定性指标。它具有重现性好、标准统一及温度系数小等优点。

保留指数也是一种相对保留值，它把正构烷烃中某两个组分的调整保留值的对数作为相对的尺度，并假定正构烷烃的保留指数为 $n \times 100$。被测物的保留指数值可用内插法计算。

例如，欲确定物质 i 在某固定液 X 上的保留指数 I_{iX} 的数值。先选取两个正构烷烃作为基准物质，其中一个的碳数为 Z，另一个为 $Z+1$，它们的调整保留时间分别为 $t_r'(Z)$ 和 $t_r'(Z+1)$，使被测物质 i 的调整保留时间 $t_r'(i)$ 恰好处于两者之间，即 $t_r'(Z) < t_r'(i) < t_r'(Z+1)$。将含物质 i 和所选的两个正构烷烃的混合物注入其固定液 X 的色谱柱中，在一定温度条件下绘制色谱图。

大量实验数据表明，化合物调整保留时间的对数值与其保留指数间的关系基本上是线性关系。据此，可用内插法求算 I_{iX}。

$$I_{iX} = 100 \times [Z + (\lg t_r'(i) - \lg t_r'(Z))/(\lg t_r'(Z+1) - \lg t_r'(Z))] \tag{11.15}$$

保留指数的物理意义在于：它是与被测物质具有相同调整保留时间的假想的正构烷烃的碳数乘以 100。保留指数仅与固定相的性质、柱温有关，与其他实验条件无关。其准确度和重现性都很好。只要柱温与固定相相同，就可应用文献值进行鉴定，而不必用纯物质相对照。

2. 色谱的定量分析

定量分析的任务是求出混合样品中各组分的百分含量。色谱定量的依据是，当操作条件一致时，被测组分的质量（或浓度）与检测器给出的响应信号成正比。可见，进行色谱定量分析时需要注意：

（1）准确测量检测器的响应信号——峰面积或峰高；

（2）准确求得比例常数——校正因子；

（3）正确选择合适的定量计算方法，将测得的峰面积或峰高换算为组分的百分含量。

1）峰面积测量方法

峰面积是色谱图提供的基本定量数据，峰面积测量的准确与否直接影响定量结果。对于不同峰形的色谱峰应采用不同的测量方法。

A. 对称峰峰面积的测量——峰高乘以半峰宽法

$$A = 1.065 \times h \times W_{1/2} \tag{11.16}$$

B. 不对称峰峰面积的测量——峰高乘以平均峰宽法

对于不对称峰的测量若仍用峰高乘以半峰宽，误差就较大，因此采用峰高乘以平均峰宽法。

$$A = 1/2 \times h(W_{0.15} + W_{0.85}) \tag{11.17}$$

式中，$W_{0.15}$ 和 $W_{0.85}$ 分别为峰高 0.15 倍和 0.85 倍处的峰宽。

2）定量校正因子

色谱定量分析的依据是被测组分的量与其峰面积成正比。峰面积的大小不仅取决于组分的质量，而且还与它的性质有关。即当两个质量相同的不同组分在相同条件下使用同一检测器进行测定时，所得的峰面积却不相同。因此，混合物中某一组分的百分含量并不等于该组分的峰面积在各组分峰面积总和中所占的百分数。这样，就不能直接利用峰面积计算物质的含量。为了使峰面积能真实反映出物质的质量，就要对峰面积进行校正，即在定量计算中引入校正因子。校正因子分为绝对校正因子和相对校正因子。

（1）绝对校正因子定义为

$$f_i = m_i / A_i \tag{11.18}$$

式中，f_i 为绝对校正因子，与组分 i 质量绝对值成正比。在定量分析时要精确求出 f_i 是比较困难的。一方面由于精确测量绝对进样量困难；另一方面，峰面积与色谱条件有关，要保持测定 f_i 时的色谱条件相同，既不可能又不方便。另外，即便能够得到准确的 f_i，也由于没有统一的标准而无法直接应用。为此，提出相对校正因子的概念来解决色谱定量分析中的计算问题。

（2）相对校正因子定义为

$$f_i{'} = f_i / f_s \tag{11.19}$$

即某组分 i 的相对校正因子 $f_i{'}$ 为组分 i 与标准物质 s 的绝对校正因子之比。

$$f_i{'} = (m_i / A_i) / (m_s / A_s) = (m_i / m_s) \cdot (A_s / A_i) \tag{11.20}$$

可见，相对校正因子 $f_i{'}$ 就是当组分 i 的质量与标准物质 s 相等时，标准物质的峰面积是组分 i 峰面积的倍数。若某组分质量为 m_i，峰面积为 A_i，则 $f_i{'} \cdot A_i$ 的数值与质量为 m_i 的标准物质的峰面积相等。也就是说，通过相对校正因子，可以把各个组分的峰面积分别换算成与其质量相等的标准物质的峰面积，于是比较标准就统一了。这就是归一化法求算各组分百分含量的基础。

（1）相对校正因子的表示方法。

上面介绍的相对校正因子中组分和标准物质都是以质量表示的，故又称为相对质量校正因子；若以摩尔为单位，则称为相对摩尔校正因子。另外，相对校正因子的倒数还可定义为相对响应值 S'（分别为相对质量响应值 S_w'、相对摩尔响应值 S_N'）。通常所指的校正因子都是相对校正因子。

（2）相对校正因子的测定方法。

相对校正因子值只与被测物和标准物以及检测器的类型有关，而与操作条件无关。因此，$f_i{'}$ 值可自文献中查出引用。若文献中查不到所需的 $f_i{'}$ 值，也可以自己测定。常用的标准物质，对于热导池检测器是苯，对于氢焰检测器是正庚烷。测定相对校正因子最好是用色谱纯试剂。若无纯品，也要确知该物质的百分含量。测定时首先准确称量标准物质和待测物，然后将它们混合均匀进样，分别测出其峰面积，再进行计算。

3）定量计算方法

A. 归一化法

把所有出峰组分的含量之和按 100% 计的定量方法称为归一化法。其计算公式如下：

$$P_i = (m_i / m) \times 100\%$$

$$= [A_i f_i{'} / (A_1 f_1{'} + A_2 f_2{'} + \cdots + A_n f_n{'})] \times 100\% \tag{11.21}$$

式中，P_i 为被测组分 i 的百分含量；A_1、A_2、$\cdots$、A_n 分别为组分 $1\sim n$ 的峰面积；f_1'、f_2'、$\cdots$、f_n' 分别为组分 $1\sim n$ 的相对校正因子。当 f_i' 为质量相对校正因子时，得到质量分数；当 f_i' 为摩尔相对校正因子时，得到摩尔分数。

归一化法的优点是简单、准确，操作条件变化时对定量结果影响不大。但此法在实际工作中仍有一些限制，例如，样品的所有组分必须全部流出，且出峰。某些不需要定量的组分也必须测出其峰面积及 f_i' 值。此外，测量低含量尤其是微量杂质时，归一化法误差较大。

B. 内标法

当样品各组分不能全部从色谱柱流出，或有些组分在检测器上无信号，或只需对样品中某几个出现色谱峰的组分进行定量时可采用内标法。

所谓内标法，是将一定量的纯物质作为内标物加入准确称量的试样中，根据试样和内标物的质量以及被测组分和内标物的峰面积可求出被测组分的含量。由于被测组分与内标物质量之比等于峰面积之比，即

$$m_i/m_s = A_i f_i'/A_s f_s' \qquad (11.22)$$

所以，

$$m_i = m_s A_i f_i'/A_s f_s' \qquad (11.23)$$

式中，下标 s 为内标物；下标 i 为组分。若试样质量为 m，则

$$P_i\% = (m_i/m)\times100\% = (m_s A_i f_i'/A_s f_s' m)\times100\% \qquad (11.24)$$

内标法的关键是选择合适的内标物，它必须符合以下条件：

（1）内标物应是试样中原来不存在的纯物质，性质与被测物相近，能完全溶解于样品中，但不与样品发生化学反应；

（2）内标物的峰位置应尽量靠近被测组分的峰，或位于几个被测物峰的中间并与这些色谱峰完全分离；

（3）内标物的质量应与被测物质的质量接近，能保持色谱峰大小差不多。

内标法的优点：

（1）因为 m_s/m 比值恒定，所以进样量不必准确；

（2）又因为该法是通过测量 A_i/A_s 比值进行计算的，操作条件稍有变化时对结果没有什么影响，因此定量结果比较准确。

（3）该法适宜于低含量组分的分析，且不受归一法使用上的局限。

内标法的主要缺点：每次分析都要用分析天平准确称出内标物和样品的质量，这对常规分析来说是比较麻烦的；另外，在样品中加入一个内标物，显然对分离度的要求比原样品更高。

C. 外标法

外标法实际上就是常用的标准曲线法。首先用纯物质配制一系列不同浓度的标准试样，在一定的色谱条件下准确定量进样，测量峰面积（或峰高），绘制标准曲线。进样品测定时，要在与绘制标准曲线完全相同的色谱条件下准确进样，根据所得的峰面积（或峰高），从曲线查出被测组分的含量。

11.3　高效液相色谱法

11.3.1　高效液相色谱法的特点

高效液相色谱（现代液相色谱）法是继气相色谱法之后，20 世纪 70 年代初期在气相色谱法和经典液相色谱法的基础上发展起来的一种以液体作流动相的新色谱技术。经典的液相色谱法，流动相在常压下输送，所用的固定相柱效低，分析周期长。高效液相色谱和经典液相色谱相比没有本质的区别。不同点仅仅是高效液相色谱比经典液相色谱有更高的效率并实现了自动化操作。和气相色谱一样，液相色谱分离系统也由两相——固定相和流动相组成。液相色谱的固定相可以是吸附剂、化学键合固定相（或在惰性载体表面涂上一层液膜）、离子交换树脂或多孔性凝胶；流动相是各种溶剂。被分离混合物由流动相液体推动进入色谱柱。根据各组分在固定相及流动相中的吸附能力、分配系数，高效液相色谱法引用了气相色谱的理论，流动相改为高压输送（最高输送压力可达 $4.9 \times 10^7 Pa$）。

色谱柱是以特殊的方法用小粒度的填料填充而成，从而使柱效大大高于经典液相色谱（每米塔板数可达几万或几十万）；同时，柱后连有高灵敏度的检测器，可对流出物进行连续检测。因此，高效液相色谱具有分析速度快、分离效能高、自动化等特点。所以人们称它为高压、高速、高效的现代液相色谱法。

11.3.2　液相色谱分离原理及分类

色谱分离的实质是根据样品分子（以下称溶质）与溶剂（即流动相或洗脱液）以及固定相分子间，作用力的大小，决定色谱过程的保留行为。

根据分离机制不同，液相色谱可分为液固吸附色谱、液液分配色谱、化合键合色谱、离子交换色谱以及分子排阻色谱等类型。

11.3.3　液相色谱与气相色谱的比较

液相色谱所用基本概念如保留值、塔板数、塔板高度、分离度、选择性等与气相色谱一致。液相色谱所用基本理论如塔板理论与速率方程也与气相色谱基本一致。但由于在液相色谱中以液体代替气相色谱中的气体作为流动相，而液体和气体的性质不同；此外，液相色谱所用的仪器设备和操作条件也与气相色谱不同，所以，液相色谱与气相色谱有一定差别，主要有以下几方面。

（1）应用范围不同。气相色谱仪能分析在操作温度下能气化而不分解的物质。对高沸点化合物、非挥发性物质、热不稳定化合物、离子型化合物及高聚物的分离、分析较为困难，致使其应用受到一定程度的限制，据统计只有大约20%的有机化合物能用气相色谱分析；而液相色谱则不受样品挥发度和热稳定性的限制，它非常适合分子量较大、难气化、不易挥发或对热敏感的物质、离子型化合物及高聚物的分离分析，占有机化合物的70%～80%。

（2）液相色谱能完成难度较高的分离工作，主要原因如下。①气相色谱的流动相载气是色谱惰性的，不参与分配平衡过程，与样品分子无亲和作用，样品分子只与固定相相互作用。而在液相色谱中，流动相液体也与固定相争夺样品分子，为提高选择性增加了一个因素。也可选用不同比例的两种或两种以上的液体作流动相，增大分离的选择性。②液相色谱固定相类型多，如离子交换色谱和排阻色谱等，进行分析时选择余地大；而气相色谱选择余地小。③液相色谱通常在室温下操作，较低的温度一般有利于色谱分离条件的选择。

（3）由于液体的扩散性比气体小 105 倍，因此，溶质在液相中的传质速度慢，柱外效应就显得特别重要；而在气相色谱中，柱外区域扩张可以忽略不计。

（4）液相色谱中制备样品简单，回收样品也比较容易，而且回收是定量的，适合于大量制备。但液相色谱尚缺乏通用的检测器，仪器比较复杂，价格昂贵。在实际应用中，这两种色谱技术是互相补充的。

综上所述，高效液相色谱法具有高柱效、高选择性、分析速度快、灵敏度高、重复性好、应用范围广等优点。该法已成为现代分析技术的重要手段之一，目前在化学、化工、医药、生化、环保、农业等科学领域获得广泛的应用。

11.3.4　高效液相色谱仪

高效液相色谱仪由高压输液系统、进样系统、分离系统、检测系统、记录系统等五大部分组成。分析前，选择适当的色谱柱和流动相，开泵，冲洗色谱柱，待色谱柱达到平衡而且基线平直后，用微量注射器把样品注入进样口，流动相把试样带入色谱柱进行分离，分离后的组分依次流入检测器的流通池，最后和洗脱液一起排入流出物收集器。当有样品组分流过流通池时，检测器把组分浓度转变成电信号，经过放大，用记录器记录下来就得到色谱图。色谱图是定性、定量地评价柱效高低的依据。

1. 高压输液系统

高压输液系统由溶剂储存器、高压输液泵、梯度洗脱装置和压力表等组成。

（1）溶剂储存器。溶剂储存器一般由玻璃、不锈钢或氟塑料制成，容量为 1～2 L。用来储存足够数量、符合要求的流动相。

（2）高压输液泵。高压输液泵是高效液相色谱仪中关键部件之一，其功能是将溶剂储存器中的流动相以高压形式连续不断地送入液路系统，使样品在色谱柱中完成分离过程。由于液相色谱仪所用色谱柱直径较小，所填固定相粒度很小，因此，对流动相的阻力较大，为了使流动相能较快地流过色谱柱，就需要高压泵注入流动相。

对泵的要求：输出压力高、流量范围大、流量恒定、无脉动，流量精度和重复性为 0.5% 左右。此外，还应耐腐蚀，密封性好。

高压输液泵按其性质可分为恒流泵和恒压泵两大类。恒流泵是能给出恒定流量的泵，其流量与流动相黏度和柱渗透无关。恒压泵是保持输出压力恒定，而流量随外界阻力变化而变化的泵，如果系统阻力不发生变化，恒压泵就能提供恒定的流量。

（3）梯度洗脱装置。梯度洗脱就是在分离过程中使两种或两种以上不同极性的溶剂按一定程序连续改变它们之间的比例，从而使流动相的强度、极性、pH 或离子强度相应地变化，达到提高分离效果、缩短分析时间的目的。梯度洗脱装置分为两类：一类是外梯度装置（又称低压梯度），流动相在常温常压下混合，用高压泵压至柱系统，仅需一台泵即可；另一类是内梯度装置（又称高压梯度），将两种溶剂分别用泵增压后，按电器部件设置的程序，注入梯度混合室混合，再输至柱系统。

梯度洗脱的实质是通过不断地变化流动相的强度，来调整混合样品中各组分的 k 值，使所有谱带都以最佳平均 k 值通过色谱柱。它在液相色谱中所起的作用相当于气相色谱中的程序升温，所不同的是，在梯度洗脱中溶质 k 值的变化是通过改变溶质的极性、pH 和离子强度来实现的，而不是借助改变温度（温度程序）来达到。

（4）进样系统。进样系统包括进样口、注射器和进样阀等，它的作用是把分析试样有效地送入色谱柱上进行分离。

（5）分离系统。分离系统包括色谱柱、恒温器和连接管等部件。色谱柱一般用内部抛光的不锈钢制成。其内径为 2～6 mm，柱长为 10～50 cm，柱形多为直形，内部充满微粒固定相。柱温一般为室温或接近室温。

（6）检测器。检测器是液相色谱仪的关键部件之一。对检测器的要求是：灵敏度高、重复性好、线性范围宽、死体积小以及对温度和流量的变化不敏感等。

在液相色谱中，有两种类型的检测器，一类是溶质性检测器，它仅对被分离组分的物理或化学特性有响应，属于此类检测器的有紫外检测器、荧光检测器、电化学检测器等；另一类是总体检测器，它对试样和洗脱液总的物理和化学性质响应，属于此类检测器的有示差折光检测器等。

2. 高效液相色谱的类型

1）液固吸附色谱

液固色谱的固定相是固体吸附剂。吸附剂是一些多孔的固体颗粒物质，位于其表面的原子、离子或分子的性质是不同于在内部的原子、离子或分子的性质的，表层的键因缺乏覆盖层结构而受到扰动。因此，表层一般处于较高的能级，存在一些分散的具有表面活性的吸附中心。因此，液固色谱法根据各组分在固定相上的吸附能力的差异进行分离，故也称为液固吸附色谱。

吸附剂吸附试样的能力主要取决于吸附剂的比表面积和理化性质、试样的组成和结构以及洗脱液的性质等。组分与吸附剂的性质相似时，易被吸附，呈现高的保留值；当组分分子结构与吸附剂表面活性中心的刚性几何结构相适应时，易于吸附。从而使吸附色谱成为分离几何异构体的有效手段。不同的官能团具有不同的吸附能力，因此，吸附色谱可按族分离化合物。吸附色谱对同系物没有选择性（即对分子量的选择性小），不能用该法分离分子量不同的化合物。

2）液固色谱法固定相

液固色谱法采用的固体吸附剂按其性质可分为极性和非极性两种类型。极性吸附剂包括硅胶、氧化铝、氧化镁、硅酸镁、分子筛及聚酰胺等。非极性吸附剂最常见的是活性炭。

极性吸附剂可进一步分为酸性吸附剂和碱性吸附剂。酸性吸附剂包括硅胶和硅酸镁等，碱性吸附剂有氧化铝、氧化镁和聚酰胺等。酸性吸附剂适于分离碱，如脂肪胺和芳香胺。碱性吸附剂则适于分离酸性溶质，如酚、羧酸和吡咯衍生物等。

最常用的吸附剂是硅胶，其次是氧化铝。在现代液相色谱中，硅胶不仅作为液固吸附色谱固定相，还可作为液液分配色谱的载体和键合相色谱填料的基体。

3）液固吸附色谱流动相

液相色谱的流动相必须符合下列要求。

（1）能溶解样品，但不能与样品发生反应。

（2）与固定相不互溶，也不发生不可逆反应。

（3）黏度要尽可能小，这样才能有较高的渗透性和柱效。

（4）应与所用检测器相匹配。例如，利用紫外检测器时，溶剂要不吸收紫外光。

（5）容易精制、纯化，毒性小，不易着火，价格尽量低等。

在液固色谱中,选择流动相的基本原则是极性大的试样用极性较强的流动相，极性小的则用低极性流动相。为了获得合适的溶剂极性，常采用两种、三种或更多种不同极性的溶剂混合起来使用，如果样品组分的分配比 k 值范围很广，则使用梯度洗脱。

4）液液色谱

在液液色谱（又称液液分配色谱）中，一个液相作为流动相，而另一个液相则涂渍在很细的惰性载体或硅胶上作为固定相。流动相与固定相应互不相溶，两者之间应有一明显的分界面。分配色谱过程与两种互不相溶的液体在一个分液漏斗中进行的溶剂萃取相类似。

与气液分配色谱法一样，这种分配平衡的总结果导致各组分的差速迁移，从而实现分离。分配系数或分配比小的组分，保留值小，先流出柱。然而与气相色谱法不同的是，流动相的种类对分配系数有较大的影响。

A. 固定相

液液色谱的固定相由载体和固定液组成。常用的载体有下列几类。

表面多孔型载体（薄壳型微珠载体），由直径为 30~40 μm 的实心玻璃球和厚度为 1~2 μm 的多孔性外层所组成。

全多孔型载体，由硅胶、硅藻土等材料制成，为直径 30~50 μm 的多孔型颗粒。

全多孔型微粒载体，由纳米级的硅胶微粒堆积而成，又称堆积硅珠。这种载体粒度为 5~10 μm。由于颗粒小，所以柱效高，是目前使用最广泛的一种载体。

由于液相色谱中，流动相参与选择作用，流动相极性的微小变化会使组分的保留值出现较大的差异。因此，液相色谱中，只需几种不同极性的固定液即可，如 β, β'-氧二丙腈（ODPN）、聚乙二醇（PEG）、十八烷（ODS）和角鲨烷固定液等。

B. 流动相

在液液色谱中，除一般要求外，还要求流动相对固定相的溶解度尽可能小，因此固定液和流动相的性质往往处于两个极端。例如，当选择固定液是极性物质时，所选用的流动相通常是极性很小的溶剂或非极性溶剂。

以极性物质作为固定相，非极性溶剂作流动相的液液色谱，称为正相分配色谱，适合于分离极性化合物。反之，选用非极性物质为固定相，而极性溶剂为流动相的液液色谱称为反相分配色谱，这种色谱方法适合于分离芳烃、稠环芳烃及烷烃等化合物。

5）化学键合相色谱

将固定液机械地涂渍在载体上组成固定相，难以完全避免固定液的流失。20世纪 70 年代初发展了一种新型的固定相——化学键合固定相。这种固定相是通过化学反应把各种不同的有机基团键合到硅胶（载体）表面的游离羟基上，代替机械涂渍的液体固定相。这不仅避免了液体固定相流失的困扰，还大大改善了固定相的功能，提高了分离的选择性。化学键合色谱适用于分离几乎所有类型的化合物。

根据键合相与流动相之间相对极性的强弱，可将键合相色谱分为极性键合相色谱和非极性键合相色谱。在极性键合相色谱中，由于流动相的极性比固定相极性要小，所以极性键合相色谱属于正相色谱。弱极性键合相既可作为正相色谱，也可作为反相色谱。但通常所说的反相色谱是指非极性键合色谱。反相色谱在现代液相色谱中应用最为广泛。

A. 化学键合固定相法

化学键合固定相一般都采用硅胶（薄壳型或全多孔微粒型）为基体。在键合反应之前，要对硅胶进行酸洗、中和、干燥活化等处理，然后再使硅胶表面上的硅羟基与各种有机化合物或有机硅化合物起反应，制备化学键合固定相。键合相可分为四种键型。

（1）硅酸酯型（$\equiv$Si—O—C$\equiv$）键合相：将醇与硅胶表面的羟基进行酯化反应，在硅胶表面形成单分子层（$\equiv$Si—O—C$\equiv$）键合相。一般用极性小的溶剂洗脱，分离极性化合物。

（2）硅氮型（$\equiv$Si—N$\equiv$）键合相：如果用 $SOCl_2$ 将硅胶表面的羟基先转化成卤素（氯化），再与各种有机胺反应，则可以得到各种不同极性基团的键合相。可用非极性或强极性的溶剂作为流动相。

（3）硅碳型（$\equiv$Si—C$\equiv$）键合相：将硅胶表面氯化后，使 Si—Cl 键转化为 Si—C 键。在这类固定相中，有机基团直接键合在硅胶表面上。

（4）硅氧烷型（$\equiv$Si—O—Si—C$\equiv$）键合相：由硅胶与有机氯硅烷或烷氧基硅烷反应制备。这类键合相具有相当的耐热性和化学稳定性，是目前应用最为广泛的键合相。

B. 反相键合相色谱法

在反相色谱中，一般采用非极性键合固定相，如硅胶-$C_{18}H_{37}$（简称 ODS 或 C_{18}）、硅胶-苯基等，用强极性的溶剂作为流动相，如甲醇/水、乙腈/水、水和无机盐的缓冲液等。目前，对于反相色谱的保留机制还没有一致的看法，大致有两种观点：一种认为其属于分配色谱，另一种认为其属于吸附色谱。

分配色谱的作用机制是假设混合溶剂（水+有机溶剂）中极性弱的有机溶剂吸附于非极性烷基配合基表面，组分分子在流动相中与被非极性烷基配合基所吸附的液相中进行分配。

吸附色谱的作用机制是把非极性的烷基键合相看作是在硅胶表面上覆盖了一层键合的十八烷基的"分子毛"，这种"分子毛"有强的疏水特性。当用水与有机溶剂所组成的极性溶剂为流动相来分离有机化合物时，一方面，非极性组分分子或组分分子的非极性部分，由于疏溶剂的作用，将会从水中被"挤"出来，与固定相上的疏水烷基之间产生缔合作用；另一方面，被分离物的极性部分受到极性流动相的作用，使它离开固定相，减少保留值，此即解缔过程。显然，这两种作用力之差，决定了分子在色谱中的保留行为。

一般地，固定相的烷基配合基或分离分子中非极性部分的表面积越大，流动相表面张力及介电常数越大，则缔合作用越强，分配比也越大，保留值越大。在反相键合相色谱中，极性大的组分先流出，极性小的组分后流出。

C. 正相键合色谱法

在正相色谱中，一般采用极性键合固定相，硅胶表面键合的是极性的有机基团，键合相的名称由键合上去的基团而定。最常用的有氰基（—CN）键合相、氨基（—NH$_2$）键合相、二醇基（DIOL）键合相。流动相一般用比键合相极性小的非极性或弱极性有机溶剂，如烃类溶剂，或其中加入一定量的极性溶剂（如氯仿、醇、乙腈等），以调节流动相的洗脱强度。通常用于分离极性化合物。

一般认为正相色谱的分离机制属于分配色谱。组分的分配比 K 值随其极性的增大而增大，但随流动相中极性调节剂的极性增大（或浓度增大）而降低。同时，极性键合相的极性越大，组分的保留值越大。

该法主要用于分离异构体、极性不同的化合物，特别是用来分离不同类型的化合物。

D. 离子性键合相色谱法

当以薄壳型或全多孔微粒型硅胶为基质化学键合各种离子交换基团，如—SO$_3$H、—CH$_2$NH$_2$、—COOH、—CH$_2$N(CH$_3$)Cl 等时，形成了所谓的离子性键合色谱。其分离原理与离子交换色谱一样，只是填料是一种新型的离子交换剂而已。

化学键合色谱具有下列优点。

（1）适用于分离几乎所有类型的化合物。一方面通过控制化学键合反应，可以把不同的有机基团键合到硅胶表面上，从而大大提高了分离的选择性；另一方面可以通过改变流动相的组成和种类来有效地分离非极性、极性和离子型化合物。

（2）由于键合到载体上的基团不易被剪切而流失，这不仅解决了由固定液流失所带来的困扰，还特别适合于梯度洗脱，为复杂体系的分离创造了条件。

（3）键合固定相对不太强的酸及各种极性的溶剂都有很好的化学稳定性和热稳定性。

（4）固定相柱效高，使用寿命长，分析重现性好。

6）离子交换色谱法

离子交换色谱以离子交换树脂为固定相，树脂上具有固定离子基团及可交换的离子基团。当流动相带着组分电离生成的离子通过固定相时，组分离子与树脂上可交换的离子基团进行可逆交换，根据组分离子对树脂亲和力不同而得到分离。

A. 固定相

离子交换色谱常用的固定相为离子交换树脂。目前常用的离子交换树脂分为三种形式：第一种是常见的纯离子交换树脂；第二种是玻璃珠等硬芯子表面涂一层树脂薄层构成的表面层离子交换树脂；第三种是大孔径网络型树脂。

典型的离子交换树脂是由苯乙烯和二乙烯苯交联共聚而成。其中，二乙烯苯起到交联和加牢整个结构的作用，其含量决定了树脂交联度的大小。交联度一般控制在 4%~16% 范围内，高度交联的树脂较硬而且脆，但选择性较好。在基体网状结构上引入各种不同酸碱基团作为可交换的离子基团。

按结合的基团不同，离子交换树脂可分为阳离子交换树脂和阴离子交换树脂。阳离子交换树脂上具有与阳离子交换的基团。阳离子交换树脂又可分为强酸性树脂和弱酸性树脂。强酸性阳离子交换树脂所带的基团为—SO_3^- H^+，其中—SO_3^- 和有机聚合物牢固结合形成固定部分，H^+ 是可流动的能为其他阳离子所交换的离子。阴离子交换树脂具有与样品中阴离子交换的基团。阴离子交换树脂也可分为强碱性树脂和弱碱性树脂。

B. 流动相

离子交换树脂的流动相最常使用水缓冲溶液，有时也使用有机溶剂如甲醇或乙醇同水缓冲溶液混合使用，以提高特殊的选择性，并改善样品的溶解度。

7）排阻色谱法

排阻色谱法也称空间排阻色谱法或凝胶渗透色谱法，是一种根据试样分子的尺寸进行分离的色谱技术。其色谱柱的填料是凝胶，它是一种表面惰性，含有许多不同尺寸的孔穴或立体网状物质。凝胶的孔穴仅允许直径小于孔开度的组分分子进入，这些孔对于流动相分子来说是相当大的，以致流动相分子可以自由地扩散出入。对于不同大小的组分分子，可分别渗入凝胶孔内的不同深度，大个的组分分子可以渗入凝胶的大孔内，但进不了小孔，甚至于完全被排斥；小个的组分分子，大孔小孔都可以渗入，甚至进入很深，一时不易洗脱出来。因此，大的组分分子在色谱柱中停留时间较短，很快被洗脱出来，它的洗脱体积很小，小的组分分子在色谱柱中停留时间较长，洗脱体积较大，直到所有孔内的最小分子到达柱出口，完成按分子大小而分离的洗脱过程。排阻色谱被广泛应用于大分子的分级，即用来分析大分子物质的分子量分布。

排阻色谱的固定相一般可分为软性凝胶、半刚性凝胶和刚性凝胶三类。所谓凝胶，是指含有大量液体（一般是水）的柔软而富有弹性的物质，它是一种经过交联而具有立体网状结构的多聚体。

（1）软性凝胶：如葡聚糖凝胶、琼脂糖凝胶都具有较小的交联结构，其微孔能吸入大量的溶剂，并能溶胀到它干体的许多倍。它们适用于水溶性物质作流动相，一般用于小分子量物质的分析，不适宜在高效液相色谱中用。

（2）半刚性凝胶：如高交联度的聚苯乙烯，常以有机溶剂作流动相。

（3）刚性凝胶：如多孔硅胶、多孔玻璃等，它们既可用水作溶剂，又可用有机溶剂作流动相，可在较高压强和较高流速下操作。

11.4　色谱分离方法的应用实例

要正确地选择色谱分离方法，首先必须尽可能多地了解样品的有关性质，其次，必须熟悉各种色谱方法的主要特点及其应用范围。选择色谱分离方法的主要根据是样品的分子量的大小、在水中和有机溶剂中的溶解度、极性和稳定程度以及化学结构等理化性质。

1. 分子量

对于分子量较低（一般在 200 以下）、挥发性比较好、加热又不易分解的样品，可以选择气相色谱法进行分析。分子量在 200～2000 的化合物，可用液固吸附色谱法、液液分配色谱法和离子交换色谱法。分子量高于 2000，则可用空间排阻色谱法。

2. 根据溶解性选择

水溶性样品最好用离子交换色谱法和液液分配色谱法；微溶于水，但在酸或碱存在下能很好电离的化合物，也可用离子交换色谱法；油溶性样品或相对非极性的混合物，可用液固吸附色谱法。

3. 根据分子结构选择

若样品中包含离子型或可离子化的化合物，或者能与离子型化合物相互作用的化合物（如配位体及有机螯合剂），可首先考虑用离子交换色谱法，但空间排阻色谱法和液液分配色谱法也都能顺利地应用于离子化合物；异构体的分离可用液固吸附色谱法；具有不同官能团的化合物、同系物可用液液分配色谱法；对于高分子聚合物，可用空间排阻色谱法。

11.5　质谱分析的基本原理

质谱法是将样品离子化，变为气态离子混合物，并按质荷比（m/z）分离的分析技术；质谱仪是实现上述分离分析技术，从而测定物质的质量与含量及其结构的仪器。质谱分析法是一种快速、有效的分析方法，利用质谱仪可进行同位素分析、化合物分析、气体成分分析以及金属和非金属固体样品的超纯痕量分析。在有机混合物的分析研究中证明了质谱分析法比化学分析法和光学分析法具有更加卓越的优越性，其中有机化合物质谱分析在质谱学中占最大的比重，世界上几乎有 3/4 仪器从事有机分析。现在的有机质谱法，不仅可以进行小分子的分析，而且可以直接分析糖、核酸、蛋白质等生物大分子，在生物化学和生物医学上的研究成为当前的热点，生物质谱学的时代已到来。

11.5.1　质谱图

使待测的样品分子气化，用具有一定能量的电子束轰击气态分子，使其失去一个电子而成为带正电的分子离子，分子离子还可能断裂成各种碎片离子，所有的正离子在电场和磁场的综合作用下按质荷比（m/z）大小依次排列而得到谱图。因多数离子只带一个正电荷，$z=1$，质荷比就是离子的质量。谱图给出了各种碎片的质量，把这些碎片再拼接起来，可得到原来的结构。质谱图均用棒图表示，每一条线表示一个峰，代表一种离子。横坐标为离子质荷比（m/z）的数值，纵坐标为相对强度，即每一个峰和最高峰（称基峰）的比值，在文献报道中常用质谱表代替质谱图。

1. 术语简介

质荷比 m/z：一般 z 为 1，故 m/z 也就认为是离子的质量数，蛋白质等易带多电荷，$z>1$。在质谱中不能用平均分子量计算离子的化学组成，例如，不能用氯的平均分子量 35.5，而用 35 和 37。同理，溴也是如此，应用 79 和 81，无 80。在质谱图中，根本不会出现 35.5 的峰。一氯苯的分子峰应是 112 和 114，而不是 113。

相对丰度：质谱中最强峰为 100%（称基峰），其他碎片峰与之相比的百分数为相对丰度。

总离子流(TIC)：即一次扫描得到的所有离子强度之和，若某一质谱图总离子流很低，说明电离不充分，不能作为一张标准质谱图。

动态范围：即最强峰与最弱峰高之比。早期仪器窄，现代计算机接收宽。若太窄，会造成有多个强峰出头，都成为基峰，而该要的（常为分子峰）却记录不出来。这样的图也是不标准的，检索、解析起来都很困难。

本底：未进样时扫描得到的质谱图，包括空气成分、仪器泵油、快原子轰击（fast atom bombardment，FAB）底物、电喷雾电离（electrospray ionization，ESI）缓冲液、色谱联用柱流失及吸附在离子源中其他样品。

质量色谱图（mass chromatogram）和质量色谱法（mass chromatography）又称提取离子色谱图（extract ion chromatography），是质谱法处理数据的一种方式。在 GC/MS 或 LC/MS 中，选定一定的质量扫描范围，按一定的时间间隔测定质谱数据并将其保存在计算机中。然后可以用各种办法调出质谱数据。如果要观察特定质量与时间的关系，可以指定这个质量，计算机将以指定离子的强度为纵坐标，以时间作为横坐标，表示质量与时间的关系，这种方法称为质量色谱法，得到的图称为质量色谱图或提取离子色谱图。

2. 离子的种类

（1）分子离子（M）：中性分子丢失一个电子时，就显示一个正电荷，故用 M 表示。在电子轰击电离（electron impact ionization，EI）中，继续生成碎片离子，在化学电离（chemical ionization，CI）、场解吸（field desorption，FD）、FAB 等电离方法中，往往生成质量大于分子量的离子如 $M+1$、$M+15$、$M+43$、$M+23$、$M+39$、$M+92$ 等称准分子离子，解析中准分子离子与分子离子有同样重要的作用。

（2）碎片离子：电离后，有过剩内能的分子离子会以多种方式裂解，生成碎片离子，其本身还会进一步裂解生成质量更小的碎片离子；此外，还会生成重排离子。碎片峰的数目及丰度则与分子结构有关，数目多表示该分子较容易断裂，丰度高的碎片峰表示该离子较稳定，也表示分子比较容易断裂生成该离子。如果将质谱中的主要碎片识别出来，则能帮助判断该分子的结构。

（3）多电荷离子：指带有 2 个或更多电荷的离子，有机小分子质谱中，单电荷离子是绝大多数，只有那些不容易碎裂的基团或分子结构，如共轭体系结构，才会形成多电荷离子。它的存在说明样品是较稳定的。对于蛋白质等生物大分子，采用电喷雾的离子化技术，可产生带很多电荷的离子，最后经计算机自动换算成单质/荷比离子。

（4）同位素离子：各种元素的同位素基本上按照其在自然界的丰度比出现在质谱中，这对于利用质谱确定化合物及碎片的元素组成有很大帮助，还可利用稳定同位素合成标记化合物，如氘等标记化合物，再用质谱法检出这些化合物，发现其在质谱图外貌上无变化，只有质量数的位移，从而可以说明化合物结构、反应历程等。

（5）负离子：通常碱性化合物适合正离子，酸性化合物适合负离子，某些化合物负离子谱灵敏度很高，可提供很有用的信息。

11.5.2　各种类型的质谱峰

（1）分子离子峰：分子受电子流轰击，失去一个电子即得到分子离子，出现在谱图上通常是最右边的一个峰，如能正确辨认质谱图上的分子离子峰，就可以直接从谱图上读出被测物的分子量。判断分子离子峰时要注意氮规则，即不含氮或偶数氮的有机化合物的分子量为偶数，含奇数氮的有机化合物的分子量为奇数，分子离子一定是奇电子离子。

（2）同位素峰：有机化合物中常见 C、H、O、N、S、Cl、Br、I 等均有同位素，因此往往在分子离子峰旁边可见一些 $M+1$、$M+2$ 的小峰，可用来推断分子式。

（3）碎片离子峰：在电子流作用下，分子产生键的断裂会形成质量更小的离子，这些断裂按一定规律进行，对判定结构有重要作用，是学习的重点。

11.5.3　仪器概述

1. 基本结构

质谱仪由以下几部分组成：供电系统、进样系统、离子源、质量分析器、检测接收器、数据系统、真空系统。

（1）进样系统：把分析样品导入离子源的装置，包括直接进样，GC、LC 及接口，加热进样，参考物进样等。

（2）离子源：使被分析样品的原子或分子离子化为带电粒子(离子)的装置，并对离子进行加速使其进入分析器，根据离子化方式的不同，常用的有如下几种，其中 EI、FAB 最常用。

EI：电子轰击电离——最经典常规的方式，其他均属软电离，EI 使用面广，峰重现性好，碎片离子多。缺点是不适合极性大、热不稳定性化合物，且可测定分子量有限，一般可测定分子量≤1000。

CI：化学电离——与 EI 相比，EI 中不易产生分子离子的化合物，而在 CI 中易形成较高丰度的[$M+1$]或[$M-1$]等"准"分子离子。得到碎片少，谱图简单，但结构信息少一些。与 EI 法同样，样品需要气化，对难挥发性的化合物不太适合。

FD：场解吸——大部分只有一个峰，适用于难挥发极性化合物，如糖，应用较困难，目前基本被 FAB 取代。

FAB：快原子轰击——利用氩、氙或者铯离子枪（LSIMS，液体二次离子质谱），高速中性原子或离子对溶解在基质中的样品溶液进行轰击，在产生"爆发性"汽化的同时，发生离子-分子反应，从而引发质子转移，最终实现样品离子化，适用于热不稳定以及极性化合物等。FAB法的关键之一是选择适当的（基质）底物，从而可以进行从较低极性到高极性的范围较广的有机化合物测定，是目前应用比较广的电离技术，不但能得到分子量，还能提供大量碎片信息。产生的谱介于 EI 与 ESI 之间，接近硬电离技术。生成的准分子离子，一般常见$[M+1]$和$[M+$底物]。另外，还有根据底物脱氢以及分解反应产生的$[M-1]$。进行谱图解析时，要考虑底物和化合物的性质、盐类的混入等进行综合判断。

ESI：电喷雾电离——与 LC、毛细管电泳联用最好，也可直接进样，属最软的电离方式，混合物直接进样可得到各组分的分子量。

APCI（atmospheric pressure chemical ionization）：大气压化学电离——同 ESI，更适宜分析小分子。

MALDI（matrix assisted laser desorption ionization）：基质辅助激光解吸电离——是一种用于大分子的离子化方法，利用对使用的激光波长范围具有吸收并能提供质子的基质（一般常用小分子液体或结晶化合物），将样品与其混合溶解并形成混合体，在真空下用激光照射该混合体，基质吸收激光能量，并传递给样品，从而使样品解吸电离。MALDI 的特点是准分子离子峰很强。通常将 MALDI用于飞行时间质谱仪（TOF-MS）和傅里叶变换质谱仪（FT-MS），特别适合分析蛋白质和 DNA 等大分子。

（3）质量分析器：是质谱仪中将离子按质荷比分开的部分，离子通过分析器后，按不同 m/z 分开，将相同 m/z 的离子聚焦在一起，组成质谱。

（4）检测接收器：接收离子束流的装置，有二次电子倍增器、光电倍增管、微通道板等。

（5）数据系统：将接收来的电信号放大、处理并给出分析结果，包括外围部分，如终端显示器、打印机等。利用现代计算机接口，还可反过来控制质谱仪各部分工作。

（6）真空系统：由机械真空泵（前极低真空泵）、扩散泵或分子泵（高真空泵）组成真空机组，抽取离子源和分析器部分的真空。只有在足够高的真空下，离子才能从离子源到达接收器，真空度不够则灵敏度低。

（7）供电系统：包括整个仪器各部分的电器控制部件，从几伏低压到几千伏高压。

2. 质谱仪分类

质谱仪常有下列几种：双聚焦扇形磁场-电场串联仪器、四极质谱仪、离子阱质谱仪（ITMS）、TOF-MS、傅里叶变换-离子回旋共振质谱仪（FT-ICRMS）；混合型的质谱仪有四极 TOF-MS、磁式 ITMS 等；串列式多级质谱仪（MS/MS）有三重四极型 MS/MS、TOF-TOF 等。

3. 分析原理

磁式质谱经典，可高度分辨，质量范围相对宽；缺点是体积大，造价高，现在越来越少用。四极分析器是一种被广泛使用的质谱仪分析器，由两组对称的电极组成。电极上加有直流电压和射频电压。相对的两个电极电压相同，相邻的两个电极上电压大小相等，极性相反。带电粒子射入高频电场中，在场半径限定的空间内振荡。在一定的电压和频率下，只有一种质荷比的离子可以通过四极杆达到检测器，其余离子则因振幅不断增大，撞在电极上而被"过滤"掉，因此四极分析器又称四极滤质器。利用电压或频率扫描，可以检测不同质荷比的离子。优点是扫描速率快，比磁式质谱价格便宜，体积小，常作为台式仪器进入常规实验室，缺点是质量范围及分辨率有限。

TOF-MS：利用相同能量的带电粒子，由于质量的差异而具有不同速度的原理，不同质量的离子以不同时间通过相同的漂移距离到达接收器。优点是扫描速率快、灵敏度高、不受质量范围限制，以及结构简单、造价低廉等。

FT-MS：在射频电场和正交横磁场作用下，离子做螺旋回转运动，回旋半径越转越大，当离子回旋运动的频率与补电场射频频率相等时，产生回旋共振现象，测量产生回旋共振的离子流强度，经傅里叶变换计算，最后得到质谱图。该仪器是较新的技术，对于高质量数、高分辨率及多重离子分析，很有前途，但使用超导磁铁需要液氦，不能接 GC，动态范围稍窄，目前还不太作为常规仪器使用。

离子阱：通常由一个双曲面截面的环形电极和上下一对双曲面端电极构成。从离子源产生的离子进入离子阱内后，在一定的电压和频率下，所有离子均被阱集。改变射频电压，可使敏感的离子处于不稳定状态，运动幅度增大而被抛出阱外接收、检测。用离子阱作为质量分析器，不但可以分析离子源产生的离子，而且可以把离子阱当成碰撞室，使阱内的离子碰撞活化解离，分析其碎片离子，得到子离子谱。离子阱不但体积很小，而且具有多级质谱的功能，但动态范围窄，低质量区 1/3 缺失，不太适合混合物定量。

现在，几乎所有的商品质谱仪上均配有 GC-MS，但对难挥发、强极性和大分子量混合物，GC-MS 无能为力，为了弥补 GC-MS 的不足，经过 20 多年的探索，通过开发上述几种软电离技术，特别是 ESI 和 APCI 等，解决了 LC 与离子源接口问题（1987 年完成），从而实现了 LC-MS 联用，是分析化学的一次重大进展，而串联质谱仪（MS/MS：离子源→第一分析器→碰撞室→第二分析室→接收器）具有更多优点。MS/MS 仪器从原理上可分为两类。第一类仪器利用质谱在空间中的顺序，由两台质谱仪串联组装而成，即前面列出的串列式多级质谱仪。第二类利用了一个质谱仪时间顺序上的离子储存能力，由具有存储离子的分析器组成，如离子回旋共振仪（ICR）和离子阱质谱仪。这类仪器通过喷射出其他离子而对特定的离子进行选择。在一个选择时间段这些被选择的离子被激活，发生裂解，从而在质谱图中观测到碎片离子。这一个过程可以反复观测几代裂解的碎片。时间型质谱便于进行多级子离子实验，但却不能进行母离子扫描或中性丢失扫描。

一般采用 ESI、CI 或 FAB 等软离子化方法，以利于多产生分子离子，通过 MS1 的离子源使样品离子化后，混合离子通过第一分析器，可选择一定质量的离子作为母体离子，进入碰撞室，室内充有靶子反应气体（碰撞气体：He、Ar、Xe、CH_4 等）对所选离子进行碰撞，发生离子-分子碰撞反应，从而产生"子离子"，再经 MS2 的分析器及接收器得到子离子（扫描）质谱（product ion spectrum），一般称作 MS/MS-CID 谱，或者简称为 CID（collision-induced dissociation）谱、碰撞诱导裂解谱、MS/MS 谱。现在利用串联质谱仪进行药物研究越来越得到重视，特别是在药物代谢以及混合物的微量成分分析和结构测定等方面，其正在起到越来越重要的作用。比较常用的三级四极型 MS/MS、LC-MS/MS 使用方便，操作简单，适合进行定量分析，大型的 MS/MS 更适合结构解析。

11.5.4　仪器性能指标

（1）质量范围：表明一台仪器所允许测量的质荷比从最小到最大值的变化范围。质量范围一般最小为 2，实际 10 以下已经无用。最大可达数万，利用多电荷离子，实际能达上百万。

（2）分辨率（R）：是判断质谱仪的一个重要指标，低分辨率仪器一般只能测出整数分子量。高分辨率仪器可测出分子量小数点后第四位，因此可算出分子式，不需要进行元素分析，更精确。

（3）灵敏度：有多种定义方法，粗略地说是表示所能检查出的最小量，一般可达到 $10^{-12}\sim10^{-9}$ g，甚至更低，实际应考虑信噪比。

11.6　有机质谱的特点与应用

11.6.1　有机质谱的特点

1．优点

（1）测定分子量准确，其他技术无法比。
（2）灵敏度高，常规检测限为 $10^{-7}\sim10^{-8}$ g，单离子检测可达 10^{-12} g。

（3）快速，几分钟甚至几秒。

（4）便于混合物分析，GC/MS、LC/MS、MS/MS 对于难分离的混合物特别有效，如药物代谢产物、中草药中微量有效成分的鉴定等，其他技术无法胜任。

（5）多功能，广泛适用于各类化合物。

2．局限性

（1）异构体、立体化学方面区分能力差。

（2）重复性稍差，要严格控制操作条件。所以不能像低场 NMR、IR 等自己动手操作，须专人操作。

（3）有离子源产生的记忆效应、污染等问题。

（4）价格昂贵，操作复杂。

所以质谱分析与其他分析方法配合，能发挥更大作用。在进行物质分析时，可以先进行质谱测定，提供指导信息，如结构类型、纯度等。

11.6.2　有机质谱的应用

1. 有机化工

（1）合成中原料及产品杂质分析——LC/MS。

（2）中间步骤监测。

2. 石油

（1）石油成分分析。

（2）裂解成分分析。

3. 环保

样品还需进行前处理，并非全都能直接进入质谱。

（1）农药残毒检测。

（2）大气污染检测。

（3）水分析。

（4）特定成分定量测定：单离子和多离子检测的灵敏度可达 $10 \sim 12 \mathrm{~g}$，借助于内标或标定曲线可定量，在痕量分析中非常有用。

4. 食品、香料

（1）酒：就判断真酒假酒的方法来说，GC/MS 是唯一客观准确的。

（2）化妆品中除基料外，香料起关键性作用，通过 MS，找出天然产物中有效成分后人工合成。

5. 生化、医药

（1）蛋白质。多肽研究、前沿生命科学、FAB、ESI 等，可测几十万分子量的生物大分子，确定氨基酸序列，一次分析十几个肽，比氨基酸分析仪快且准。

（2）天然产物。这也是最重要的内容之一，例如，生物合成研究室拿到一个样品，据 NMR 推出的结构与 MS 谱图不符，元素分析也对不上号，从 MS 上看到有 S 元素，而元素分析结果中无 S，故不对，NMR 因其他干扰，所以 H 数也不对，碳谱少一个 C，后来根据 MS，重新换了 NMR 溶剂，才使 C 数吻合，用计算机检索标准 MS 谱库，得到正确的结构式。还有一个例子，植物化学研究室提取出一新化合物，MS 上有很强的 72 峰，表示含有氮甲基，而从 NMR 上看不到，只根据 NMR 定出了错误的结构，后来因为 MS 显示出的无法否定的证据，将此化合物重新进行碱化处理，再做 NMR，才与质谱吻合，定出了正确的结构。

6. 法医、毒化

对于体液、代谢物、兴奋剂检测等，质谱图是必要的证据之一。

11.7　基质辅助激光解吸电离串联飞行时间质谱仪

飞行时间质谱可用于石油、化工、电子、医药等工业生产部门，农业科学研究部门及物理电子与粒子物理、地质学、有机、生物、无机、临床医学、考古、环境监测、空间探索等领域。飞行时间质谱仪较其他质谱仪具有灵敏度好、分辨率高、分析速度快、质量检测上限只受离子检测器限制等优点，再配合电喷雾离子源、基质辅助激光解吸离子源、大气压化学电离源等离子源，成为当今最有发展前景的质谱仪。飞行时间质谱已用于研究许多国际最前沿的热点问题，是基因及基因组学、蛋白质及蛋白质组学、生物化学、医药学以及病毒学等领域中不可替代的有力工具，如肽和蛋白分析、细菌分析、药物的裂解研究，以及病毒检测。特别是在大通量、分析速度要求快的生物大分子分析中，飞行时间质谱是唯一可以实现的分析手段，例如，与激光离子源联用或作为二维气相色谱的检测器等。本节将介绍飞行时间质谱的基本原理、技术及仪器的发展历程。力求对该仪器技术有一个较清楚的认识，并对今后相关的研究工作提供建设性帮助。

11.7.1 飞行时间质谱的工作原理

TOF-MS 分析方法的原理非常简单。这种质谱仪的质量分析器是一个离子漂移管。样品在离子源中离子化后即被电场加速，由离子源产生的离子加速后进入无场漂移管，并以恒定速度飞向离子接收器，假设离子在电场方向上初始位移和初速度都为零，所带电荷数为 q，质量数为 m，加速电场的电势差为 V，则加速后其动能应为

$$m v^2/2 = qeV \qquad (11.25)$$

式中，v 为离子在电场方向上的速度。离子以此速度穿过负极板上的栅条，飞向检测器。离子从负极板到达检测器的飞行时间 t，就是 TOF-MS 进行质量分析的判据。在传统的线性 TOF-MS 中，离子沿直线飞行到达检测器；而在反射型 TOF-MS 中，离子经过多电极组成的反射器后反向飞行到达检测器，后者在分辨率方面优于前者。

11.7.2 飞行时间质谱的发展

由于存在初始能量分散的问题，提高 TOF-MS 分辨率一直是研究者和仪器制造商努力的目标。仪器技术的进展也主要围绕这一目标进行。

1. 离子化技术的发展

最初 TOF-MS 采用电子轰击的方法进行离子化。由电子枪产生的电子电离样品分子使其解离为离子，经加速形成离子束进入飞行区。这种方法可用于气体、固体、液体样品的分析。其缺点如下：

（1）离子化时间较长，和一般离子的飞行时间数量级相近，容易引起大的误差；

（2）电子的电离及其进样方式使其难以进行大分子样品的分析。这种离子化方式多用于小分子的分析，目前新的电子发生方式如激光电子枪开始出现，脉冲离子发生器应用也逐步广泛。用于固体或液体样品的重离子轰击、等离子体解吸质谱（PDMS）及二次离子质谱（SIMS）属于此列。目前脉冲激光技术应用最广，包括激光解吸（LD）、共振激光离子化（RI）、共振加强单/多光子离子化（RES/MPI）以及生化分析中常用的基质辅助激光解吸电离（MALDI）等，适用于不同样品的分析。例如，共振激光离子化可用于痕量金属元素的分析；RES/MPI 则擅长复杂有机化合物的选择性离子化。

MALDI 的优点在于：

（1）可获得高的灵敏度，甚至能检测到离子化区的几个原子；

（2）对于热不稳定的生物大分子可实现无碎片离子化；

（3）对固体、液体表面分析，可以很好地控制离子化的位置或深度，分析时间大大缩短；

（4）可以与不同的离子化方式相结合。

为解决多肽、蛋白、寡糖、DNA 测序等生命科学领域中的前沿分析课题，需要发展特殊电离技术以及超高分辨、高灵敏度、大质量范围、多级串联的高档飞行时间质谱仪。MALDI 与 ESI 等离子源与高分辨 TOF-MS 联用是近年来应用于生化新药和基因工程药物分析研究领域中的重要方法。MALDI 在高真空中离子化并直接得到检测结果，灵敏度高，然而其电离机理复杂。ESI 在大气压下离子化，但离子要从大气中引入真空，灵敏度较低，因此发展高效的真空接口成为重要的课题。1999 年，Laiko 成功地发明了大气压基质辅助激光解吸电离（AP-MALDI）源，其虽与 ESI 相似有灵敏度较低的问题，但较常规 MALDI-TOF-MS 有以下几个优势：

（1）样品处理均在大气压下完成，避免把样品载入质谱真空系统的麻烦；

（2）是一种更柔和的离子源，只需较低的能量就能产生离子，并能减少亚稳离子碎片的出现；

（3）离子源对质谱仪器的质量精度和分辨率没有实质性的影响；

（4）在大气压下，电离时形成均匀的离子云，使电离更加连续稳定。

2．离子飞行轨道的改进

分辨率低一度是制约 TOF-MS 发展和应用的主要因素。20 世纪 70 年代初，苏联科学家发明的质量反射器使 TOF-MS 能量分布问题的解决有了重大突破。该技术成为 TOF-MS 后来得以长足发展的契机。最初的反射器是由一组同心的薄板构成，最后一极是实心板，中间用栅条隔开不同强度的电场。后来发现薄板和栅条的边缘效应引起电场的弯曲，而且离子通过带电栅条时易发生溅射，因此又设计了无栅反射器。同时，为了进一步提高灵敏度和分辨率，节省空间，人们设计了多种新型的反射器，如线性反射器、轴对称离子通道反射器、抛物线型反射器和多缝反射器。Cotter 等研究的封端（end-cap）反射型 TOF-MS 可获得好的聚焦效果和高分辨率等。这些结构的改变都能在某一方面改善反射器的性能，但也存在各自的缺陷。因此，只能针对具体应用环境加以选择。此外，增加离子的飞行时间能够提高 TOF-MS 的分辨率，增长飞行区的长度无疑是方法之一。最早的线性 TOF-MS 的漂移管最长达 10 m。实际上最有效的方式是使离子在同一区间循环飞行。由此出现了环形质量分析器和折叠式质量分析器。前者使离子绕环形道飞行数圈，后者则采用多次反射使其往返飞行。现在人们仍通过改进飞行区的电场和离子光学器件设置的方法提高仪器分辨率，分辨率提高的程度取决于离子在飞行区循环飞行的次数。

3. 飞行时间质谱的应用前景

TOF-MS 的应用范围宽，分析速度快，无需扫描，能够在几微秒至几十微秒时间内实现全谱分析，离子的传输效率能够达到 100%，灵敏度高。因此其在环境分析、工业检测，特别是在生物领域内发挥着不可替代的作用。新的电离技术的发展不断地拓展 TOF-MS 的应用范围，因此开发新型电离源将是 TOF-MS 研究中不断探索的目标。为了进一步提高灵敏度或分辨率，与其他样品处理、富集技术联用，多种分析仪器联用将成为 TOF-MS 将来的研究热点。可以预见，在 21 世纪的生命科学、原子与分子物理学、表面物理学、聚合物物理和化学、材料科学、分析化学和生态学领域的发展中，TOF-MS 都将发挥重要的作用。TOF-MS 在材料中多种痕量元素的同时分析，工业生产监控和自动化，生物制品质量监控，与气相色谱、液相色谱、电泳、离子阱及其他质谱联用用于复杂体系分离分析等方面将成为研究和应用的热点。

4. 飞行时间质谱的应用实例

1）分子量测定

分子量是有机化合物最基本的理化性质参数。分子量正确与否往往代表着所测定的有机化合物及生物大分子结构的正确与否。MALDI-TOF-MS 是一种软电离技术，不产生或产生较少的碎片离子。它可直接应用于混合物的分析，也可用来检测样品中是否含有杂质及杂质的分子量。分子量也是生物大分子如多肽、蛋白质等鉴定中首要的参数，也是基因工程产品报批的重要数据之一。MALDI-TOF-MS 的准确度高达 0.1%～0.01%，远远高于目前常规应用的 SDS 电泳与高效凝胶色谱技术，目前可测定生物大分子的分子量高达 600000。

2）蛋白质组学中的质谱技术——肽质量指纹谱技术

蛋白质组学是当前生命科学研究的前沿领域。对蛋白质快速、准确地鉴定是蛋白质组学研究中必不可少的关键性的一步。采用 MALDI-TOF-MS 测得肽质量指纹谱（peptide mass fingerprinting，PMF）在数据库中查询识别的方式鉴定蛋白质，是目前蛋白质组学研究中最普遍应用的鉴定方法。PMF 是蛋白质被识别特异酶切位点的蛋白酶水解后得到的肽片段的质量图谱。由于每种蛋白的氨基酸序列（一级结构）都不同，当蛋白被水解后，产生的肽片段序列也各不相同，因此其肽质量指纹谱也具有特征性。MALDI-TOF-MS 分析肽混合物时，能耐受适量的缓冲剂、盐，而且各个肽片段几乎都只产生单电荷离子，因此 MALDI-TOF-MS 成为分析 PMF 的首选方法。在关于蛋白质组学研究的实际工作中，几乎所有的发现均是从这一步开始展开的。

3）蛋白质组学中的质谱技术——肽序列标签技术（PST）

由于 PMF 鉴定结果的可靠性受诸多因素影响，部分鉴定结果往往不是十分明确，特异性不高。肽序列标签技术匹配被认为是特异性最好的鉴定方法。在蛋白质组学研究中，利用质谱测序一般采用两种方式：一种是利用串联质谱测序，另一种是利用源后衰变（PSD）技术测序。

在反射式 MALDI-TOF-MS 中，当脉冲激光照射到微量样品与饱和小分子基质混合形成的共结晶上时，能量通过基质传递给样品，导致样品被解析电离，电离后形成的亚稳分子离子在飞经无场区（即飞行管区）时发生裂解（其活化能来自在离子源与基体发生的碰撞、在无场区与残留气体的碰撞、激光辐射及各种热机制等）所产生的子离子（即源后分解碎片离子），可以通过不断改变反射器电压来进行分离、收集并记录于检测器，形成能为多肽和蛋白质一级结构提供十分丰富而有效的结构信息的 PSD 质谱图。利用 PSD 质谱图，结合数据库检索可以迅速、高特异性地鉴定蛋白质。

目前，在蛋白质组学研究中，部分经 2-DE（双向凝胶电泳）分离的蛋白质样品无法通过 PMF 鉴定或鉴定结果不明确，可将 PSD 测序功能应用于这些蛋白质的鉴定。随着对 PSD 技术的不断研究和发展，尤其是结合 MALDI-TOF-MS 本身所具有的高灵敏度、高通量、样品靶点可多次应用测定、分析时主要产生单电荷准分子离子以及能够耐受一定量的盐和干扰物等特点，PSD-MALDI-TOF-MS 将会在蛋白质组学、代谢组学以及药物筛选的研究中发挥更大的作用。

5. 寡核苷酸的分析

随着分子生物学技术和反义核酸药物技术的发展，越来越多的寡核苷酸片段被合成，用以作引物、探针以及反义药物等。对这些片段进行快速检测，以判断合成得是否完全及合成的序列是否正确，是完全必要的。包括 MALDI-TOF-MS 在内的生物质谱是迄今进行这种检测最好的手段。用 MALDI-TOF-MS 测定分析寡核苷酸，简单、快速、准确、灵敏。结合 3′-外切酶和 5′-外切酶可以对寡核苷酸全序列进行测定。

思 考 题

1. 试指出下面哪一种说法是正确的 ( )

(1) 质量数最大的峰为分子离子峰 (2) 强度最大的峰为分子离子峰

(3) 质量数第二大的峰为分子离子峰 (4) 上述三种说法均不正确

2. 下列化合物含 C、H 或 O、N,试指出哪一种化合物的分子离子峰为奇数 ( )

(1) C_6H_6 (2) $C_6H_5NO_2$ (3) $C_4H_2N_6O$ (4) $C_9H_{10}O_2$

3. 下列化合物中分子离子峰为奇数的是 ( )

(1) C_6H_6 (2) $C_6H_5NO_2$ (3) $C_6H_{10}O_2S$ (4) $C_6H_4N_2O_4$

4. 在溴己烷的质谱图中,观察到两个强度相等的离子峰,最有可能的是 ( )

(1) m/z 为 15 和 29 (2) m/z 为 93 和 15

(3) m/z 为 29 和 95 (4) m/z 为 95 和 93

5. 在 C_2H_5F 中,F 对下述离子峰有贡献的是 ( )

(1) M (2) $M+1$ (3) $M+2$ (4) M 及 $M+2$

6. 某酯的质谱图有 m/z 74(70%)强离子峰,下面所给结构哪个与此观察值最为一致 ( )

(1) $CH_3CH_2CH_2COOCH_3$ (2) $(CH_3)_2CHCOOCH_3$

(3) $CH_3CH_2COOCH_2CH_3$ (4) (1)或(3)

7. 某化合物分子式为 $C_6H_{14}O$,质谱图上出现 m/z 59(基峰) m/z 31 以及其他弱峰 m/z 73、m/z 87 和 m/z 102。则该化合物最有可能为 ( )

(1) 二丙基醚 (2) 乙基丁基醚

(3) 正己醇 (4) 2-己醇

8. 某胺类化合物,分子离子峰其 M=129,其强度大的 m/z 58(100%)、m/z 100(40%),则该化合物可能为 ( )

(1) 4-氨基辛烷 (2) 3-氨基辛烷 (3) 4-氨基-3-甲基庚烷 (4) (2)或(3)

9. 分子离子峰弱的化合物是 ( )

(1) 共轭烯烃及硝基化合物 (2) 硝基化合物及芳香族化合物

(3) 脂肪族及硝基化合物 (4) 芳香族化合物及共轭烯烃

10. 某化合物的质谱图上出现 m/z 31 的强峰,则该化合物不可能为 ( )

(1) 醚 (2) 醇 (3) 胺 (4) 醚或醇

11. 某化合物在一个具有固定狭缝位置和恒定磁场强度(B)的质谱仪中分析,当加速电压(V)慢慢地增加时,则首先通过狭缝的是 ( )

(1) 质量最小的正离子 (2) 质量最大的负离子

(3) 质荷比最低的正离子 (4) 质荷比最高的正离子

12. 下述电离源中分子离子峰最弱的是 ( )

(1) 电子轰击源 (2) 化学电离源

(3) 场电离源　　　　　　　　　(4) 电子轰击源或场电离源

13. 溴己烷经均裂后, 可产生的离子峰的最可能情况为　　　　　　　　　　　　( )

(1) m/z 93　　(2) m/z 93 和 m/z 95　　(3) m/z 71　　(4) m/z 71 和 m/z 73

14. 某化合物在质谱图上出现 m/z 29、m/z 43、m/z 57 的系列峰, 在红外光谱图官能团区出现如下吸收峰: >3000 cm^{-1}、1460 cm^{-1}、1380 cm^{-1}、1720 cm^{-1}。则该化合物可能是　　　　　( )

(1) 烷烃　　(2) 醛　　(3) 酮　　(4) 醛或酮

15. 某化合物质谱图中, M 和 $(M+2)$ 的相对强度大致相当, 由此可以确定该化合物含 ( )

(1) 硫　　(2) 氯　　(3) 溴　　(4) 氮

16. 质谱仪的磁偏转分离器可以将　　　　　　　　加以区分, 因此它是一种　　　　　　分析器。而静电偏转分离器可以将　　　　　　加以区分, 因此它是一种　　　　　分析器。

17. CO_2 经过质谱离子源后形成的带电粒子有 CO_2^+、CO^+、C^+、CO_2^{2+} 等, 它们经加速后进入磁偏转质量分析器, 它们的运动轨迹的曲率半径由小到大的次序为　　　　　　　。

18. 质谱仪的分辨本领指的是　　　　　　　　　　　　　　　　　　　。

19. 高分辨质谱仪一个最特殊的用途是获得化合物分子量　　　　　　　　　　　　　。

20. 丁苯质谱图上 m/z 134, m/z 91 和 m/z 92 的峰分别是由于　　　　　　　　　　　　和　　　　　　　　　过程产生的峰。

21. 在有机化合物的质谱图上, 常见离子有　　　　　　　　　　　　　　　　出现, 其中只有　　　　　　　　　　　　　　是在飞行过程中断裂产生的。

22. 试述质谱仪的主要部件及其功能。

23. 某化合物分子式为 $C_4H_8O_2$, M=88, 质谱图上出现 m/z 60 的基峰, 则该化合物最大可能为　　　　　　　　　　　　。

24. 某化合物分子式为 $C_{10}H_{12}O$, 质谱图上出现 m/z 105 的基峰, 另外有 m/z 51、m/z 77、m/z 120 和 m/z 148 的离子峰, 试推测其结构, 并说明理由。

25. 分子量的奇偶性与组成分子的元素及原子的数目有关。当分子量为偶数时, 必含　　　　　　个氮原子; 当分子量为奇数时, 必含　　　　　　个氮原子。

26. 同位素离子峰位于质谱图的最高质量区, 计算　　　　　　与　　　　　　的强度比, 根据　　　　　　表确定化合物的可能分子式。

27. 因亚稳态离子峰是亚稳离子在离开　　　　　　后碎裂产生的, 故在质谱图上　　　　　　于其真实质荷比的位置出现。它的出现可以为分子的断裂提供断裂途径的信息和相应的　　　　　　离子和　　　　　　离子。

28. m/e=142 的烃的可能分子式是　　　　　　。各自的 M 和 $M+1$ 的比例是　　　　　　。

29. 考虑到 ^{12}C 和 ^{13}C 的分布, 乙烷可能的分子式是　　　　　　　　　　。这些同位素分子的分子离子值 m/z 分别是　　　　　　　　　　。

30. 欲将摩尔质量分别为 260.2504 g/mol、260.2140 g/mol、260.1201 g/mol 和 260.0922 g/mol 的四个离子区分开, 问质谱仪需要有多大的分辨本领。

31. 在某烃的质谱图中 m/z 57 处有峰，m/z 32.5 处有一较弱的扩散峰。则 m/z 57 的碎片离子在离开电离室后进一步裂解，生成的另一离子的质荷比应是多少？

32. 在化合物 $CHCl_3$ 的质谱图中，分子离子峰和同位素峰的相对强度比为多少？

33. 在 $C_{100}H_{202}$ 中，$(M+1)/M$ 为多少？已知 ^{13}C 强度为 1.08；^2H 强度为 0.02。

34. 试计算 CH_3SH 中 $(M+2)/M$ 的值。已知 ^{13}C、H 和 ^{34}S 的强度分别为 1.08、0.02 和 4.40。

35. 试计算下列化合物的 $(M+2)/M$ 和 $(M+4)/M$ 的值：(1) 二溴甲苯；(2) 二氯甲烷。

36. 甲醇在 m/z = 15、28、29、30、31 和 32 处有质谱峰。在 m/z = 27.13 处存在一条宽而强度低的亚稳离子峰。试确定子离子和母离子。

37. 最大强度同位素为 100，^{13}C 的天然强度是 1.11，^{37}Cl 的天然强度为 32.5，试计算含有一个碳原子和一个氯原子的化合物的 M、$(M+1)$、$(M+2)$、$(M+3)$ 峰的相对强度。

38. 说明指导含 C、H 和 N 化合物的分子离子的 m/z 的规则。化合物中氧的存在是否会使上述规则无效？

39. 有一束含有各种不同 m/z 值的离子在一个具有固定狭缝位置和恒定电压（V）的质谱仪中产生，磁场强度（B）慢慢地增加，首先通过狭缝的是最低还是最高 m/z 值的离子？为什么？

40. 丁酸甲酯（M=102），在 m/z 71(55%)、m/z 59(25%)、m/z 43(100%) 及 m/z 31(43%) 处均出现离子峰，试解释其来历。

41. 如何获得不稳定化合物的分子离子峰？

42. 某化合物在最高质量区有如下三个峰：m/z 225、m/z 211、m/z 197。试判断哪一个可能为分子离子峰。

43. 某化合物质谱图上的分子离子簇为：M(140)14.8%、$M+1$(141)1.4%、$M+2$(142)0.85%。试确定其分子式中所含的主要元素及可能的个数。

44. 预测化合物 $CH_3CH_2CH_2CH_2CHO$ 的主要断裂过程以及在质谱上的主要离子峰。

45. 预测化合物 CH_3CH_2F 的主要断裂过程以及在质谱上的主要离子峰。

46. 预测化合物 CH_3CH_2Br 的主要断裂过程以及在质谱上的主要离子峰。

47. 某化合物在最高质量区有如下几个离子峰：m/z=201、215、216，试判断其中哪一个峰可能为分子离子峰？如何确证它？

48. 从某共价化合物的质谱图上，检出其分子离子峰 m/z 231，由此可获得什么信息？

49. 一个化合物可能是 4-氯基辛烷或是 3-氨基辛烷，在它的质谱图上最大强度的峰出现在 m/z 58（100%）和 m/z 100（40%）处，可能的结构是哪一个，原因是什么？

50. 说明化合物 $CH_3OCOCH_2CH_2CH_2N(CH_3)_2$ 在质谱中出现的主要峰（m/z=7458、59、128、159）的成因。

51. 说明化合物 $CH_3COCH(CH_3)CH_2C_6H_5$ 在质谱中出现的主要峰（m/z=91、43、147、162）的成因。

52. 用麦氏重排表示 $CH_3CH_2CH_2COCH_3$ 的 m/z = 58 峰的由来。

53. 用麦氏重排表示 $CH_3CH_2CH_2COOCH_3$ 的 m/z = 74 峰的由来。

54. 用麦氏重排表示 $CH_3CH_2CH_2COC_2H_5$ 的 $m/z = 88$ 峰的由来。

55. 某固体化合物，其质谱的分子离子峰（m/z）在 206。它的 IR 吸收光谱在 3300～2900 cm^{-1} 有一宽吸收峰，在 1730 cm^{-1} 和 1710 cm^{-1} 有特征吸收峰。^1H NMR 在 $\delta = 1.0$ ppm 有 ^3H 双峰，$\delta = 2.1$ ppm 有总共 3 个 H 的多重峰，$\delta = 3.6$ ppm 有 ^2H 单峰，$\delta = 7.3$ ppm 有 ^5H 单峰和 11.2 有 ^1H 单峰。试根据上述三谱推测该化合物的结构。

56. 从某化合物的质谱图上，检出其分子离子峰 m/z 102，M 和 $M + 1$ 峰的相对强度分别为 16.1 和 1.26，由此可知什么信息?

第12章 光散射

12.1 概　　述

　　光的散射是自然界一种普遍现象。当光束通过均匀的透明介质时，从侧面是难以看到光的；但当光束通过不均匀的透明介质时，则从各个方向都可以看到光，这是介质中的不均匀性使光线朝四面八方散射的结果，这种现象称为光的散射。当光传播时，其与物质中的粒子作用而改变光强的空间分布、偏振状态或频率。由于介质中可能存在其他物质微粒或者介质密度具有不均匀性，介质中会存在大量不均匀小区域，当有光入射时，每个小区域便成为散射中心，向四面八方发出同频率的次波，这些次波间无固定相位关系，它们在某方向上的非相干叠加形成了该方向上的散射光。

　　1869 年，丁铎尔（Tyndall）发现，悬浮于气体中的细小颗粒在白光照射下会产生散射现象；1871 年英国物理学家瑞利（Rayleigh）在详细研究了丁铎尔现象后，通过研究细微质点的散射现象，提出散射光强与 λ 成反比的规律，该规律被称为瑞利散射定律。瑞利散射定律的适用条件是散射质点的尺寸应小于光波的波长，其中瑞利所说的散射质点不仅是细微的颗粒，还包括大分子，还应注意，由于分子的热运动，介质的分子数密度有涨落，破坏了分子间固定的位置关系。在这一意义上，纯净的气体或介质也存在散射，称为分子散射。所以分子散射也称为瑞利散射。瑞利还指出，由于散射质点总是在做随机运动，散射质点的位置是随机的，由不同的散射质点产生的散射光，没有确定的相位关系，是非相干光。

　　1890 年和 1908 年，洛伦兹（Lorenz）和古斯塔夫·米（Gustacv Mie）分别利用麦克斯韦方程，通过计算各向同性的均匀球形质点的散射，提出了有关单一的、各向同性的球形粒子在高度稀释的介质系统中的散射与该粒子直径、粒子与介质间的折射率之差、入射到介质中的粒子上的入射光的波长之间的关系理论（Lorenz-Mie theory，LMT），从而奠定了光散射理论的发展基础。按照米和德拜的计算结果，若散射质点的半径为 a，则仅当 $2\pi a < 0.3\lambda$ 时瑞利散射定律才是正确的。当 a 较大时，散射光的光强不显著地依赖于光波波长。如果入射光是白光，则散射光也有大致均匀的光谱，这种散射称为米氏散射。

　　1923 年美国物理学家康普顿（A. H. Compton）开始研究 X 射线的散射，X

射线是一种波长介于 0.001～10 nm 的电磁波。他在实验中发现，当 X 射线通过介质时，在散射的 X 射线中，除了有波长与原射线相同的成分外，还有波长较长的成分，且散射光的波长与它的传播方向有关，这种散射称为康普顿散射或康普顿效应。X 射线与物质各种相互作用如图 12.1 所示。

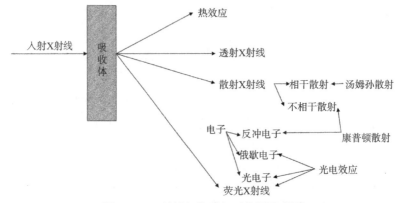

图 12.1　X 射线与物质相互作用示意图

实验还发现，在 X 射线被金属散射时，总有电子逸出。这说明散射是入射光与介质相互作用的表现。介质中的原子吸收了入射光（X 射线）的能量，使其中的电子能够逸出。若用光子的概念来说明射线方向和强度的分布，根据能量守恒和动量守恒，考虑到相对论效应，得散射波长为

$$\Delta\lambda = \lambda - \lambda_0 = \frac{2h}{mc}\sin^2\frac{\theta}{2} \tag{12.1}$$

式中，λ_0 为入射光的波长；λ 为散射光的波长；$\Delta\lambda$ 为入射光与散射光的波长差；c 为光速；m 为电子的静止质量；θ 为散射角；h 为普朗克常量，$h=6.62\times e^{-34}$ J·s。康普顿散射有力地证明了光具有二象性，对量子论的建立起了重要的推动作用。康普顿的理论也提出一种散射的物理模型，从而说明散射光的波长可以与入射光不同。应该注意，介质中的原子、分子吸收光子能量产生的效果，并不只是逸出电子。但可以断定，只要原子、分子吸收光子能量，就必有不同波长的散射光。

1928 年印度物理学家拉曼（C. V. Raman）和苏联物理学家曼杰利什塔姆（Л. И. Мамтельщтам）在研究液体和晶体对可见光的散射时，发现散射光中有与入射光频率不同的谱线，若介质被角频率为 ω_0 的可见光照射，在散射光中除了有角频率为 ω_0 的谱线外，还有角频率为 $\omega_0\pm\omega_i$（$i=1, 2, 3, \cdots$）的谱线。ω_i 是介质的一个在红外波段自发辐射谱线的角频率，这种散射称为拉曼散射或联合散射。其中角频率为 $\omega_0-\omega_i$ 的谱线称为红伴线或斯托克斯线；角频率为 $\omega_0+\omega_i$ 的谱线称为紫伴线或反斯托克斯线。拉曼散射与散射物体内部的"振动"或"转动"有关，若仅

分析分子的拉曼散射，一个分子具有量子化的振动能级和转动能级，在振动和转动能级间跃迁，光子的角频率为 ω_i（红外波段），入射光的角频率为 ω_0，则入射光子的能量为 ω_0，在与处于基态的分子碰撞时，分子吸收光子的能量只能为 $h\omega_0$，因而散射光子的能量为 $h(\omega_0-\omega_i)$；因此散射光中有角频率为 $\omega_0-\omega_i$ 的谱线（红伴线）。若入射光子与处于激发态的分子碰撞，则分子会释放能量 $h\omega_i$ 而返回基态。释放的能量被光子吸收，使散射光子的能量为 $h(\omega_0-\omega_i)$，因而散射光中有角频率为 $\omega_0+\omega_i$ 的谱线（紫伴线）。

1921 年，布里渊（L. Brillouin）对具有声波密度起伏的光散射谱进行了计算，发现了声学支参与的散射，他将其称为布里渊散射。由于晶体的晶格振动频率可分为两支，频率较高的称为光学支，频率较低的称为声学支，所以通常所说的拉曼散射常是狭义地指光学支参与的散射。磁介质和半导体也有特殊的振动频率，也会参与光的散射，这些都是广义的拉曼散射或布里渊散射。

12.1.1 散射的一般规律

1. 散射系数

$$I = I_0 e^{-\alpha l} = I_0 e^{-(\alpha_a + \alpha_s)l} \tag{12.2}$$

式中，I_0 为入射光强度；I 为光通过厚度为 l 的试样后，在光前进方向上的剩余强度；α 为衰减指数；α_a 为吸收系数；α_s 为散射系数。

2. 散射系数的影响因素

散射质点的大小、散射质点的数量、散射质点与基体的相对折射率对散射系数具有较大影响。当光的波长约等于散射质点直径时，出现散射峰。散射质点的粒度大小对散射光强的依赖关系如图 12.2 所示。

$$d_{max} = \frac{4.1\lambda}{2\pi(n-1)} \tag{12.3}$$

式中，λ 为入射波长；n 为散射级数。

3. 散射的分类

根据散射前后光子能量（或光波波长）变化与否，将散射分为弹性散射与非弹性散射。

1）弹性散射

弹性散射是散射前后光的波长（或光子能量）不发生变化，只改变方向的散射。

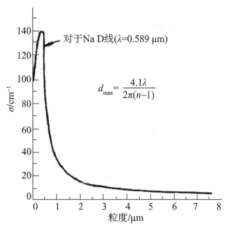

图 12.2　质点粒度对散射光强的依赖关系

2）非弹性散射

非弹性散射是由于入射光子与介质发生非弹性碰撞而频率发生改变的光散射。

12.1.2　弹性散射

弹性散射指的是光子和散射中心的弹性碰撞，散射光的强度与波长的关系可因散射中心尺度的大小而具有不同的规律。

$$I_s \propto \frac{1}{\lambda^\sigma} \qquad (12.4)$$

式中，I_s 为散射光强度；λ 为入射光波长；σ 为与散射中心尺度大小 a_0 有关的系数。

按照散射中心尺度 a_0 与入射光波长 λ 大小，可将弹性散射分为以下三类。

1. 丁铎尔散射（Tyndall scattering）

当 $a_0 \gg \lambda$ 时，$\sigma \to 0$；即散射中心的尺度远大于入射光波长时，散射光强与入射光波长无关。例如，在胶体、乳浊液以及含有烟、雾或灰尘的大气中的散射。

2. 米氏散射（Mie scattering）

当 a_0 与 λ 相近时，$\sigma = 0 \sim 4$，即散射中心的尺度与入射光波长可以比拟时，σ 在 $0 \sim 4$ 之间，具体取值与散射中心有关。米氏散射性质比较复杂。

3. 瑞利散射（Rayleigh scattering）

当 $a_0 \ll \lambda$ 时，$\sigma = 4$，即散射中心的尺度远小于入射光的波长时，如图 12.3 所示，散射强度与波长的 4 次方成反比。瑞利散射不改变原入射光的频率。

$$I_s \propto \frac{1}{\lambda^4}$$

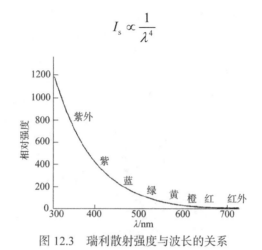

图 12.3　瑞利散射强度与波长的关系

12.1.3　非弹性散射

1. 拉曼散射（Raman scattering）

如图 12.4 所示，拉曼散射是分子或点阵振动的光学声子（即光学模）对光波的散射。其在光谱图上距离瑞利线较远，与瑞利线的频差可因散射介质能级结构不同而在 $10 \sim 10^4$ 之间变化。

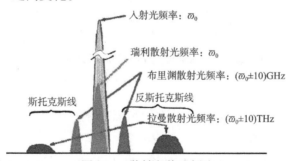

图 12.4　散射光谱示意图

2. 布里渊散射（Brillouin scattering）

如图 12.4 所示，布里渊散射是点阵振动引起的密度起伏或超声波对光波的非弹性散射，即点阵振动的声学声子（即声学模）与光波之间的能量交换结果。由于声学声子的能量低于光学声子，所以布里渊散射的频移比拉曼散射小，一般在 $10^{-1}\sim10^{0}$ 量级，在光谱图上它们紧靠在瑞利线旁，只有高分辨的双单色仪等光谱仪才能分辨出来。

　　自发现 X 射线以来，已经发展了多种基于 X 射线的物质结构分析测试手段，它们被广泛地应用于生产及科研实践中。不同仪器可能探测的物质结构尺寸范围如图 12.5 所示，X 射线的探测处于微观和介观范围，利用以上光散射性质和特征的测量方法有拉曼光谱、小角 X 射线散射光谱、小角中子散射光谱和小角激光散射光谱等，其中拉曼光谱常作为分子振动光谱，并经常与红外光谱对照使用，在第 2 章已经对拉曼光谱进行介绍，本章主要介绍小角 X 射线散射光谱。

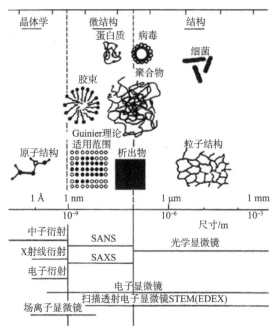

图 12.5　不同仪器可能探测的物质结构尺寸范围
SAXS 为小角中子散射

12.2　小角 X 射线散射

　　当一束极细的 X 射线穿过存在着纳米尺寸(1~10 nm)的电子密度不均匀区的物质时，X 射线将在原光束方向附近的很小角域（一般散射角为 0.3°~5°）散开，其强度一般随着散射角的增大而减小，这个现象称为小角 X 射线散射（small angle X-ray scattering，SAXS），或称 X 射线小角散射。

　　由于 X 射线是同原子中的电子发生交互作用，所以 SAXS 对于电子密度的不均匀性特别敏感，凡是存在纳米尺度的电子密度不均匀区的物质均会产生 SAXS 现象。如图 12.6 所示，根据电磁波散射的反比定律，相对于波长来说（应用于散射及衍射分析的 X 射线波长在 0.05～0.25 nm 之间），散射体的有效尺寸与散射角呈反比关系。所以，SAXS 并不反映物质在原子尺度范围内的结构，而是反映尺寸在 1～100 nm 区域内的结构。这样，样品通常被看成是一个连续介质，用平均密度法和围绕平均密度的起伏来表征。因而，散射被认为是由具有某种电子密度的散射体所引起，这种散射体被浸在另一种密度的介质之中，也就是说样品可被看作是由介质和弥散分布于其中的散射体组成的两相体系。分散于一定介质中的微粒子（如胶体）和固态基质中的纳米尺寸的孔隙（如多孔材料中的孔隙）均是典型的散射体。散射图样反映了散射体的空间关系（几何关系），是时间范围内的平均结果，并与散射体和介质的电子密度之差成正比。通过对散射图形或散射曲线（散射强度-散射角）的观察和分析可解析散射体的形状、尺寸和分布等信息。

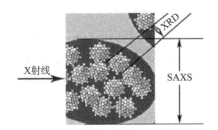

图 12.6　XRD 和 SAXS 测试尺度对比

根据研究试样的角度范围分为以下几类。

（1）广角 X 射线衍射（wide angle X-ray diffraction，WAXD），测试范围（2θ）：5°～100°以上。

（2）小角 X 射线衍射（small angle X-ray diffraction，SAXD），测试范围（2θ）：1°～10°。

以上统称 X 射线衍射。

（3）SAXS，测试范围（2θ）：0.08°～5°。

（4）超小角 X 射线散射（ultra-small angle X-ray scattering，USAXS），测试范围（2θ）：0.001°～1°。USAXS 技术要求同步辐射光源具有更好的准直性和更小的光斑尺寸，可用于几百纳米甚至微米量级的空间几何结构的测定。

SAXS 能进行多种定性分析（体系电子密度的均匀性、散射体的分散性、两相界面是否明锐、每一相内电子密度的均匀性、散射体的自相似性等）和定量分析（散射体尺寸分布、散射体体积分数、比表面积、界面层厚度、分形维数等）。与其他方法相比，SAXS 对试样的适用范围较宽，可以是液体、固体、晶体、非晶体或它们之间的混合体，也可以是包留物和多孔性材料等。试样制备简单，在

SAXS 测试中一般不被破坏，而且还可反复使用或供其他测量使用。

　　从 20 世纪 30 年代至 60 年代，Porod、Debye、Guinier、Kratky、Hosse-man 和 Jellnek 等研究了许多颗粒体系和多孔体系的 SAXS 现象，指出电子密度起伏是产生 SAXS 的根本原因，因而空间中的粒子或连续介质中的孔隙均是散射体，散射强度和散射体与周围介质之间的电子密度差有关，散射强度分布则与散射体的几何结构相关。初步探索了 SAXS 的定性和定量解析方法，并提出了著名的 Porod 定律（提示散射强度随散射角度变化的渐近行为）、Debye 理论（反映散射体之间的相关程度，求相关距离）和 Guinier 理论（反映散射体的尺度及其分布），初步奠定了 SAXS 的理论和方法体系。1955 年 Guinier 等撰写的 *Small Angle Scattering of X-ray* 成为小角散射经典专著。不过这一时期的研究还仅限于遵守 Porod 定律的理想两相体系的定性讨论和求散射体回转半径（回转半径是所述散射体的所有电子与电子"重心"间的均方根距离，它是 SAXS 中的一个重要参数，适用于任意形状的散射体）的定量分析。

　　20 世纪 70 年代后，Ruland、Rathie、Vonk、Koberstein 和 Hashimot 等发现有些体系对于 Porod 定律的正、负偏离现象，指出正偏离是由于两相体系中的任一相内或两相内的电子密度不均匀，其内存在微小尺寸的微电子密度不均匀区（即微电子密度起伏，或热密度起伏），从而产生附加散射，尤其是对高角度的散射影响较大；负偏离是由于当两相间界面模糊，存在弥散过渡层即界面层，从而减弱了主散射体的散射，尤其是高角度的散射，对高角度的偏离进行拟合，可以求出平均界面层厚度。总体说来，20 世纪 70 年代以前 SAXS 发展比较缓慢，不仅是因为小角相机的装配操作麻烦，还因为受 X 射线强度的限制，曝光时间（特别是稀溶液）很长。20 世纪 80 年代以后，一方面高强度的同步辐射光源和 CCD、成像板等先进探测器逐步应用于 SAXS，另一方面在对物质结构解释上也不断发展，如分形科学的诞生，再加上高性能计算机的应用，促进了小角散射的发展，从简单的不同样品之间散射强度及其分布的对比，到散射体形状、尺寸、比表面的测定，再到分形结构及非线性生长机制的探讨等，应用范围不断扩大。虽然有关理论和方法很不统一，但 SAXS 越来越显现出其强大的生命力。20 世纪 90 年代以后，以同步辐射为 X 射线源的小角散射平台成了 SAXS 实验的主要基地。这主要是由于同步辐射光源具有强度高、准直性好、频带宽和脉冲时间结构等特点。根据不完全统计，目前世界上有 20 个国家（和地区）建有（或将建）60 余个同步辐射装置，其中大约有一半为 SAXS 专线。这些 SAXS 实验站大多非常先进，具有强度高、光源稳定、发散度小、光斑小、分辨率高、自动化程度高的特点，还具有可调的能量、相机长度和样品环境，能进行时间分辨测量、小角散射和广角衍射同时测量（有些实验站还能进行超小角散射、异常小角散射等测量），并配有高效数据处理软件。

同步辐射光源的应用大大地扩大了 SAXS 的应用范围,使得生物大分子溶液等弱散射体系的测量、各向异性结构的二维小角散射测定,以及结构演化动力学的时间分辨(微秒至分钟量级)测定变得更为方便,甚至还可做超小角 X 射线散射、异常小角 X 射线散射和掠入射小角 X 射线散射,从而使 SAXS 成为纳米材料、生物大分子、高分子等几大热点科学研究领域中的主要表征手段之一。

12.2.1　SAXS 基本原理

SAXS 得到的结构信息有两类:一个是微颗粒信息,另一个是长周期信息。与原子尺度和小分子晶体点阵相比较,可以认为这些是结构的"大尺度"信息。因此小角散射方法主要有这两方面的应用:一个是测量微颗粒形状、大小及其分布;一个是测量样品长周期,并通过衍射强度分析,进行有关的结构分析。因此,SAXS 适宜的研究对象有:①纳米材料;②生物大分子;③高分子。

SAXS 对试样的适用范围较宽,可以是液体、固体、晶体、非晶体或它们之间的混合体,也可以是包留物和多孔性材料等。SAXS 可以研究高聚物的动态过程,如熔体到晶体的转变过程。当研究生物体的微结构时,SAXS 可以对活体或动态过程进行研究。SAXS 可以确定粒子内部封闭内孔,得到试样内统计平均信息,并可准确确定两相间比表面积、内表面积和离子体积分数等参数。SAXS 试样制备简单,在测试中一般不被破坏,而且还可反复使用或供其他测量使用。

SAXS 测定的物理实质在于散射体和周围介质的电子云密度的差异。图 12.7 为理想的两相体系,分散相 A 与 B 的电子云密度通常具有较大差异。A 相分散在 B 相中,两相互不相溶,具有微观的相分离,无过渡层。由布拉格方程 $2d\sin\lambda=n\lambda$ 可以看出主要有三个变量:入射光经过样品时的光程差(对于一般晶体材料,主要由面间距 d 决定;对于胶体颗粒,主要由颗粒电子密度起伏决定)、入射角度和入射光的波长。电子衍射和普通 X 射线衍射的区别在于入射线本质不同;普通 X 射线衍射和小角度 X 射线衍射的区别在于样品对光程差的贡献不同。SAXS 的强度 $I(h)$ 取决于电子云密度起伏($\Delta\rho = \rho_A - \rho_B$),即

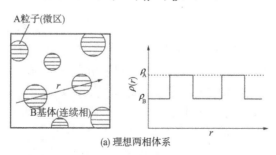

(a) 理想两相体系

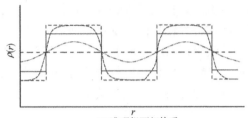

(b) 准理想两相体系

图 12.7　理想和准理想两相体系

r.距离；　$\rho(r)$.电子云密度

$$I(h) \propto (\rho_A - \rho_B)^2 \tag{12.5}$$

一般 X 射线管射出 X 射线束宽 $1° \sim 2°$，所以小角度 X 射线衍射在普通大角衍射图中，被掩盖在透射束内而观察不到。若要观察到小角度 X 射线衍射，则对整个准直系统有特别的要求：①准直系统要长，而且光栅狭缝要小，才能使焦点变细，但焦点太细，X 射线光太弱，将导致记录时间过长，因此 X 射线源要强；②在准直系统很长的工作距离内，空气对 X 射线有很强的散射作用，因而整个系统要置于真空中。

12.2.2　SAXS 仪器装置

SAXS 仪一般包含如图 12.8 所示的几个部分：X 射线光源、准直器、探测器等。其中，准直器分为针孔准直系统、四狭缝准直系统、Kratky U 准直系统、锥形准直系统。探测器依据信号收集方法有照相法、计数管法、成像板法和位敏探测器等。

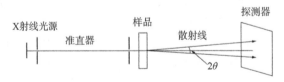

图 12.8　SAXS 仪几何装置示意图

图 12.9 所示为德国 Bruker 公司生产的某种型号的二维 SAXS 仪。

X 射线光源有靶光源和同步辐射光源两种。$\lambda \approx 0.15$ nm 是分析软凝聚态物质结构时最常用的典型波长。普通 X 射线管的结构如图 5.9 所示。

同步辐射是相对论性带电粒子（如接近光速运动的电子）在电磁场的作用下沿弯转轨道行进时所发出的电磁辐射，其本质与日常接触的可见光和X射线一样，都是电磁辐射。同步辐射光源是具有从远红外到 X 射线范围内的连续光谱、高强度、高度准直、高度极化、特性可精确控制等优异性能的脉冲光源，辐射电磁波

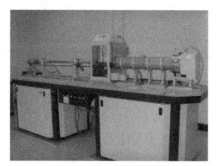

图 12.9　二维 SAXS 仪（德国 Bruker 公司，NanoStar）

的光子能量在 2479.7～0.0496 keV 范围的称为同步辐射 X 射线。例如，上海光源（同步辐射）测试范围（2θ）为 0.04°～4.7°。

12.2.3　产生 SAXS 的体系

能够产生 SAXS 的体系包含：纳米尺寸的微粒子、微孔洞，存在某种任意形式的电子云密度起伏；在高聚物和生物体中，结晶区和非晶区交替排列形成的长周期（long period）结构。其物理实质在于散射体和周围介质的电子云密度的差异。

1. 单散系

单散系由稀疏分散、随机取向、大小和形状一致的，具有均匀电子云密度的粒子组成。所谓的大小和形状一致是根据不同的研究对象进行不同的近似。随机取向是粒子处于各种取向的概率相同，总散射强度是粒子各种取向平均的结果。稀疏分散是粒子的尺寸比粒子间的距离小得多，可忽略粒子间散射的相干散射，将散射强度看作多个粒子的散射强度之和。均匀电子云密度指的是各个粒子的电子云密度相同。

2. 稀疏取向系

稀疏取向系由相同形状和大小、均匀电子云密度，但随机取向的粒子组成。

3. 多分散系

多分散系是指由形状和电子云密度相同，但尺寸不同的粒子所形成的随机取向、稀疏分布的粒子体系。

4. 稠密粒子系

稠密粒子系是大小、形状和电子云密度相同，随机取向、粒子间距很小的粒子体系。

5. 密度不均匀粒子系

密度不均匀粒子系是大小、形状相同，随机取向、稀疏分布、电子云密度不均匀的粒子体系。

6. 任意系

任意系是不能包括在上述分类的体系。

7. 长周期结构

在高聚物和生物体中，结晶区和非晶区交替排列组成长周期结构。

SAXS 研究的典型稀薄和稠密体系以及几种常见粒子体系如图 12.10 和图 12.11 所示。

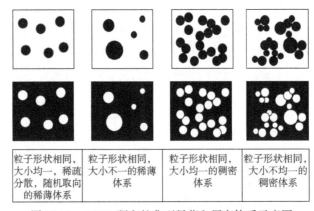

图 12.10　SAXS 研究的典型稀薄和稠密体系示意图

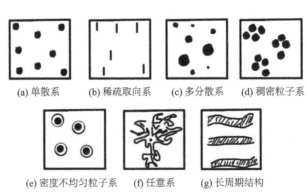

图 12.11　SAXS 研究的几种常见粒子体系

具有上述结构特征的几种常见 SAXS 研究体系有胶体分散体系（纳米粒子分

散液、溶胶、凝胶、表面活性剂缔合结构）；生物大分子（蛋白质、核酸）；聚合物溶液，结晶取向聚合物（工业纤维、薄膜），嵌段聚合物；溶致液晶、液晶态生物膜、囊泡、脂质体等。

12.2.4 散射强度

SAXS 用于数埃至数百埃尺度的电子密度不均匀区的定性和定量分析，其散射强度如式（12.6）所示，系统的电子密度起伏（$\Delta\rho$）决定其小角散射的强弱，相关函数 $\gamma(r)$ 决定着散射强度的分布。

$$I(q) = 4\pi\overline{(\Delta\rho)^2}V\int_0^\infty r^2\gamma(r)\frac{\sin(qr)}{qr}\mathrm{d}r \qquad (12.6)$$

式中，$I(q)$ 为散射矢量 q 的散射强度；$\Delta\rho$ 为电子云密度起伏；V 为 X 射线照射体积；$\gamma(r)$ 为散射体间距 r 的相关函数。

散射矢量根据带电粒子在电场中的运动规律（图 12.12）推导而来，带电粒子的散射强度正比于带电粒子的加速度。对于一个原子而言：带电粒子所受作用力：$F=qE=ma$，则 $a=Eq/m$。

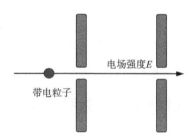

图 12.12 带电粒子在电场中的运动

如考虑两个电子对 X 射线的散射，如图 12.13 所示，入射方向与散射方向夹角为 2θ。

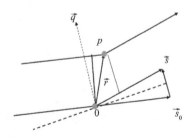

图 12.13 两个电子对 X 射线的散射

散射矢量：

$$\vec{q} = \frac{2\pi\left(\vec{s} - \vec{s}_0\right)}{\lambda} \tag{12.7}$$

$$q = \left|\vec{q}\right| = \frac{4\pi\sin\theta}{\lambda} \tag{12.8}$$

式中，$\vec{s}_0$ 和 $\vec{s}$ 分别为沿 X 射线入射和散射方向的单位矢量。

12.2.5　粒子及其互补体系的 SAXS 分析

1. 定性分析

（1）体系电子密度的均匀性（不均匀才有散射）；
（2）散射体的分散性（单分散或多分散，由 Guinier 图判定）；
（3）两相界面是否明锐（对 Porod 定律或 Debye 定律的负偏离）；
（4）每一相内电子密度的均匀性（对 Porod 定律或 Debye 定律的正偏离）；
（5）散射体的自相似性（是否有分形特征）。

2. 定量分析

定量分析包括散射体尺寸分布、平均尺度、回转半径、相关距离、平均壁厚、体积分数、比表面积、平均界面层厚度、分形维数等分析。

12.2.6　长周期 SAXS 花样和对应的微细组织

长周期 SAXS 花样和对应的微细组织见表 12.1。

表 12.1　长周期 SAXS 花样和对应的微细组织

长周期 SAXS 花样和对应的微细组织示意图	说明
	（Ⅰ）环形散射 晶粒系呈统计随机的球对称分布 （a）球晶 （b）消取向片晶堆砌 可获得大范围的径向分布函数
	（Ⅱ）椭圆形散射 晶粒系呈统计圆柱对称分布 例如，变形球晶、片晶堆砌呈圆柱对称取向，通常出现在拉伸与压缩的中间阶段，可获得大范围的圆柱分布函数

长周期 SAXS 花样和对应的微细组织示意图	说明
（Ⅲ）（a）（b） 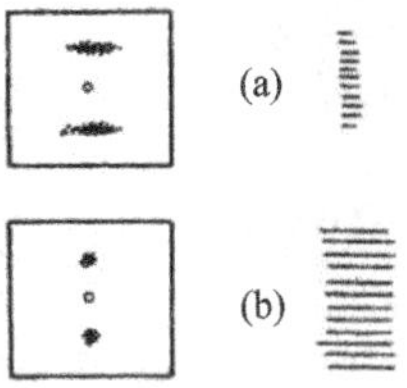	（Ⅲ）层线形散射 （a）堆砌的片晶层 （b）大量片晶层呈宽阔的铺展
（Ⅳ）（a）（b） 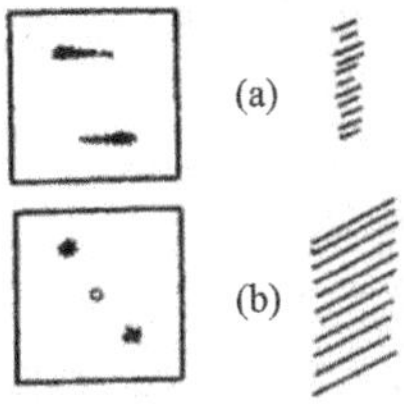	（Ⅳ）不对称两点型散射 （a）片晶沿纤维轴做倾斜堆砌 （b）见诸拉伸纤维的细颈部分或经不同方向相继拉伸的薄膜
（Ⅴ） 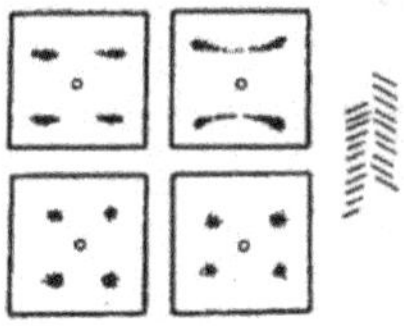	（Ⅴ）四点型散射 四点两两持平或呈上、下凹型弯曲分布，属（Ⅳ）类中（a）的镜像对称堆砌

12.3　仪器操作和分析实例

以下以 Bruker NanoStar 为例进行仪器操作和分析实例的介绍。

1．开机步骤

1）开周边设备

（1）开空调（室内温度保持在 22℃附近）。

（2）开启冷却循环水（21 ℃）（若仪器配置冷却系统为水冷）。

（3）若计算机处于关闭状态，则开启计算机。

（4）如图 12.14 所示，开启总电源和探测器——先打开探测器电源开关，再打开探测器开关，探测器指示灯亮。

（5）放样品。

按下 "Open Door" 按钮，打开样品室门，如图 12.15 所示，取出样品架。

图 12.14　探测器及电源开关

图 12.15　样品室

（6）将待测样品固定在样品架上，如图 12.16 所示。

图 12.16　样品架

（7）将样品架固定在样品底座上，关门，如图 12.17 所示。

（8）开启"HV Enable"。

（9）打开试片室真空泵，然后开试片室真空阀门。

图 12.17　样品架固定示意图

2）开启主机

（1）按压图 12.18 中开机按钮，开启主机电源。

（2）压下按钮后，仪器读取参数，约耗时 10 s，读取时 4 个转台灯皆会亮起。

（3）仪器读取完参数后，只有"On"及"Alarm"指示灯会亮起。

3）开启控制软件

（1）在桌面上打开 D8tools 软件，完成初始化。

图 12.18　主机操作按钮

（2）选择"Online Status"。

（3）按下左上角的符号"Online Refresh On/Off"。

* Home the motor drives——读取仪器信息后，显示如图 12.19 所示页面。

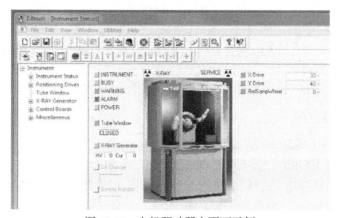

图 12.19　电机驱动器主页面示例

（4）如图 12.20 所示，建立文件夹。

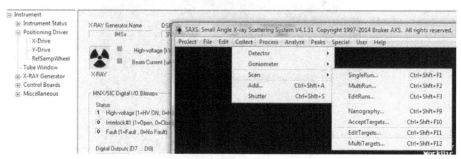

图 12.20　建立文件夹示例

（5）如图 12.21 所示，设置曝光时间、样品名称等信息。

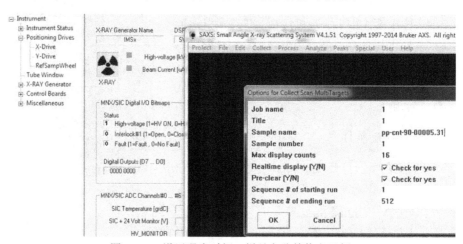

图 12.21　设置曝光时间、样品名称等信息示例

（6）如图 12.22 所示，把 X-Drive、Y-Drive 调为 0。如果 X（Y 或 RSW）驱动等出现"——.——"请执行（fine ref data）；出现"0.——"请执行（adjust）；若出现"limit error"，请先移动位置解除 error。

4）启动真空泵

（1）如图 12.23 所示，点选"X-RAY Generator"。

（2）选择 Utilities→X-RAY→X-RAY Switch-off circuit ON。先会听到咔的声音，接着听到粗抽电机启动的声音，状态如图 12.24 所示。粗抽电机转动时滑轮电机会同时加速，加速到一定的转速后，"Vacuum"会开始显示目前的真空值。

图 12.22 X-Drive 和 Y-Drive 调零设置界面示例

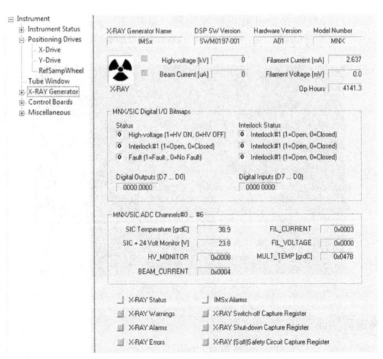

图 12.23 X 射线发生器设置界面示例

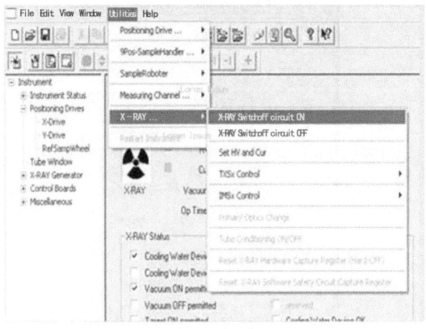

图 12.24　真空泵控制操作界面示例

或者手动打开真空泵。打开真空泵电源，如图 12.25 所示，把阀 1、阀 2 拨到 "Open" 状态，同时旋转 "AIR1" 与 "AIR2" 至关闭状态进行抽真空。

图 12.25　阀门示例

5) 确定真空泵值低于 $1.0e^{-6}$

如图 12.26 所示，等到真空值低于 $5.0e^{-6}$，"X-RAY ON permitted" 就会打钩，然后会听到 Anode 高频转动的声音，直到真空值低于 $1.0e^{-6}$ 就能开启高压。

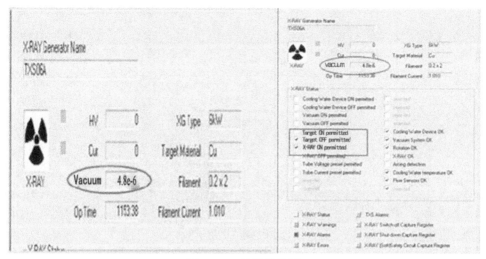

图 12.26　各数值示例

6）开启高压

如图 12.27（a）所示，顺时针旋转高压旋钮 3 s 以上，开启 X-RAY。X-RAY 开启后，"Ready"及"On"会亮起[图 12.27（b）]，样品室上方的 X-RAY 警示灯信号也会亮起[图 12.27（c）]。

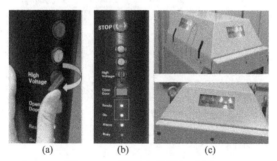

图 12.27　开关和信号灯示例

7）加电压电流到 50kV、50mA

（1）如图 12.28 所示，X 射线开启后的"HV"自动增加到"20"，"Cur"会增加到"6"。

（2）选择 Utilities→X-RAY→TXSx Control→TXSx Baking ON/OFF。

（3）如图 12.29 所示，选择"A=Short"来执行短时间的暖机，并在"Stand-by kV"和"Stand-by mA"中均输入 50。

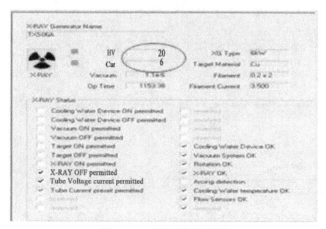

图 12.28　调节数值示例

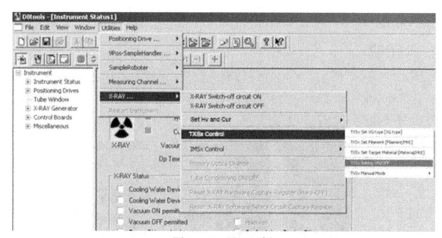

图 12.29　界面示例

（4）选 OK，如图 12.30 所示。

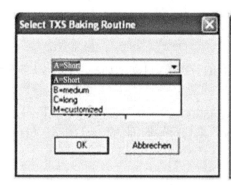
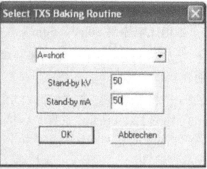

图 12.30　对话框示例

注意：若此步骤遇到错误显示 "Rcl Failure"，检查是否 SAXS 软件已经关闭（会争抢仪器控制权）。

8）完成开机动作

（1）执行 "Baking" 后会看到如图 12.31 所示界面，"Total Time" 会显示总共花费了多少时间。

（2）如图 12.32 所示，"Baking" 结束后，"HV" 会维持在 50，"Cur" 会维持在 50。

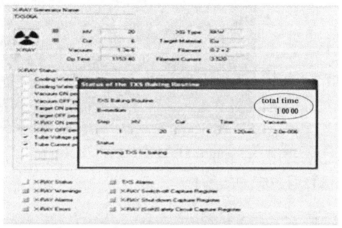

图 12.31　总花费时间界面示例

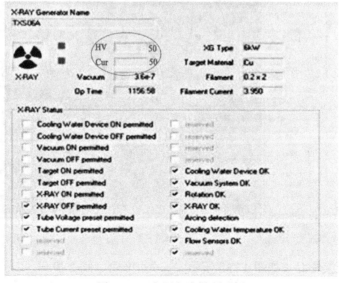

图 12.32　电压电流界面示例

（3）如图 12.33 所示，准备开始实验。电压选择 45 kV、电流选择 0.65 mA。

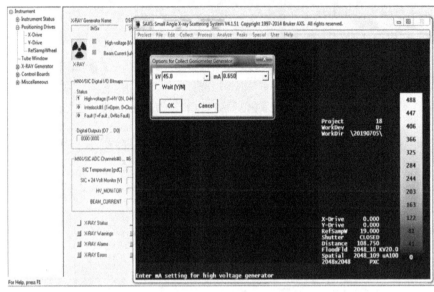

图 12.33　准备界面

（4）如图 12.34 所示，开始实验。

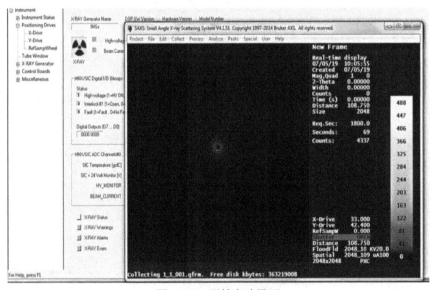

图 12.34　开始实验界面

（5）更换样品。如图 12.35 所示，首先把阀 1、阀 2 拨到 "Closed" 状态，同时旋转 "Air1" 与 "Air2" 进行放气，放完后 "Alarm" 灯亮，按 "Open Door"

按钮，尽快开门，更换样品，关门，重复步骤 1）～8）及后续除待机以外的操作步骤。

图 12.35　操作步骤演示图

2. 关机步骤

1）降电压电流

（1）在仪器控制软件点选 "X-RAY Generator"。

（2）如图 12.36 所示，降电压电流（慢慢降），选择 Utilities→X-RAY→Set HV and Cur 降到 20 kV、0.1 mA，等待 10～15 min。

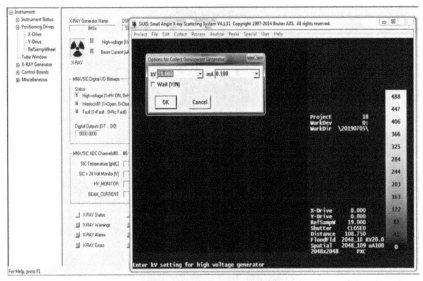

图 12.36　降电压电流示意图

2）关闭高压、主机及冷却系统

（1）如图 12.37 所示，按 "1. 开机步骤" 中 "1）开周边设备" 中的（5）～（7）的操作方法将样品取出后，先关闭探测器的开关，再关闭探测器的电源。

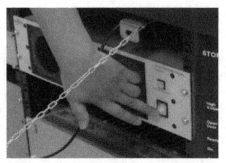

图 12.37 关闭高压、主机及冷却系统

（2）关闭高压，逆时针旋转高压旋钮将 X-RAY 关闭，HV 及 Cur 显示 0，样品室顶部指示灯熄灭，最后关闭总电源。

（3）关闭真空泵，选择 Utilities→X-RAY→X-RAY Switch-off Circuit OFF，或手动关闭，听到"Anode"的转速减慢。

（4）如图 12.38 所示，按红色按钮"O"，关闭主机。

图 12.38 关机操作按钮示例

（5）如图 12.39 所示，将冷水机的开关按压至"OFF"。

图 12.39 关机按钮示意图

（6）拷贝数据并退出系统，关闭计算机。

思　考　题

1. X 射线与介质发生相互作用有哪些种类？试分别说明产生的机制。

2. 非弹性散射产生的原因是什么？都有哪些种类？

3. SAXS 得到的结构信息有哪些？

4. 简述 SAXS 测定的物理实质。

5. 对比分析 WAXD 与 SAXS 的区别，可以分别从测试原理、研究对象和得到信息等方面进行分析。

参 考 文 献

洪春霞, 杨春明, 周平, 等. 2018. 上海光源小角 X 射线散射线站光束稳定性研究. 核技术, 41(12): 5-11.

江云水. 2019. 小角 X 射线散射技术及其在地质方面的应用. 科技创新与应用, (28): 165-167.

谢飞. 2019. 同步辐射小角 X 射线散射方法在煤炭干馏制备半焦和焦炭研究中的应用. 合肥: 安徽大学.

左婷婷, 宋西平. 2011. 小角 X 射线散射技术在材料研究中的应用. 理化检验(物理分册), 47(12): 782-785, 789.

Stribeck N. 2007. X-Ray Scattering of Soft Matter. Heidelberg: Springer-Verlag: 7-32.

Sinha S K. 2001. The impact of synchrotron radiation on nanoscience. Applied Surface Science, 182: 176-185.